Aktuelle Probleme der Polymer-Physik II

(Sonderausgabe aus Kolloid-Zeitschrift & Zeitschrift für Polymere, Band 247)

Vorträge

der Arbeitssitzung des Fachausschusses Physik der Hochpolymeren
in der Frühjahrstagung Berlin 1971 vom 9.–13. März
des Regionalverbandes Physikalische Gesellschaft zu Berlin

Herausgegeben von

Prof. Dr. E. W. FISCHER
Mainz

PROF. DR. F. H. MÜLLER
Marburg/Lahn

Mit 113 Abbildungen und 15 Tabellen

DR. DIETRICH STEINKOPFF VERLAG · DARMSTADT 1971

ISBN 978-3-7985-0343-4 ISBN 978-3-642-52084-6 (eBook)
DOI 10.1007/978-3-642-52084-6

Erscheinungsweise: zwanglos – Bandpreis: DM 50,–

Herstellung: Universitätsdruckerei Mainz GmbH

INHALT

Früher erschien:

Aktuelle Probleme der Polymer-Physik I

(Sonderausgabe aus Kolloid-Zeitschrift & Zeitschrift für Polymere Band 241)

Vorträge
der Arbeitstagung des Fachausschusses Physik der Hochpolymere in der Frühjahrstagung 1970 des Regionalverbandes Hessen–Mittelrhein–Saar der Deutschen Physikalischen Gesellschaft in Darmstadt, 10.–13. 3. 1971

Herausgegeben von E. W. Fischer – Mainz und F. H. Müller – Marburg
184 Seiten mit 174 Abbildungen und 38 Tabellen. Preis: kart. DM 50,–

Mit Beiträgen von *J. Juilfs* (Hannover), *R. Bonart* (Leverkusen), *L. Morbitzer* (Leverkusen), *H. G. Zachmann* (Mainz), W. *Schermann* (Mainz), *U. Eichhoff* (Mainz), *M. Stohrer* (Stuttgart), *F. Noack* (Stuttgart), *J. v. Schütz* (Stuttgart), *K. Wisseroth* (Ludwigshafen), *W. Pechhold* (Stuttgart), *S. Blasenbrey* (Stuttgart), *P. C. Hägele* (Stuttgart), *G. Wobser* (Stuttgart), *G. Höhne* (Berlin), *W. Wilke* (Berlin), *E. Schrader* (Mainz), *H. Bauser* (Frankfurt), *W. Klöpffer* (Frankfurt), *E. Amrhein* (Marburg), *H. W. Schulze* (Marburg), *W. Frank* (Karlsruhe), *W. Zeil* (Karlsruhe) *V. Hoffmann* (Karlsruhe), *H. Heil* (Marburg), *H. Baur* (Ludwigshafen, *Chr. Gerth* (Marburg) *F. H. Müller* (Marburg) und *D. Göritz* (Marburg).

Aus dem Meß- und Prüflaboratorium der Badischen Anilin- und Sodafabrik AG, Ludwigshafen

Bemerkungen zur Wärmeleitfähigkeit und Visko-Elastizität von Polymer-Festkörpern*)

Von H. Baur

Mit 5 Abbildungen

(Eingegangen am 14. April 1971)

1. Wärmeleitfähigkeit und Phononen-Gas (1)

Die Wärmeleitfähigkeit $\varkappa$ ist bekanntlich definiert durch die phänomenologische Gleichung

$$\mathfrak{q} = -\varkappa \operatorname{grad} T, \qquad [1]$$

die den Wärmefluß $\mathfrak{q}$ mit dem Temperaturgradienten verbindet. Im Falle anisotroper Medien ist $\varkappa$ ein Tensor mit den Komponenten $\varkappa_{nm}$.

Träger des Wärmetransportes (Energietransportes) sind in elektrisch nicht leitenden Medien die Phononen. Kennzeichnen wir die einzelnen Phononen durch ihren Ausbreitungsvektor $\mathfrak{k}\,(|\mathfrak{k}| \equiv k = 2\pi/\lambda$, λ: Wellenlänge) und ihre Polarisation $\mathfrak{j}$, so ist $\mathfrak{q}$ (entsprechend der allgemeinen Definition „Strom = Ladung × Geschwindigkeit") gegeben durch

$$\mathfrak{q} = \sum_{\mathfrak{k},\mathfrak{j}} \hbar\omega(\mathfrak{k};\mathfrak{j})\, \mathfrak{v}(\mathfrak{k};\mathfrak{j}) N(\mathfrak{k};\mathfrak{j}) \qquad [2]$$

[$\hbar\omega$: Energie der einzelnen Phononen; $\mathfrak{v}$: deren Geschwindigkeit; $N(\mathfrak{k};\mathfrak{j})$: Anzahl der Phononen im Zustand $(\mathfrak{k};\mathfrak{j})$].

Sofern die zeitliche Änderung $\partial N(\mathfrak{k};\mathfrak{j})/\partial t$ allein proportional zu dem Überschuß $N(\mathfrak{k};\mathfrak{j}) - N_e(\mathfrak{k};\mathfrak{j})$ über den Gleichgewichtswert

$$N_e(\mathfrak{k};\mathfrak{j}) = \frac{1}{\exp[\hbar\omega(\mathfrak{k};\mathfrak{j})/\boldsymbol{k}T] - 1}$$

($\boldsymbol{k}$: *Boltzmann*sche Konstante) der Phononen $(\mathfrak{k};\mathfrak{j})$ ist, folgt aus [1] und [2] zusammen mit der *Boltzmann*schen Stoßgleichung

$$\varkappa_{nm} = \sum_{\mathfrak{k},\mathfrak{j}} v_n(\mathfrak{k};\mathfrak{j})\, v_m(\mathfrak{k};\mathfrak{j})\, c_V(\mathfrak{k};\mathfrak{j})\, \tau(\mathfrak{k};\mathfrak{j})\,. \qquad [3]$$

$c_V(\mathfrak{k},\mathfrak{j})$ ist der Beitrag der Phononen $(\mathfrak{k};\mathfrak{j})$ zur Wärmekapazität; $\tau(\mathfrak{k};\mathfrak{j})$ ist definiert durch

$$\frac{\partial N(\mathfrak{k};\mathfrak{j})}{\partial t} = -\frac{1}{\tau}[N(\mathfrak{k};\mathfrak{j}) - N_e(\mathfrak{k};\mathfrak{j})]$$

und wird als Relaxationszeit der Phononen bezeichnet.

Nehmen wir an, daß für den Mittelwert über $v_n v_m$

$$\overline{v_n v_m} = \frac{1}{3} v^2 \delta_{nm}$$

gilt (δ_{nm}: *Kronecker*-Symbol) und $\mathfrak{v}$ mit $\mathfrak{k}$ gleichgerichtet ist (das ist streng nur in isotropen Medien der Fall), so folgt weiter aus [3] als räumlicher Mittelwert

$$\varkappa = \frac{1}{3}\sum_{\mathfrak{k},\mathfrak{j}} v^2(\mathfrak{k};\mathfrak{j}) c_V(\mathfrak{k};\mathfrak{j}) \tau(\mathfrak{k};\mathfrak{j})\,. \qquad [4]$$

Die Wärmeleitfähigkeit setzt sich dann additiv aus den Teilbeiträgen

$$\varkappa(\mathfrak{k};\mathfrak{j}) = \frac{1}{3} v^2(\mathfrak{k};\mathfrak{j})\, c_V(\mathfrak{k};\mathfrak{j})\, \tau(\mathfrak{k};\mathfrak{j}) \qquad [5]$$

der einzelnen Phononen zusammen.

Führen wir noch über

$$l(\mathfrak{k};\mathfrak{j}) \equiv \tau(\mathfrak{k};\mathfrak{j}) v(\mathfrak{k};\mathfrak{j}) \qquad [6]$$

die sog. Relaxationslänge $l(\mathfrak{k};\mathfrak{j})$ ein, so erhalten wir schließlich

$$\varkappa(\mathfrak{k};\mathfrak{j}) = \frac{1}{3} v(\mathfrak{k};\mathfrak{j})\, l(\mathfrak{k};\mathfrak{j})\, c_V(\mathfrak{k};\mathfrak{j}) \qquad [7]$$

oder als (grobe) Beziehung zwischen mittleren makroskopischen Größen

$$\varkappa = \frac{1}{3} v l c_V\,. \qquad [8a]$$

Die gleiche Beziehung (mit v als Schallgeschwindigkeit und l als mittlere freie Weg-

*) Vorgetragen auf der Arbeitssitzung des Fachausschusses Physik der Hochpolymeren in der Frühjahrstagung Berlin 1971 vom 9. bis 13. März des Regionalverbandes Physikalische Gesellschaft zu Berlin (Abschnitte 1–4; der Abschnitt 5 anläßlich eines Kolloquiums zu Ehren von *P. Debye* 1961 in Ludwigshafen und auf der Frühjahrstagung 1968 der Deutschen Physikalischen Gesellschaft in Gießen).

länge der Moleküle) gilt bekanntlich auch für Gase (2). Auf das Phononen-Gas von Festkörpern wurde [8a] (mit einem etwas anderen Zahlenfaktor) zuerst von *Debye* (3) angewandt.

In [8a] bezieht sich c_V auf die Volumeneinheit. Bezeichnen wir mit c_V die spezifische Wärme, so gilt an Stelle von [8a]

$$\varkappa = \frac{1}{3} \varrho v l c_V , \qquad [8b]$$

bezeichnen wir mit c_V die molare Wärmekapazität, so folgt

$$\varkappa = \frac{1}{3} \frac{\varrho}{M} v l c_V \qquad [8c]$$

(ϱ: Massendichte,
M: Molekulargewicht der Gitterbausteine)

In einem idealen harmonischen Kristall ist $l, \tau = \infty$, der Wärmewiderstand also gleich Null. In einem realen Festkörper werden l und τ bestimmt durch

1. die Phonon-Phonon-Wechselwirkung,
2. die elastische Streuung der Phononen z. B. an Fehlstellen oder Gittergrenzen,
3. die inelastische Phononen-Streuung, bei der z. B. Platzwechsel oder Fehlstellen erzeugt werden.

2. Die Wärmeleitfähigkeit des 100% kristallinen Polyäthylens

Der auf 100% Kristallinität extrapolierte Wärmewiderstand $1/\varkappa$ des linearen Polyäthylens nach *Eiermann* (4) ist in Abb. 1A dargestellt[1]). Er erfüllt zwischen 90 °K und 270 °K ziemlich genau das von niedermolekularen Substanzen her bekannte *Eucken*sche T-Gesetz.

Nehmen wir an, daß mit der Extrapolation auf 100% Kristallinität zugleich auf einen im wesentlichen defektfreien Kristall extrapoliert wird, so können wir daraus schließen, daß in idealen Polyäthylen-Kristallen bis 270 °K in erster Linie nur 3-Phononen-Prozesse

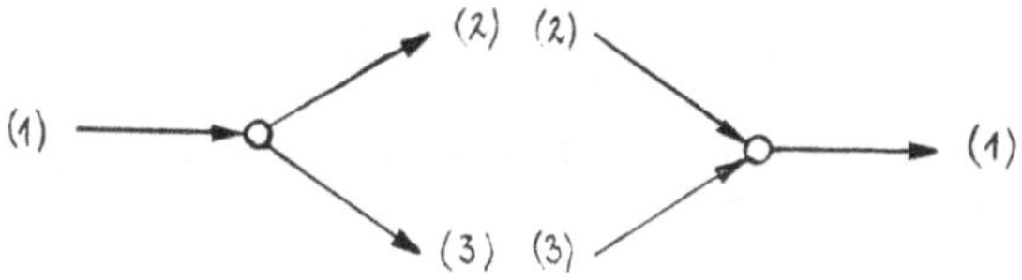

[9a] [9b]

[1]) Da die Messungen an einer partiell-polykristallinen Substanz vorgenommen wurden, ist $\varkappa$ als räumlicher Mittelwert des Wärmeleitfähigkeitstensors aufzufassen.

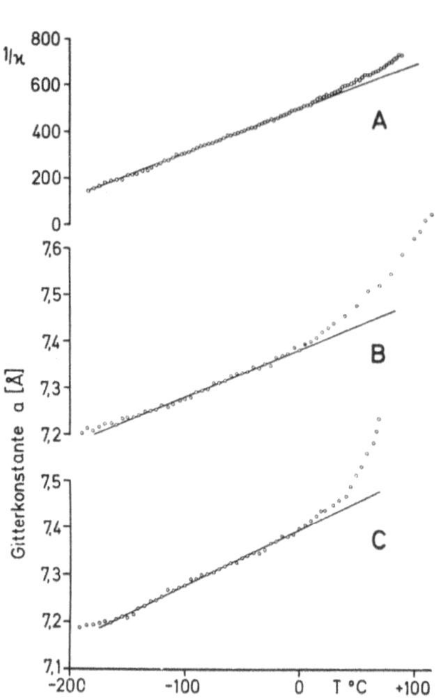

Abb. 1. A: Wärmewiderstand $1/\varkappa$ [Grad cm sec/cal] des auf 100% Kristallinität extrapolierten Polyäthylens als Funktion der Temperatur nach *Eiermann* (4). B: Gitterkonstante a von Einkristallamellen des Polyäthylens als Funktion der Temperatur nach *Hendus* (6). C: Gitterkonstante a des n-Paraffins $C_{35}H_{72}$ als Funktion der Temperatur nach *Hendus* (6)

wirksam sind (1), ab 270 °K aber anscheinend auch höhere Phononen-Prozesse einsetzen, von denen z. B. die 4-Phononen-Prozesse

einen Beitrag zum Wärmewiderstand erzeugen, der proportional zu T^2 verläuft (5).

Diese Feststellung stimmt überein mit den Aussagen, die man aus der Temperaturabhängigkeit der Gitterkonstanten a von Einkristallamellen des linearen Polyäthylens (Abb. 1B) oder von $C_{35}H_{72}$-Kristallen (Abb. 1C) [nach Messungen von *Hendus* (6)] gewinnen kann. Hier führen die 3-Phononen-Prozesse ebenfalls zu einem zu T proportionalen Anstieg; die 4-Phononen-Prozesse machen sich bei Abwesenheit äußerer Kräfte nicht bemerkbar; die 5- und 6-Phononen-Prozesse erzeugen einen zu T^2 proportionalen Anstieg (7). Daß dagegen die Gitterkonstante a hochkristalliner Polyäthylen-Proben zwischen etwa 110 °K und 270 °K meist keinen linearen Anstieg mit der Temperatur zeigt [vgl. z. B. (8) und (9)], ist wahrscheinlich auf die Wirkung vorhandener Defekte und Grenzflächen (Phononen-Streuung) zurückzuführen (10, 11). Darüber hinaus ist nach neueren Untersuchungen von *Sullivan* und *Weeks* (12) zumindest in Paraffinen ab etwa 270 °K auch mit der Erzeugung von Defekten zu rechnen.

Der Temperaturverlauf des Wärmewiderstandes Abb. 1A ist also soweit als normal zu bezeichnen. Eine Besonderheit stellt jedoch der Temperaturbereich dar, in dem das *Euckensche* T-Gesetz erfüllt wird, da allgemein die Gültigkeit dieses Gesetzes erst oberhalb der *Debye*-Temperatur Θ einsetzen sollte und die *Debye*-Temperatur der akustischen Phononen des Polyäthylens oberhalb der Schmelztemperatur liegt ($T_s = 415$ °K; $\Theta \approx 800$ °K). Eine Erklärung für diesen Effekt findet man in der starken Anisotropie der Wechselwirkungskräfte zwischen den Gitterbausteinen, wenn man annimmt, daß der Wärmewiderstand im wesentlichen nur durch diejenigen Phononen erzeugt wird, die allein die zwischenmolekularen Bindungen beanspruchen (13).

Eine gewisse Diskrepanz bleibt dabei allerdings bestehen, da die *Debye*-Temperatur der die zwischenmolekularen Bindungen beanspruchenden Phononen bei etwa 200 °K liegt, während die Gültigkeit des *Euckenschen* T-Gesetzes schon bei etwa 90 °K beginnt. Eine ganz ähnliche Diskrepanz finden wir auch bei der Wärmekapazität des 100% kristallinen Polyäthylens, die schon zwischen 100 °K und 190 °K dem eindimensionalen *Debye*- bzw. *Bloch*-Gesetz genügt (vgl. [11], weiter unten), obwohl der Einsatz der Gültigkeit dieser Gesetze ebenfalls erst oberhalb $\Theta \approx 200$ °K beginnen sollte (14).

Ferner bleibt, angesichts der allgemein herrschenden Vorstellung, daß der Wärmewiderstand in Kettenrichtung sehr klein sei (15), der verhältnismäßig hohe Absolutwert des Wärmewiderstandes Abb. 1A unverständlich. So schätzt z. B. *Wada* (16) aus den *Eiermannschen* Daten ab, daß die mittlere Relaxationslänge der Phononen schon bei 270 °K die Größenordnung der Gitterkonstanten erreicht, während nach *Leibfried* und *Schlömann* (17) die mittlere Relaxationslänge im allgemeinen noch am Schmelzpunkt etwa das 5fache der Gitterkonstanten betragen sollte. Hierfür bietet die Anisotropie keine Erklärung. Einen Hinweis auf die möglichen Ursachen können wir jedoch aus dem Temperaturverlauf der Wärmekapazität entnehmen.

Die von *Wunderlich* (18) auf 100% Kristallinität extrapolierte Wärmekapazität des Polyäthylens genügt nur unterhalb 10 °K dem *Debyeschen* T^3-Gesetz. Zwischen 30 °K und 50 °K verläuft sie nach

$$c_V = a_3 T^3 + a_{3/2} T^{3/2} \qquad [10]$$

und zwischen 100 °K und 190 °K nach

$$c_V = a_1 T + a_{1/2} T^{1/2} \qquad [11]$$

(14). Der Übergang von [10] nach [11] ist ebenfalls mit der starken Anisotropie der Wechselwirkungskräfte zu erklären (19, 20). Die zusätzlichen Glieder zum „dreidimensionalen" *Debyeschen* T^3-Gesetz in [10] und zum „eindimensionalen" *Debyeschen* T-Gesetz in [11] rühren dagegen von der Biegesteifigkeit der Polymerketten her, die bewirkt, daß sich ein Teil der Phononen wie mit einer trägen Masse belegte freie Bosonen verhalten, deren Beitrag zur Wärmekapazität dem „dreidimensionalen" *Blochschen* $T^{3/2}$-Gesetz bzw. dem „eindimensionalen" *Blochschen* $T^{1/2}$-Gesetz folgt (14, 21).

Im folgenden Abschnitt wollen wir zeigen, daß die Existenz „träger" Phononen in Polymer-Kristallen gegenüber dem Normalfall in der Tat eine Verminderung der mittleren Relaxationslänge und eine Erhöhung des Wärmewiderstandes in Kettenrichtung erwarten läßt.

3. Wirkung der Biegesteifigkeit der Polymer-Ketten auf die Wärmeleitfähigkeit

Im Bereich $\lambda \gg 2c$ (c: Abstand benachbarter Gitterbausteine in der Ausbreitungsrichtung) gilt zwischen der Energie $\varepsilon = \hbar\omega$ und dem Betrag $p = h/\lambda$ des (Quasi-)Impulses $\mathfrak{p}$ der Phononen gewöhnlich die Proportionalität

$$\varepsilon \sim p. \qquad [12a]$$

Solange die Wellenlängen also so groß sind, daß die diskontinuierliche Struktur des Gitters vernachlässigt werden kann (Kontinuums-Näherung), ist der Betrag der Gruppengeschwindigkeit $v = |d\varepsilon/d\mathfrak{p}|$ konstant,

$$v = \text{const.}, \qquad [12b]$$

und gleich der Phasengeschwindigkeit $w = \varepsilon/p$. Die Konstante in [12] ist ihrerseits proportional zur Wurzel $f^{1/2}$ einer Größe f, die eine Linearkombination der in der Ausbreitungsrichtung wirksamen Bindungskonstanten ist.

Setzen sich Kristalle aus parallel gerichteten linearen Polymer-Ketten zusammen, so ist in Kettenrichtung f in erster Linie durch die Federkonstante β der starken Valenzbindungen zwischen den Kettengliedern gegeben (vgl. die ausgezogene Linie in Abb. 2, oben); in den zu den Ketten senkrechten

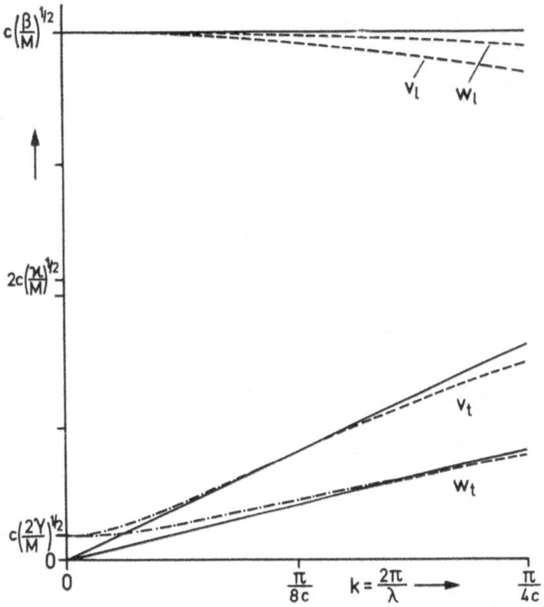

Abb. 2. Gruppengeschwindigkeit v_l bzw. v_t und Phasengeschwindigkeit w_l bzw. w_t der longitudinal bzw. transversal polarisierten Phononen, die sich längs einer linearen Kette ausbreiten, als Funktion der Wellenzahl $k \equiv 2\pi/\lambda$ (λ: Wellenlänge). c: Abstand der Kettenglieder; M: Masse der Kettenglieder; β: Parameter für die kovalente Bindung der Kettenglieder untereinander; $\varkappa$ (nicht zu verwechseln mit der im Text in gleicher Weise bezeichneten Wärmeleitfähigkeit): Parameter für die Kettensteifigkeit; γ: Parameter für die Wechselwirkung übernächster Nachbarn in benachbarten Ketten. Für das Verhältnis $\varkappa/\beta$ wurde 0,07 [$\triangleq \Theta(\varkappa)/\Theta(\beta) = 0{,}53$] und für das Verhältnis $\gamma/\beta = 0{,}001$ angenommen (14). *Ausgezogene Linien*: Kontinuums-Näherung nach [12] und [13]; *gestrichelte Kurven*: mit Berücksichtigung der diskontinuierlichen Struktur der Ketten; *strich-punktierte Kurven*: mit Berücksichtigung der zwischenmolekularen Wechselwirkungskräfte im *Stockmayer–Hecht*-Modell (18)

Richtungen wird dagegen f in erster Linie durch die viel kleinere Federkonstante α der schwachen Wechselwirkung zwischen den direkten Nachbarn in benachbarten Ketten bestimmt. Man sollte also annehmen, daß die Geschwindigkeit der Phononen, die sich in Kettenrichtung ausbreiten, wesentlich größer ist als die Geschwindigkeit der Phononen, die sich senkrecht zu den Ketten ausbreiten. Hieraus kann man über [6] und [7] schließen (13, 15, 22), daß der Beitrag zur Wärmeleitfähigkeit der sich in Kettenrichtung bewegenden Phononen erheblich größer sein wird als der Beitrag der sich senkrecht zu den Ketten bewegenden Phononen.

Aufgrund der Biegesteifigkeit der Polymer-Ketten besitzen jedoch in Polymeren keineswegs alle Phononen die Eigenschaft [12]. Für die transversal polarisierten Phononen, die sich längs einer isolierten linearen Kette ausbreiten, erhält man z. B. im Bereich $\lambda \gg 2c$ die Beziehungen

$$\varepsilon = \frac{1}{2m} p^2 \qquad [13a]$$

und

$$v = p/m, \qquad [13b]$$

in denen $1/m$ ein von der Biegesteifigkeit abhängiger, von p bzw. λ aber unabhängiger Faktor ist (14, 21) (vgl. die ausgezogenen Linien in Abb. 2, unten). Da [13] den bekannten Beziehungen für freie Teilchen mit der trägen Masse m entspricht, bezeichnen wir diese Phononen als „träge" Phononen. Der Einfachheit halber lassen wir dabei im folgenden auch noch die Anführungsstriche weg, obwohl es sich natürlich nur um eine formale Analogie handelt. Die Phasengeschwindigkeit der trägen Phononen beträgt stets nur die Hälfte der Gruppengeschwindigkeit: $w = v/2$ [2]).

Da der Betrag v der Ausbreitungsgeschwindigkeit der trägen Phononen nach [13] mit fallendem p auf Null abnimmt, wird sofort deutlich, daß die Trägheit der Phononen gegenüber dem Normalfall zu einer erheblichen Verringerung der Relaxationslängen und einer Vergrößerung des Wärmewiderstandes führen kann. Das ist zumindest dann der Fall, wenn die Impulse nicht zu groß sind und nach [6] und [7] die Relaxationszeiten τ und die Beiträge c_V der trägen Phononen nicht wesentlich größer sind als die der normalen Phononen.

Daß die Geschwindigkeit v der trägen Phononen mit $p \to 0$ den Grenzwert 0 erreicht, gilt allerdings nur für die isolierte Kette. Da aber eben v in der isolierten Kette mit p verschwindet und damit an der Stelle $p = 0$ von keiner der für die isolierte Kette charakteristischen Federkonstanten abhängt, kann der Grenzwert

$$\lim_{p \to 0} v\,(p)$$

im Festkörper nur von den zwischenmolekularen Wechselwirkungskräften abhängen. In bezug auf den Betrag ihrer Geschwindigkeit werden die trägen Phononen, die sich in Kettenrichtung ausbreiten, mit $p \to 0$ also durchaus vergleichbar mit den normalen Phononen, die sich senkrecht zu den Ketten ausbreiten.

[2]) Es mag auf den ersten Blick vielleicht etwas merkwürdig erscheinen, daß die Ausbreitung der „Gleichgewichtsstörungen" schneller erfolgen soll als die Ausbreitung der Phasen. Tatsächlich ist dieser Effekt jedoch bekannt: im mikro-physikalischen Bereich z. B. von den freien Elektronen in einem Metall, im makro-physikalischen Bereich z. B. von den Biegewellen, die sich längs eines dünnen Stabes ausbreiten.

Ähnliches gilt in bezug auf die Phasengeschwindigkeit, deren Betrag w in der isolierten linearen Kette im Bereich $\lambda \gg 2c$ wie gesagt stets nur halb so groß ist wie der Betrag der Gruppengeschwindigkeit, deren endlicher Grenzwert im Festkörper aber mit dem Grenzwert der Gruppengeschwindigkeit identisch wird [vgl. die strich-punktierten Kurven in Abb. 2, unten][3]).

Der Beitrag der trägen Phononen zur Wärmekapazität ist sicher nicht wesentlich größer als der Beitrag der normalen Phononen (14). Um unsere Vermutung zu stärken, bleibt also noch abzuschätzen, wie sich die Trägheit auf die Relaxationszeiten auswirkt.

Der reziproke Wert $1/\tau(\mathfrak{k}; \mathfrak{j})$ der Relaxationszeit der Phononen $(\mathfrak{k}; \mathfrak{j})$ wird bestimmt durch eine lineare Kombination aller Übergangswahrscheinlichkeiten derjenigen Prozesse, in welche die Phononen $(\mathfrak{k}; \mathfrak{j})$ verwickelt sind. Beschränken wir uns auf die 3-Phononen-Prozesse [9] und bezeichnen mit $\langle i |$ den Ausgangszustand (linke Seite der Pfeilschemata [9]) und mit $| f \rangle$ den Endzustand (rechte Seite der Pfeilschemata [9]), so sind die Übergangswahrscheinlichkeiten für diese Prozesse innerhalb der Kontinuums-Näherung gegeben durch

$$|\langle i | V | f \rangle|^2 = A \frac{k_1 k_2 k_3}{w_1 w_2 w_3} g(N_1; N_2; N_3) \qquad [14]$$

[vgl. z. B. (23)]. V ist hierin der 3-Phononen-Operator, der aus dem dritten Glied einer *Taylor*-Entwicklung der potentiellen Energie der Gitterbausteine entspringt; A ist ein von der Energie und dem Impuls der Phononen unabhängiger Faktor; g wird gleich dem Produkt $N_1(N_2+1)(N_3+1)$ für Prozesse der Form [9a] und gleich dem Produkt $(N_1+1)N_2N_3$ für Prozesse der Form [9b].

[14] zeigt, daß die Wahrscheinlichkeiten der Prozesse [9] zumindest in Kettenrichtung um so größer werden, je mehr träge Phononen daran beteiligt sind, denn erstens sind bei gleicher Wellenzahl k die Phasengeschwindigkeiten w der trägen Phononen erheblich kleiner als die der normalen Phononen und zweitens besitzen bei gleicher Energie die trägen Phononen einen größeren

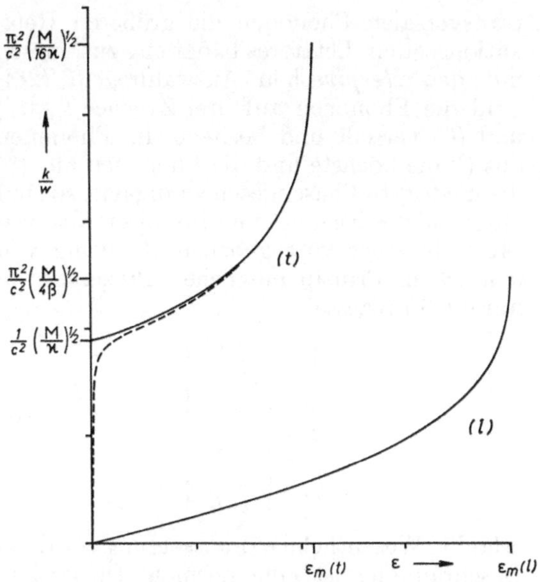

Abb. 3. Dynamischer Faktor k/w der Übergangswahrscheinlichkeiten [14] als Funktion der Energie $\varepsilon = \hbar\omega$; (t): für die transversal polarisierten Phononen, (l) für die longitudinal polarisierten Phononen, die sich längs einer linearen Kette ausbreiten. c, M, β und $\varkappa$: wie in Abb. 2. $\varepsilon_m(t) = 4\hbar(\varkappa/M)^{1/2}$: Maximalenergie der transversalen Phononen; $\varepsilon_m(l) = 2\hbar(\beta/M)^{1/2}$: Maximalenergie der longitudinalen Phononen. *Gestrichelte Kurve*: Dynamischer Faktor der transversalen Phononen im Feld der zwischenmolekularen Wechselwirkungskräfte [berechnet im *Stockmayer–Hecht*-Modell (18)]. Die entsprechende Korrektur des dynamischen Faktors der longitudinalen Phononen liegt innerhalb der Zeichengenauigkeit

Impuls als die normalen Phononen. Der Gesamteffekt ist in Abb. 3 dargestellt.

Da auch die normalen Phononen mit den trägen Phononen in Wechselwirkung stehen, wirkt sich die Erhöhung der Übergangswahrscheinlichkeiten [14] durch die Trägheit eines Teils der Phononen auf alle Relaxationszeiten vermindernd aus. Besonders werden davon aber die Relaxationszeiten der trägen Phononen betroffen.

Eine strenge Aussage über den Absolutwert der Relaxationszeiten haben wir damit allerdings noch nicht erlangt. Hierzu wäre es erforderlich, in [14] auch den Faktor A zu berücksichtigen, der von den nicht-linearen elastischen Kenngrößen des Gitters und von den Winkeln zwischen den Ausbreitungsrichtungen und den Polarisationsrichtungen der beteiligten Phononen abhängt. Über die nicht-linearen elastischen Moduln bzw. über den *Grüneisen*-Tensor von Polymer-Kristallen ist jedoch bisher nichts bekannt.

Gewöhnlich haben bei niedrigeren Energien nach *Landau* und *Rumer* (24) die longitudinalen Phononen, bei höheren Energien dagegen nach *Orbach* und *Vredevoe* (25) die

---

[3]) Daß der Grenzwert der Gruppen- und Phasengeschwindigkeit der sich längs der Ketten ausbreitenden transversal polarisierten Phononen im Festkörper nach Abb. 2 nur von der Federkonstanten γ für die Wechselwirkung zwischen den übernächsten Nachbarn in benachbarten Ketten und nicht auch von der Federkonstanten α abhängt, liegt an der Symmetrie des zur Berechnung verwendeten Modells [tetragonales *Bravais*-Gitter von *Stockmayer* und *Hecht*; vgl. (14)].

transversalen Phononen die größeren Relaxationszeiten. Letzteres hängt eng zusammen mit den *Herpin*schen Auswahlregeln (26): Sind die Phononen auf drei Zweige (l), (t'') und (t') verteilt und besitzen die Phononen aus (l) die höchste und die Phononen aus (t') die niedrigste Phasengeschwindigkeit, so sind aufgrund des Energie- und Impulserhaltungssatzes in einer vorgegebenen Richtung von den 18 im Prinzip möglichen Prozessen [9] nur die 8 Prozesse

$$\left.\begin{array}{l} t' + t' \rightleftharpoons t'' \\ t' + t' \rightleftharpoons l \\ t' + t'' \rightleftharpoons t'' \\ t' + t'' \rightleftharpoons l \\ t' + l \rightleftharpoons t'' \\ t' + l \rightleftharpoons l \\ t'' + t'' \rightleftharpoons l \\ t'' + l \rightleftharpoons l \end{array}\right\} \quad [15]$$

erlaubt. Wesentliche Voraussetzung für diese Beschränkung ist eine normale Dispersion, d. h. eine mit wachsendem k abfallende Gruppengeschwindigkeit der beteiligten Phononen bzw. eine konkave Krümmung der Dispersionsrelationen gegen die k-Achse.

Die trägen Phononen, die den Zweigen (t') und (t'') entstammen, besitzen dagegen zumindest im Bereich $k \ll \pi/c$ ($\lambda \gg 2c$) eine mit k anwachsende Gruppengeschwindigkeit (vgl. [13b] und Abb. 2). Ihre Dispersionsrelation ist damit im unteren Bereich konvex gegen die k-Achse gekrümmt, so daß auch Prozesse der Form

$$\left.\begin{array}{l} t' + t' \rightleftharpoons t' \\ t' + t'' \rightleftharpoons t' \\ t'' + t'' \rightleftharpoons t'' \end{array}\right\} \quad [16a]$$

und unter Umständen selbst Prozesse der Form

$$t'' + t'' \rightleftharpoons t' \quad [16b]$$

möglich sind. Nach [14] sind diese Prozesse von der dynamischen Seite her sogar besonders bevorzugt. Es ist daher anzunehmen, daß die trägen Phononen auch bei höheren Energien die kleineren Relaxationszeiten besitzen.

Die Trägheit eines Teiles der Phononen in Polymeren wirkt also gegenüber dem Normalfall in vierfacher Weise vermindernd auf die Relaxationslängen und die Wärmeleitfähigkeit ein:

1. durch die Verminderung der Gruppen- und Phasengeschwindigkeit der trägen Phononen,

2. durch die generelle Verminderung aller Relaxationszeiten (da auch die normalen Phononen mit den trägen Phononen in Wechselwirkung stehen),

3. durch die starke Verminderung speziell der Relaxationszeiten der trägen Phononen und

4. durch die zusätzlichen Prozesse der Form [16].

Wir kommen somit zu dem Schluß, daß der Mechanismus der Wärmeleitung in Polymeren aufgrund der Biegesteifigkeit der Ketten sicher erheblich von dem Mechanismus in vergleichbaren niedermolekularen Substanzen abweicht. Insbesondere scheint es durchaus möglich, daß die von *Wada* (16) ermittelten, extrem kleinen Relaxationslängen wenigstens zum Teil ihre Ursache in der Biegesteifigkeit haben und daß die Leitfähigkeit in Kettenrichtung aufgrund der Biegesteifigkeit doch kleiner ist, als man bisher angenommen hat.

Unter diesen Umständen ist jedoch erneut nach der Ursache für die Gültigkeit des *Eucken*schen T-Gesetzes in Abb. 1 zu fragen. In der ebenen Zickzack-Kette besitzt nämlich nur ein Zweig der trägen Phononen (der träge Zweig der out-of-plane modes) eine kleine *Debye*-Temperatur, während die *Debye*-Temperatur des anderen anormalen Zweiges (des trägen Zweiges der in-plane modes) oberhalb der Schmelztemperatur des Polyäthylens liegt [vgl. z. B. (27)].

Bei unserer Argumentation haben wir im übrigen mehr oder minder nur auf die Verhältnisse Bezug genommen, die innerhalb der Kontinuums-Näherung bei der linearen Kette in Kettenrichtung gegeben sind. Tatsächlich findet man aber in einem aus linearen Ketten aufgebauten Gitter in fast allen Richtungen ganz ähnliche Verhältnisse vor. Eine Ausnahme bildet lediglich ein verhältnismäßig schmaler Raumwinkelbereich um die zu den Ketten senkrechten Richtungen. Allein in diesem Bereich unterliegen *alle* Phononen einer normalen Dispersion (14, 27).

Die diskontinuierliche Struktur des Gitters bewirkt zwar, daß der Betrag der Ausbreitungsgeschwindigkeit der trägen Phononen nur bis etwa zur Hälfte der durch die erste *Brillouin*-Zone gegebenen Grenze mit k ansteigt und die Relationen [12] und [13] nirgends streng erfüllt sind [vgl. die gestrichelten Kurven in Abb. 2], aber auch diese Fakten ändern an unserer Schlußweise nichts. So wurde z. B. in Abb. 3 die Dispersion voll berücksichtigt.

Schließlich bleiben unsere Argumente auch im Falle der ebenen Zickzack-Kette bestehen (27). Die Trägheit eines Teiles der Phononen ist dort zumindest in Richtung der Kettenachse insofern sogar noch etwas deutlicher ausgeprägt, als der Anstieg von v mit k fast bis zur Grenze der ersten *Brillouin*-Zone reicht. Als Besonderheit kommt bei der ebenen Zickzack-Kette allerdings noch die Existenz eines energetisch sehr niedrig gelegenen Zweiges optischer Phononen hinzu, die sicher ebenfalls eine Auswirkung auf die Wärmeleitfähigkeit hat.

In einer quantitativen Theorie wäre natürlich streng zwischen Normal- und Umklapp-Prozessen zu unterscheiden (1). Es scheint, daß sich hierbei die Verhältnisse in der linearen Kette von denen in der ebenen Zickzack-Kette unterscheiden (27). Ferner bleibt zu klären, auf welche Art von Kristallen sich die auf 100% Kristallinität extrapolierten Werte beziehen und ob sich in diesen Werten nicht doch auch z. B. Grenzflächeneffekte oder Effekte, die von einer Defekterzeugung herrühren, widerspiegeln können. Es liegt nahe zu vermuten, daß die von *Wada* festgestellten extrem kleinen Relaxationslängen zum Teil auch durch die Polykristallinität der Ausgangsmaterialien verursacht werden.

4. Die Wärmeleitfähigkeit des 100% amorphen Polyäthylens

Im 100% kristallinen Polyäthylen wird der Temperaturverlauf der Wärmeleitfähigkeit bei nicht zu tiefen Temperaturen vor allem durch die Temperaturabhängigkeit der Relaxationslängen bestimmt. Im 100% amorphen Polyäthylen sind dagegen die Relaxationslängen wegen des Fehlens jeder Fernordnung (starke Anharmonizität) und der Vielzahl der Fehlstellen (Phononen-Streuung) praktisch konstant und fallen in die Größenordnung des Durchmessers der Nahordnungsbereiche (28). Der Temperaturverlauf der Wärmeleitfähigkeit des 100% amorphen Polyäthylens wird daher in erster Linie durch die Temperaturabhängigkeit von v und c_V bestimmt. Da sich die mittlere Schallgeschwindigkeit unterhalb des Glasübergangsbereiches mit der Temperatur nur wenig verändert, bleibt vor allem als Variable in [8] die Wärmekapazität c_V.

Trägt man nun den Logarithmus der Wärmeleitfähigkeit des 100% amorphen Polyäthylens nach *Eiermann* (4) gegen den Logarithmus der Temperatur auf, so liegen die Meßpunkte zwischen 125 °K und 250 °K ziemlich genau auf einer Geraden mit dem Anstieg 1/2. Die Wärmeleitfähigkeit genügt also in diesem Temperaturbereich der Proportionalität

$$\varkappa \sim T^{1/2}. \qquad [17a]$$

Bemerkenswert ist, daß wir die gleiche Proportionalität auch für die Wärmekapazität $c_V(b)$ der trägen Phononen finden, die zumindest zwischen 100 °K und 190 °K der Gleichung

$$c_V(b) = 0{,}1186\, T^{1/2}\ [\text{cal/Mol} \cdot \text{Grad}] \qquad [18]$$

folgt (14, 21)[4]). Setzen wir [18] in [8c] ein, so erhalten wir mit $M = 14{,}03$ g und $\varrho = 0{,}862$ g/cm³ (29)

$$\varkappa = 0.002429\, T^{1/2} \cdot (vl). \qquad [17b]$$

Vergleichen wir mit den *Eiermann*schen Meßwerten (Abb. 4), so folgt

$$vl \approx 0{,}01\ \text{cm}^2/\text{sec}$$

oder z. B. mit $l = 10$ Å (28)

$$v \approx 10^5\ \text{cm/sec},$$

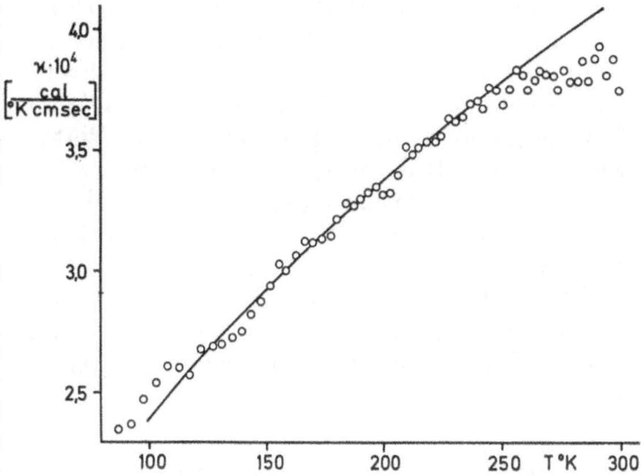

Abb. 4. Wärmeleitfähigkeit des 100% amorphen Polyäthylens nach *Eiermann* (4). Die ausgezogene Kurve wurde nach [17b] mit $vl = 0{,}00987$ cm²/sec berechnet

also ein Wert für die mittlere Schallgeschwindigkeit des glasig erstarrten Polyäthylens, der durchaus in der richtigen Größenordnung liegt.

Dieses Resultat erweckt den Verdacht, daß die trägen Phononen nicht nur bei der Phonon-Phonon-Wechselwirkung, sondern auch in bezug auf die inelastische Phononenstreuung besonders exponiert sind. Da die trägen Phononen diejenigen sind, welche die Valenzwinkel der Ketten besonders be-

[4]) Die Beziehung [18] gilt im Bereich

$$100° \leqslant T \leqslant 190\,°\text{K}$$

nach Tab. III. 8 (18) sowohl für das 100% kristalline als auch für das 100% amorphe Polyäthylen. Die Verlängerung ihrer Gültigkeit über 190 °K hinaus ist theoretisch denkbar, ohne weiteres aber nicht nachweisbar, da oberhalb 190 °K sicher [11] seine Gültigkeit verliert [vgl. (14), Abschn. 5]. Für das amorphe Polyäthylen mag um 125 °K eine Abweichung von [18] aufgrund des mechanischen γ-Prozesses bestehen [vgl. (14), Abschn. 4].

anspruchen und im Falle ebener Zickzack-Ketten auch einen Teil der sog. torsional modes (d. h. die Biegeschwingungen in der zur Kettenebene senkrechten Richtung) mit enthalten, wäre es denkbar, daß die Wahrscheinlichkeit für die Wechselwirkung der Phononen mit den für Polyäthylen typischen Fehlstellen, den Kinken (30), im Falle der trägen Phononen weit größer ist als im Falle der normalen Phononen.

5. Einfluß der Phononen-Wechselwirkung auf das visko-elastische Verhalten von Polymeren

Die Wärmeleitung eines Festkörpers beruht auf dem Energietransport, dessen Träger in einem elektrischen Isolator die Phononen sind. In ganz entsprechender Weise ist die Zähigkeit (innere Reibung) eines Festkörpers auf den durch die Phononen bewerkstelligten Impulstransport zurückzuführen. Die Struktur des Festkörpers ist dabei als fest vorgegeben anzusehen, so daß z. B. Platzwechsel nur als Störungen erscheinen.

Um ein Bild davon zu erhalten, in welcher Weise die Phononen-Wechselwirkung auf die Zähigkeit η von Polymer-Festkörpern einwirkt, wollen wir annehmen, daß sich analog zur Wärmeleitfähigkeit (Abschn. 1) auch die aus der kinetischen Gas-Theorie (2) folgende Beziehung

$$\varkappa = \eta\, c_V$$

bzw. die daraus über [8b] folgende Beziehung

$$\eta = \frac{1}{3}\varrho\, v l \qquad [19]$$

auf das Phononen-Gas übertragen läßt, so daß wir den Phononen ($\mathfrak{k}$; $\mathfrak{j}$) eine „Zähigkeit"

$$\eta(\mathfrak{k};\mathfrak{j}) = \frac{1}{3}\varrho\, v(\mathfrak{k};\mathfrak{j})\, l(\mathfrak{k};\mathfrak{j}) \qquad [20a]$$

bzw.

$$\eta(\mathfrak{k};\mathfrak{j}) = \frac{1}{3}\varrho\, v^2(\mathfrak{k};\mathfrak{j})\,\tau(\mathfrak{k};\mathfrak{j}) \qquad [20b]$$

zuordnen können. Die Größe

$$E(\mathfrak{k};\mathfrak{j}) = \frac{1}{3}\varrho\, v^2(\mathfrak{k};\mathfrak{j}) \qquad [21]$$

spielt dann die Rolle einer Art elastischen Kennzahl der Phononen. Das Verhältnis $\eta(\mathfrak{k};\mathfrak{j})/E(\mathfrak{k};\mathfrak{j})$ ist durch die Relaxationszeit $\tau(\mathfrak{k};\mathfrak{j})$ gegeben.

Als Größenordnung der „Zähigkeit" des Phononen-Gases erhalten wir auf diese Weise z. B. aus [19] mit $vl \approx 0{,}01$ cm²/sec und $\varrho = 0{,}862$ g/cm³ für das 100% amorphe Polyäthylen (Abschn. 4): $\eta = 0{,}003$ Poise. Sie ist vergleichbar mit der Größenordnung der Zähigkeit von niedermolekularen bzw. atomaren Flüssigkeiten (Wasser: $\eta = 0{,}010$ Poise bei 20 °C, $\eta = 0{,}0031$ Poise bei 90 °C; flüssiges Argon: $\eta = 0{,}0028$ Poise bei 84,5 °K). Weiterhin folgt aus $vl = v^2\tau = 0{,}01$ cm²/sec und $v \approx 10^5$ cm/sec (Abschn. 4): $\tau \approx 10^{-12}$ sec. Die Größenordnung der elastischen Kennzahl $E = \eta/\tau \approx 3 \cdot 10^9$ dyn/cm² fällt damit in die Größenordnung des Elastizitätsmoduls von amorphem Polyäthylen. Für den ideal harmonischen Festkörper folgt dagegen mit $l, \tau \to \infty$ ein rein elastisches Verhalten: $\eta \to \infty$, $E =$ const., endlich.

Nehmen wir außerdem an, daß sich die „Zähigkeiten" [20] als Kennzahlen dissipativer Elemente (dash-pots) und die „Moduli" [21] als Kennzahlen von Speicherelementen deuten lassen, die sich, wie in der

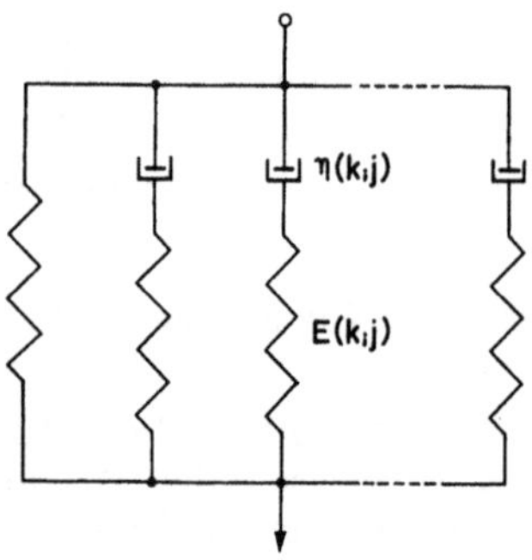

Abb. 5. Verallgemeinertes *Maxwell*-Modell eines Festkörpers

phänomenologischen Theorie der linearen Visko-Elastizität (31), zu *Maxwell*- oder *Kelvin–Voigt*-Elementen zusammenschalten lassen, so kommen wir durch Parallel-Schaltung der *Maxwell*-Elemente (Abb. 5) oder Reihen-Schaltung der *Kelvin-Voigt*-Elemente zu einem Modell des Festkörpers, das zumindest qualitativ Auskunft über den Einfluß der Phononen-Wechselwirkung auf die makroskopischen Response-Funktionen gibt.

Aus dem Modell ist unmittelbar zu entnehmen, daß bei periodischer Beanspruchung des Materials eine direkte Auswirkung der Phononen-Wechselwirkung auf die Response-Funktionen nur im Mikrowellenbereich zu erwarten ist, da die Relaxationszeiten der Phononen gewöhnlich in der Größenordnung von 10^{-8} sec (bei tiefen Temperaturen) bis 10^{-13} sec (bei höheren Temperaturen) liegen [vgl. hierzu (32), (33)]. Bei tiefen Temperaturen kann dabei die geringe Anzahl $N(\mathfrak{k};\mathfrak{j})$ der Phononen dazu führen, daß der Effekt unter die Nachweisgrenze fällt (34).

Ferner ist aus dem Modell zu entnehmen, daß bei periodischer Beanspruchung des Materials mit Frequenzen unterhalb des Mikrowellenbereiches die Phonon–Phonon-Wechselwirkung und Phononen-Streuung in den Response-Funktionen als Untergrund in Erscheinung treten. Aus der Gittertheorie ist hier bekannt, daß die 3- und 4-Phononenprozesse einen zur Temperatur T proportionalen und die 5- und 6-Phononen-Prozesse einen zu T^2 proportionalen Abfall der elastischen Kenngrößen erzeugen (7). Die Phononen-Streuung wirkt sich wahrscheinlich (wie bei den Gitterkonstanten) in einer Abhängigkeit von T^n mit $n \geqslant 2$ aus.

Ein vollständiges Bild des visko-elastischen Verhaltens erhalten wir jedoch nur, wenn wir das Modell Abb. 5 mit *Maxwell*-Elementen ergänzen, welche die Relaxation der Platzwechsel der Gitterbausteine unmittelbar beschreiben. Neben den Kollektiv-Bewegungen sind also, wie in einer Flüssigkeit, auch die möglichen Ein-Teilchen-Bewegungen (single-particle modes) zu berücksichtigen. Streng genommen sind dabei natürlich die beiden Bewegungsformen miteinander gekoppelt.

Geht man so vor, so tritt schließlich die Frage auf, ob die Ein-Teilchen-Bewegungen nicht auch die Wärmeleitfähigkeit direkt beeinflussen. In bezug auf die Platzwechsel von Seitengruppen in Polymeren wurde diese Frage bereits von *Hirsch* (35) aufgegriffen. Bei den von *Eiermann* an Polyäthylen gewonnenen Ergebnissen könnte man z. B. in den deutlichen Abweichungen von dem allgemeinen Verlauf, die um 125 °K auftreten (vgl. Abb. 1 und 4), die Wirkung der mechanischen γ-Relaxation sehen.

Herrn Dr. *H. Hendus* (Ludwigshafen/Rhein) danke ich für die Überlassung seiner bisher noch unveröffentlichten Meßergebnisse (Abb. 1 B und C).

Zusammenfassung

Als Ausgangspunkt werden die auf 100% kristallines und 100% amorphes Polyäthylen extrapolierten Meßwerte von *Eiermann* herangezogen.

Aus der Temperaturabhängigkeit des auf 100% Kristallinität bezogenen Wärmewiderstandes kann man schließen, daß in Polyäthylen-Kristallen bis 270 °K in merkbarem Ausmaß nur 3-Phononen-Prozesse, oberhalb 270 °K aber auch höhere Phononen-Prozesse eine Rolle spielen.

Aufgrund der Biegesteifigkeit der Kettenmoleküle ist zu erwarten, daß sich das den Wärmewiderstand erzeugende dynamische Verhalten der Phononen in Polymeren erheblich von dem in niedermolekularen Substanzen unterscheidet. Die Biegesteifigkeit bewirkt bei einem Teil der Phononen eine konvexe Krümmung in der unteren Hälfte der Dispersionsrelationen. Hieraus resultiert eine mit der Wellenzahl k ansteigende Geschwindigkeit dieser Phononen, eine Vergrößerung der Wahrscheinlichkeit für die Phonon–Phonon-Wechselwirkung und eine Verletzung der *Herpin*schen Auswahlregeln. Der Grenzwert der Geschwindigkeit für $k \to 0$ hängt nur von den zwischenmolekularen Wechselwirkungskräften ab, auch dann, wenn sich die Phononen in Kettenrichtung ausbreiten.

Die Wärmeleitfähigkeit des 100% amorphen Polyäthylens verläuft zwischen 125 °K und der Glasübergangstemperatur proportional zu $T^{1/2}$. Diese Proportionalität wird plausibel, wenn man annimmt, daß die Temperaturabhängigkeit der Wärmeleitfähigkeit allein durch die Wärmekapazität der Phononen, die die Biegesteifigkeit beanspruchen, gesteuert wird.

Der Einfluß der Phononen-Wechselwirkung auf das visko-elastische Verhalten von Polymeren wird mit Hilfe eines der phänomenologischen Theorie der linearen Visko-Elastizität nachgebildeten Modells abgeschätzt.

Summary

As a starting-point *Eiermanns* experimental data extrapolated on 100% crystalline and 100% amorphous polyethylene are made use of.

From the temperature dependence of the thermal resistance, referred to 100% crystallinity, there can be concluded that in polyethylene crystals up to 270 °K only 3-phonon-processes take effect whereas above 270 °K also higher phonon processes play a part.

On account of the stiffness of the chain molecules there is to be expected that in polymers the dynamical behaviour of the phonons, which cause the thermal resistance, differs considerably from that in low molecular substances. With several phonon branches the stiffness causes a convex curvature of the lower part of the dispersion relations. From this convexity there results an increasing velocity of the phonons with the wave number k, an augmented probability of phonon–phonon-interaction and a violation of the *Herpin* selection rules. The limit of the velocity for $k \to 0$ depends only on the intermolecular interaction forces, even if the phonons travel in the direction of the chain.

The thermal conductivity of the 100% amorphous polyethylene is between 125 °K and the glass transition temperature proportional to $T^{1/2}$. This proportionality becomes comprehensible if the temperature dependence of the thermal conductivity is supposed to be regulated solely by the heat capacity of those phonons which stress the stiffness.

The influence of the phonon interaction on the visco-elastic behaviour of polymers is assessed by means of a model analogous to the phenomenological theory of the linear visco-elasticity.

Literatur

1) Vgl. z. B. *Klemens, P. G.*, Solid State Physics (ed. *F. Seitz, D. Turnbull*) **7**, 1 (1958).

2) Vgl. z. B. *Mayer, J. E.* and *M. Goeppert-Mayer*, Statistical Mechanics (New York-London 1940).

3) *Debye, P.*, Vorträge über die kinetische Theorie der Materie und Elektrizität (Herausg. *D. Hilbert*) (Berlin 1914).

4) *Eiermann, K.*, Kolloid-Z. u. Z. Polymere **201**, 3 (1965).

5) *Pomeranchuk, I.*, J. Phys. USSR **7**, 197 (1943).

6) *Hendus, H.*, 1962, bisher unveröffentlicht.

7) Vgl. z. B. *Ludwig, W.*, Springer Tracts in Modern Physics, Vol. **43** (Berlin-Heidelberg-New York 1967).

8) *Swan, P. R.*, J. Polymer Sci. **56**, 403 (1962).
9) *Hendus, H.*, 1962, veröffentlicht in (18).
10) Abschnitt II.4.5 in (18).
11) *Scherr, H., W. Pechhold* und *S. Blasenbrey*, Kolloid-Z. u. Z. Polymere **238**, 396 (1970).
12) *Sullivan, P. K.* and *J. J. Weeks*, J. Res. NBS **74A**, 203 (1970).
13) *Wada, Y., A. Itani,* and *T. Nishi*, J. Polymer Sci. A2, **7**, 201 (1969).
14) *Baur, H.*, Kolloid-Z. u. Z. Polymere **244**, 293 (1971).
15) *Knappe, W.*, Adv. Polymer Sci. **7**, 477 (1971).
16) *Wada, Y.*, mündliche Mitteilung.
17) *Leibfried, G.* und *E. Schlömann*, Nachr. Akad. Wiss. Göttingen, math.-phys. Klasse IIa, Nr. **4**, 71 (1954).
18) *Wunderlich, B.* and *H. Baur*, Adv. Polymer Sci. **7**, 151 (1970).
19) *Tarasov, V. V.*, Zhur. Fiz. Khim. **24**, 111 (1950); **27**, 1430 (1953).
20) *Lifschitz, E. M.*, JETP **22**, 471 (1952).
21) *Baur, H.*, Kolloid-Z. u. Z. Polymere **241**, 1057 (1970).
22) *Eiermann, K.*, Kolloid-Z. u. Z. Polymere **198**, 5 (1964).
23) *Ziman, J. M.*, Electrons and Phonons (Oxford 1960).
24) *Landau, L.* und *G. Rumer*, Physik. Z. Sowjetunion **11**, 18 (1937).
25) *Orbach, R.* and *L. A. Vredevoe*, Physics **1**, 91 (1964).
26) *Peierls, R. E.*, Quantum Theory of Solids (Oxford 1955).
27) *Baur, H.*, Z. Naturforschg., **26a**, 979 (1971).
28) *Kittel, C.*, Phys. Rev. **75**, 972 (1949).
29) *Hendus, H.* und *G. Schnell*, Kunststoffe **51**, 69 (1961).
30) *Pechhold, W.*, Kolloid-Z. u. Z. Polymere **228**, 1 (1968).
31) Vgl. z. B. *Alfrey, T.* Jr., Mechanical Behaviour of High Polymers (New York 1948).
32) *Amrhein, E. M.*, Kolloid-Z. u. Z. Polymere **216/217**, 38 (1966).
33) *Amrhein, E. M.* and *F. H. Müller*, J. Amer. Chem. Soc. **90**, 3146 (1968),
34) *Simons, S.*, Proc. Camb. Phil. Soc. **53**, 702 (1957).
35) *Hirsch, G.*, Dissertation (Aachen 1966).

Anschrift des Verfassers:
Dr. *H. Baur*, WH/MPL, G201
Badische Anilin- und Soda-Fabrik AG,
6700 Ludwigshafen am Rhein

Aus dem Deutschen Kunststoff-Institut, Darmstadt

Wärmekapazität von Polyacrylaten und Polymethacrylaten im Temperaturbereich von —180 °C bis 160 °C*)

Von R. Hoffmann und W. Knappe

Mit 4 Abbildungen und 1 Tabelle

(Eingegangen am 19. April 1971)

1. Einleitung

Für den Beitrag der Gitterschwingungen zur Wärmekapazität $C_V(T)$ eines Festkörpers gilt in der harmonischen Näherung Gl. [1] [s. z. B. (1)]:

$$C_V(T) = k \int_0^{\nu_{max}} \left(\frac{h\nu}{kT}\right)^2 \frac{e^{\frac{h\nu}{kT}}}{\left[e^{\frac{h\nu}{kT}} - 1\right]^2} \varrho(\nu)d\nu, \qquad [1]$$

$$\int_0^\infty \varrho(\nu)d\nu = 3N\,,$$

k = *Boltzmann*-Konstante,
ν = Frequenzen der Gitterschwingungen,
$\varrho(\nu)d\nu$ = Zahl der Frequenzen ν im Intervall $\langle \nu, \nu + d\nu \rangle$,
ν_{max} = Maximalfrequenz,
h = *Planck*sches Wirkungsquantum,
T = absolute Temperatur,
N = Zahl der Gitterbausteine.

Die Berechnung der Wärmekapazität für ein Polymer aus Gl. [1] ist in den meisten Fällen nicht möglich, da das gesamte Schwingungsspektrum, d. h. die vollständige Funktion $\varrho(\nu)$, nicht bekannt ist. Man ist daher zur quantitativen Ermittlung der Wärmekapazität weitgehend auf Näherungsverfahren angewiesen. Das hier näher betrachtete Verfahren (1, 2) beruht auf der empirischen Feststellung, daß den in der Monomereinheit der Kette enthaltenen chemischen Gruppen spezifische Beiträge zur Wärmekapazität zugeordnet werden können, aus denen sich dann die des makroskopischen Festkörpers additiv zusammensetzt. Die Gültigkeit dieses Verfahrens wird in der vorliegenden Arbeit durch kalorimetrische Absolutmessungen an Polymeren mit systematisch variierten Kettenbausteinen überprüft.

Da die Wärmekapazität nach Gl. [1] über ein Integral von $\varrho(\nu)$ abhängt, erweist sie sich gegenüber gewissen Veränderungen im Aufbau des Festkörpers als verhältnismäßig unempfindlich. Für zuverlässige Aussagen sind daher genaue Meßdaten erforderlich. Soweit Zahlenwerte für die Wärmekapazitäten der in dieser Arbeit untersuchten Polymeren in der Literatur (1) vorliegen, zeigen diese zum Teil so große Abweichungen voneinander, daß eine Diskussion von Feinheiten im Kurvenverlauf nur in wenigen Fällen möglich erscheint.

2. Experimentelles

Die Messungen wurden mit einem im Deutschen Kunststoff-Institut gebauten adiabatischen Absolutkalorimeter (3) ausgeführt, dessen Meßgenauigkeit besser als $\pm 1\%$ ist. Die Reproduzierbarkeit der Meßergebnisse der hier untersuchten Proben ist unterhalb deren Einfrierbereich jedoch wesentlich genauer, so daß auch die später zu diskutierenden geringen Differenzen zwischen den Wärmekapazitäten zweier verschiedener Proben verhältnismäßig genau bestimmt werden können. Oberhalb des Einfrierbereichs zeigten jedoch mehrere an einer Probe durchgeführte Meßreihen in einigen Fällen Abweichungen voneinander, die bis zu 1,5% betrugen. Diese Abweichungen sind vermutlich auf Strukturänderungen zurückzuführen.

Die Messungen wurden an jeder Probe mindestens zweimal durchgeführt, wobei die Meßpunkte in einem Abstand von etwa 1° aufgenommen wurden. In Abb. 2 sind die Mittelwerte aus diesen Meßreihen angegeben. Um die Übersichtlichkeit von Abb. 2 zu erhöhen, wurden die Teile der Kurven, die einen glatten Verlauf zeigen nur durch Meßwerte im Abstand von etwa 5° belegt. Die in Abb. 3 und 4 aufgetragenen Differenzen zwischen den Wärmekapazitäten verschie-

*) Vorgetragen auf der Arbeitssitzung des Fachausschusses Physik der Hochpolymeren in der Frühjahrstagung Berlin 1971 vom 9. bis 13. März des Regionalverbandes Physikalische Gesellschaft zu Berlin.

dener Proben haben wir aus den in Abb. 2 angegebenen Mittelwerten bestimmt. Zur besseren Übersicht wurden die Ergebnisse in Abb. 3 und 4 durch Ausgleichskurven wiedergegeben. Die maximale Abweichung der einzelnen Werte von diesen Ausgleichskurven beträgt etwa $\pm$ 4%.

Die Aufheizgeschwindigkeit der Proben, die bei konstanter dem Kalorimeter zugeführter Heizleistung von deren Wärmekapazität abhängt, lag bei allen Messungen zwischen 7° und 15° je Stunde.

Die untersuchten Polymeren[1]), die als substanzpolymerisierte Platten vorlagen, hatten ein gewichtsmittleres Molekulargewicht von einigen 10^6 g/Mol. Die monomeren Bestandteile der Substanzen betrugen etwa 0,5 Gew.%. In Tab. 1 sind die untersuchten Polymeren sowie die im Text verwendeten Kurzbezeichnungen angegeben.

Da der Kurvenverlauf der Wärmekapazität von Polymeren im allgemeinen von der thermischen Vorbehandlung abhängt, wurde jede Probe vor den verschiedenen Messungen im Kalorimetergefäß sowohl langsam als auch schnell auf —180 °C abgekühlt. Der Verlauf der beiden Abkühlvorgänge ist in Abb. 1

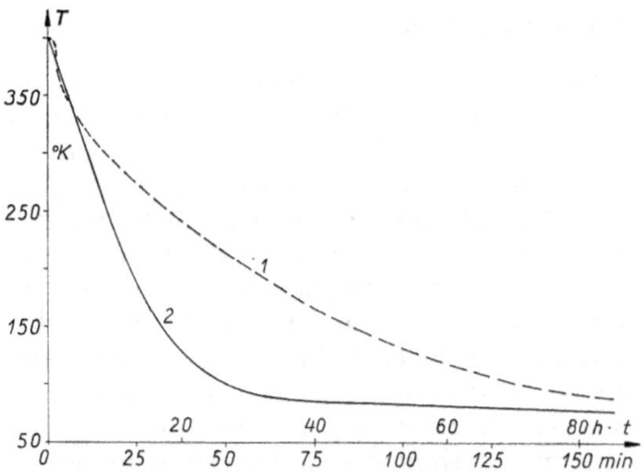

Abb. 1. Kurve 1: langsame Abkühlung der Proben, Kurve 2: schnelle Abkühlung der Proben, für Kurve 1 (2) gilt die obere (untere) Einteilung der Zeitachse

dargestellt. Kurve 1 (langsame Abkühlung) gilt für Proben, die in der Apparatur (3) unter Hochvakuum, und Kurve 2 (schnelle Abkühlung) für Proben, die unter Helium abgekühlt wurden.

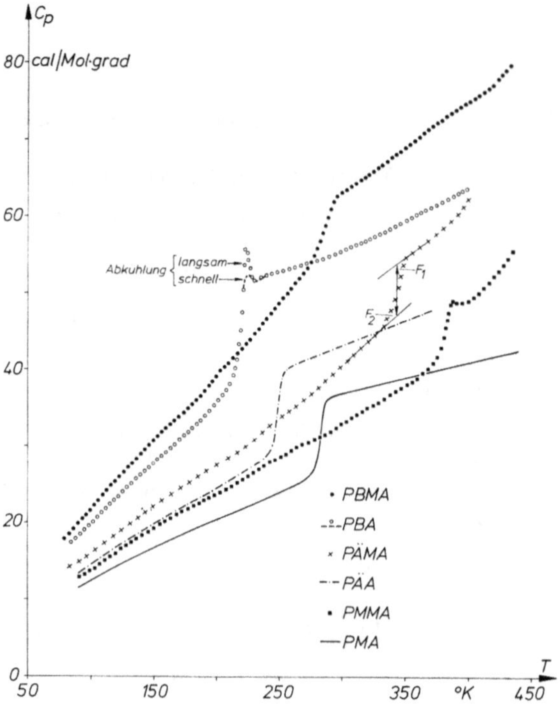

Abb. 2. Wärmekapazitäten von Polyacrylaten und Polymethacrylaten (Kurzbezeichnungen s. Tab. 1)

3. Meßergebnisse

In Abb. 2 sind die Wärmekapazitäten von Polymethylacrylat (PMA), Polymethylmethacrylat (PMMA), Polyäthylacrylat (PÄA), Polyäthylmethacrylat (PÄMA), Poly-n-butylacrylat (PBA) und Poly-n-butylmethacrylat (PBMA) dargestellt. Die Wärmekapazitäten von PMA und PÄA bestimmten wir aus den Wärmekapazitäten von Methylacrylat-Methylmethacrylat- sowie Äthylacrylat-Methylmethacrylat-Copolymeren mit verschiedenen Zusammensetzungen durch Extrapolation auf den Methylmethacrylat-Anteil Null. Über die Untersuchungen an den vorgenannten und weiteren Copolymeren aus Acrylaten und Methylacrylaten wird in einer späteren Arbeit berichtet (4).

Unterhalb des charakteristischen stufenförmigen Anstiegs im Einfrierbereich zeigt der Verlauf der Wärmekapazitäten sämtlicher Proben erwartungsgemäß einen annähernd geradlinigen Abfall nach tieferen Temperaturen hin. Bei PBA schließt sich der Einfrierstufe sowohl bei der schnell abgekühlten als auch bei der langsam abgekühlten Probe ein Maximum an. Die Entstehung dieser Maxima führen wir auf Kristallisation zurück. Eine Mitwirkung von Enthalpierelaxationen dürfte auszuschließen sein. Bei der schnell abgekühlten Probe wurde nämlich der Einfrierbereich bei Abkühlung mit einer Geschwindigkeit durchlaufen, die mehr als 10mal so groß war wie die bei der Aufheizung

---

[1]) Die Proben wurden uns freundlicherweise von der Röhm GmbH, Darmstadt, überlassen.

Tab. 1. Daten der untersuchten Polymeren

Substanz	Kurzbezeichnung Molekulargewicht des Monomeren [g/Mol]	Chemische Struktur des Monomeren	T_E nach Abb. 2 [° C]	T_E nach (8) [° C]
Polymethylacrylat	PMA 86,1	$-[CH_2-C(H)(COOCH_3)]-$	11	0 bis 3
Polymethylmethacrylat	PMMA 100,1	$-[CH_2-C(CH_3)(COOCH_3)]-$	107	72 bis 105
Polyäthylacrylat	PÄA 100,1	$-[CH_2-C(H)(COOC_2H_5)]-$	−24	−23 bis −29
Polyäthylmethacrylat	PÄMA 114,1	$-[CH_2-C(CH_3)(COOC_2H_5)]-$	70	47
Poly-n-butylacrylat	PBA 128,2	$-[CH_2-C(H)(COOC_4H_9)]-$	−54	−63 bis −70
Poly-n-butylmethacrylat	PBMA 142,2	$-[CH_2-C(CH_3)(COOC_4H_9)]-$	13	17

der Probe. In diesem Fall würde nach den Vorstellungen über Enthalpierelaxation (5, 6) allenfalls ein Minimum vor der Einfrierstufe auftreten. Wenn der Einfrierbereich wie bei der langsam abgekühlten Probe mit einer Geschwindigkeit, die etwa ein Drittel der Aufheizgeschwindigkeit beträgt, durchlaufen wird, nimmt die Größe des Maximums zu. Eine Klärung steht noch aus.

Das Minimum, das sich sowohl bei der schnell wie bei der langsam abgekühlten PMMA-Probe der Einfrierstufe anschließt, dürfte nicht auf Enthalpierelaxation, sondern auf Nahordnungserscheinungen zurückzuführen sein. Diese Annahme wird durch Effekte, die bei Torsionsschwingungsversuchen gefunden wurden, gestützt (7).

Die übrigen Kurven ließen trotz verschiedener Abkühlung weder Maxima noch Minima erkennen.

Auffällig ist ferner, daß man oberhalb der Einfrierstufe bei den Polymethacrylaten durchweg einen wesentlich steileren Anstieg in der Wärmekapazität als bei den Polyacrylaten beobachtet.

Die Einfriertemperaturen ermittelten wir aus dem Kurvenverlauf der Wärmekapazität nach dem am Beispiel von PÄMA in Abb. 2 erklärten Verfahren. Die C_p-Kurve wird oberhalb und unterhalb der Einfrierstufe durch eine Gerade bis in den Einfrierbereich hinein verlängert. Dann wird eine Parallele zur C_p-Achse, die in Abb. 2 durch einen Doppelpfeil gekennzeichnet ist, so gelegt, daß die Größe der Fläche F_1 und F_2 rechts und links der Parallelen gleich ist. Wie Tab. 1 zeigt, stimmen die so ermittelten Einfriertemperaturen nicht für alle hier untersuchten Substanzen mit den in der Literatur (8) angegebenen Werten überein. Die aus Abb. 2 entnommenen Einfriertemperaturen werden aber durch Torsionsschwingungsversuche nach Extrapolation auf Frequenzen von 10^{-3} Hz bestätigt (7).

4. Diskussion

Um den mit $\Delta C_p(CH_3)$ bezeichneten Anstieg der Wärmekapazität bei Austausch eines H-Atoms durch eine CH_3-Gruppe an der C-Hauptkette zu bestimmen, bildeten wir die Differenzen zwischen den Wärmekapazitäten der Polymethacrylate und Polyacrylate mit jeweils gleicher Seitenkette (s. Tab. 1). In Abb. 3 sind die Ergebnisse zusammengefaßt.

Die aus PMMA und PMA sowie PÄMA und PÄA berechnete Temperaturabhängigkeit von $\Delta C_p(CH_3)$ stimmt mit der, die wir aus der halben Differenz zwischen Polyisobutylen (PIB) und Polyäthylen (PE) erhalten, gut überein. Zahlenwerte für die Wärmekapazitäten von PIB haben wir der Arbeit (9) entnommen; für die Wärmekapazitäten von PE wurden die Werte nach (1) eingesetzt[2]). Ferner ist in Abb. 3 der $\Delta C_p(CH_3)$-Verlauf aufgetragen, der sich aus den Meßdaten für Polypropylen (PP) und PE ergibt. Für die Wärmekapazitäten von PP wurden die in (1) angegebenen Mittelwerte angenommen. Die Frage, worauf die Abweichung dieser Kurve unterhalb von 160 °K von den Ergebnissen aus PMMA und PMA, PÄMA und PÄA sowie PIB und PE beruht, kann z. Z. nicht beantwortet werden, da die in der Literatur (1) angegebenen Zahlenwerte für die Wärmekapazitäten von PP zu große Unterschiede aufweisen. Der $\Delta C_p(CH_3)$-Verlauf, den wir aus den Wärmekapazitäten von PBMA und PBA berechnet haben, ist gegenüber den Kurven für $\Delta C_p(CH_3)$, die sich aus den übrigen Polyacrylaten und Polymethacrylaten ergeben, nahezu parallel nach höheren Werten hin verschoben. Möglicherweise ist das auf die der CH_3-Gruppe gegenüberstehende relativ lange Seitenkette zurückzuführen.

Wie aus Abb. 3 ferner hervorgeht, liegen die Zahlenwerte für $\Delta C_p(CH_3)$ niedriger als diejenigen für die Wärmekapazität einer CH_2-Gruppe von PE.

In Abb. 3 ist weiterhin der Anstieg der Wärmekapazität $\Delta C_p(CH_2\ 1.)$[3]) bei Einbau einer CH_2-Gruppe in die Seitenkette aufgetragen. Unsere Ergebnisse sind gegenüber den aus den Wärmekapazitäten für Poly-1-butensulfon (PBS) und Polypropylensulfon (PPS) ermittelten Werten für $\Delta C_p(CH_2\ 1.)$ nach höheren Werten hin verschoben. Die Meßdaten für die Wärmekapazitäten von PPS und PBS sowie die später verwendeten von Poly-1-hexen-sulfon (PHS) wurden der Arbeit (10) entnommen.

[2]) Im Temperaturbereich von 90 °K bis 200 °K stimmen die C_p-Werte von amorphem und 100% kristallinem PE überein (1).

[3]) Die Zahl nach der CH_2-Gruppe gibt an, an wievielter Stelle sie in die Seitenkette eingebaut wurde.

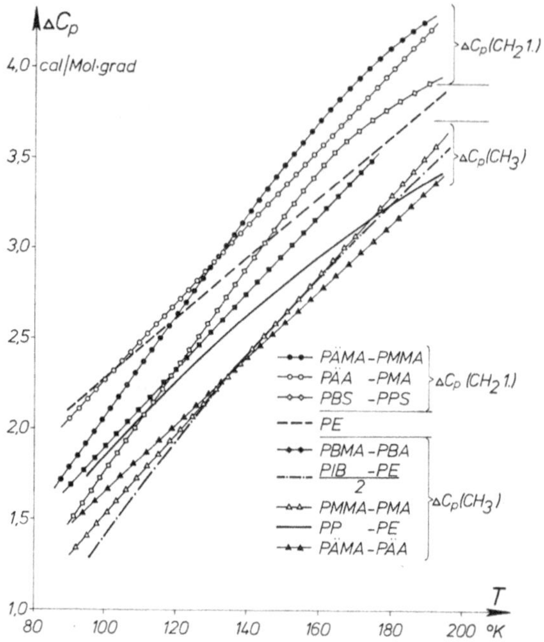

Abb. 3. Spezifische Beiträge zur Wärmekapazität von CH_2- und CH_3-Gruppen (Kurzbezeichnungen s. Text)

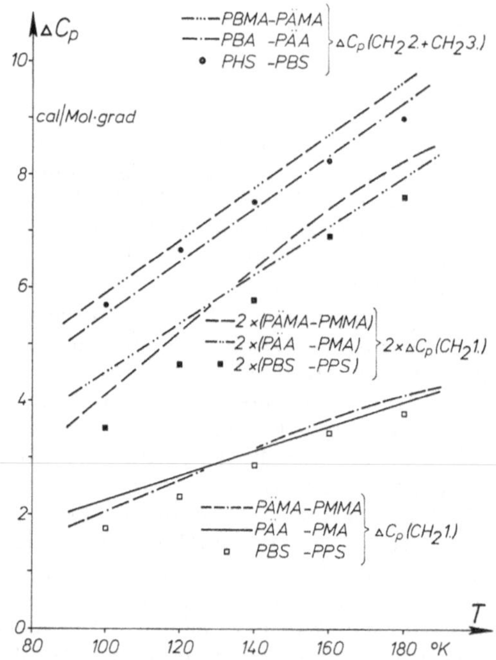

Abb. 4. Spezifische Beiträge zur Wärmekapazität von seitenständigen CH_2-Gruppen (Kurzbezeichnungen s. Text)

Die Zunahme der Wärmekapazität ΔC_p (CH_2 2. + CH_2 3.) bei Einbau zwei weiterer CH_2-Gruppen in die Seitenkette an einer bereits vorhandenen bestimmten wir durch Subtraktion der C_p-Werte von PBA und PÄA. Nach Abb. 4 fällt der Kurvenverlauf von ΔC_p(CH_2 2. + CH_2 3.) aus den Wärmekapazitäten von PBA und PÄA mit dem, der sich aus der Differenz der Werte für PHS und PBS ergibt, zusammen. Zum Vergleich ist in Abb. 4 weiterhin der Beitrag der Wärmekapazität eingezeichnet, den wir durch Verdoppelung der ΔC_p(CH_2 1.)-Werte erhalten. Gegenüber diesem Kurvenverlauf ist derjenige für ΔC_p(CH_2 2. + CH_2 3.) um etwa 1–2 cal/Mol · grad annähernd parallel nach höheren Werten hin verschoben. Dieser in beiden Fällen zu beobachtende zusätzliche Anstieg der Wärmekapazität durch Einbau von zwei weiteren CH_2-Gruppen in die Seitenkette läßt auf eine starke Zunahme der Beweglichkeit innerhalb der Seitenkette schließen.

Der Arbeitsgemeinschaft Industrieller Forschungsvereinigungen e.V. (AIF) sind wir für die finanzielle Unterstützung dieser Arbeit zu Dank verpflichtet.

Den Herren *U. Eckermann* und cand. phys. *C. D. Knöchel* danken wir für die gewissenhafte Durchführung der umfangreichen Messungen und Auswertungen.

Zusammenfassung

Die Wärmekapazitäten C_p von Polymethylmethacrylat (PMMA), Polyäthylmethacrylat, Poly-n-butylacrylat (PBA) und Poly-n-butylmethacrylat wurden in Abhängigkeit von der Temperatur T mit einem adiabatischen Absolutkalorimeter gemessen. Ferner ist der $C_p(T)$-Verlauf von Polymethylacrylat und Polyäthylacrylat angegeben, der aus experimentellen $C_p(T)$-Werten von Methylacrylat-Methylmethacrylat- sowie Äthylacrylat-Methylmethacrylat-Copolymeren mit verschiedenen Zusammensetzungen durch Extrapolation auf den Methylmethacrylat-Anteil Null ermittelt wurde. Aus der Lage der Stufe im $C_p(T)$-Verlauf wurde die Einfriertemperatur bestimmt. Oberhalb der Einfrierstufe tritt im Kurvenverlauf von PBA ein Maximum und in dem von PMMA ein Minimum auf. Sowohl das Minimum als auch das Maximum dürften auf Nahordnungserscheinungen zurückzuführen sein. Aus den $C_p(T)$-Werten wurden die spezifischen Beiträge zur Wärmekapazität von in der Monomereinheit der Kette enthaltenen chemischen Gruppen berechnet. Bei langen Seitenketten findet man für die Wärmekapazität verhältnismäßig hohe Werte, die auf eine starke Zunahme der Beweglichkeit innerhalb der Seitenkette schließen lassen.

Summary

The heat capacity C_p of polymethylmethacrylate (PMMA), polyethylmethacrylate, poly-n-butylacrylate (PBA) and poly-n-butylmethacrylate was measured in dependence on temperature by means of an adiabatic absolute calorimeter. In addition, C_p was calculated as a function of temperature for polymethylacrylate and polyethylacrylate by extrapolation of data for copolymers with various compounds of methylacrylate-methylmethacrylate and ethylacrylate-methylmethacrylate to a vanishing content of methylmethacrylate. The step in the function of $C_p(T)$ was used to determine the glass transition temperature. The step of $C_p(T)$ is followed at increasing temperature in the case of PBA by a maximum and in the case of PMMA by a minimum. Both the maximum and the minimum may be explained by close range order phenomena. The specific contribution of different chemical groups in the monomer unit was analyzed from the measured $C_p(T)$-values. If the side chains are long, relatively high values of C_p are found because of the increased mobility within the side chain.

Literatur

1) *Wunderlich, B.* and *H. Baur*, Adv. Polymer Sci. **7**, 151 (1970).

2) *Wunderlich, B.* and *L. D. Jones*, J. Macromol. Sci.-Phys. B**3** (1), 67 (1969).

3) *Eiermann, K., R. Hoffmann* und *W. Knappe*, Adiabatisches Absolutkalorimeter für den Temperaturbereich von −180 °C bis + 270 °C (in Vorb.).

4) *Hoffmann, R., W. Knappe* und *C. D. Knöchel*, Wärmekapazität von Copolymeren aus Acrylaten und Methacrylaten im Temperaturbereich von −180 °C bis + 160 °C (in Vorb.).

5) *Illers, K.-H.*, Makromol. Chem. **127**, 1 (1969).

6) *Wunderlich, B., D. M. Bodily* and *M. H. Kaplan*, J. Appl. Physics **35**, 95 (1964).

7) *Hennig, J.*, Röhm GmbH, Darmstadt, persönliche Mitteilung.

8) *Stuart, H. A.*, Die Physik der Hochpolymeren, Bd. **3**, S. 667 (Berlin-Göttingen-Heidelberg 1955).

9) *Furukawa, G. T.* and *M. L. Reilly*, J. Res. Nat. Bur. Std. **56**, 285 (1956).

10) *Dainton, F. S., D. M. Evans, F. E. Hoares* und *T. P. Melia*, Polymer **3**, 310 (1962).

Anschrift der Verfasser:

Priv.-Doz. Dr. *W. Knappe* und Dipl.-Phys. *R. Hoffmann*
Deutsches Kunststoff-Institut, 6100 Darmstadt
Schloßgartenstraße 6 R

Aus dem Battelle-Institut e.V., Frankfurt am Main

Über die thermo-mechanische Dissoziation von 6-Polyamid*)

Von H. H. Kausch

Mit 3 Abbildungen

(Eingegangen am 10. April 1971)

Einleitung

Die Struktur und das mechanische Verhalten von hochorientierten synthetischen Fasern werden nicht zuletzt wegen ihrer großen wirtschaftlichen Bedeutung schon seit langem sehr eingehend studiert. Als gesichertes Ergebnis einer Vielzahl unterschiedlicher Experimente kann wohl die Tatsache angesehen werden, daß hochverstreckte teilkristalline Fasern in Richtung der Faserachse eine Schichtstruktur aufweisen (1–4). Kristalline und nichtkristalline Schichten folgen einander in regelmäßigen Abständen (Abb. 1). Die in Abb. 1 für Nylon 6 skizzierte Struktur wird mit Abweichungen in Kristalltyp und -orientierung, Kristallinitätsgrad und Langperiode auch bei den meisten anderen synthetischen Fasern angetroffen. Aus dieser Struktur ergibt sich unmittelbar, daß die „Festigkeit" einer solchen Faser von der „Festigkeit" ihrer Schichten abhängt. Die Festigkeit einer uniaxial beanspruchten amorphen Schicht läßt sich direkt auf die „Festigkeit" eines Kettensegments und auf die Gleichmäßigkeit der Belastung einzelner Segmente, die der kristallinen Bereiche auf den Widerstand gegen plastische Verformung und gegen das Herauslösen einzelner Kettenabschnitte oder Falten aus dem Kristallit zurückführen.

In der vorliegenden Arbeit soll ausschließlich die zeitabhängige Festigkeit einzelner Kettensegmente des 6-Polyamid (Perlon) diskutiert werden, d. h. das Verhalten eines an den Enden fest eingespannten Kettensegmentes, das in Richtung der Kettenachse bis zum Bruch der Kette belastet wird. Die bei einem solchen Kettenbruch entstehenden freien Radikale und ihre Folgeprodukte sind in den letzten Jahren recht eingehend mit Hilfe des Elektronenspin-Resonanzverfahrens (ESR) untersucht worden (5–8). Mit Hilfe des ESR-Verfahrens konnte bei Nylon 6- und Nylon 66-Fasern direkt nachgewiesen werden, daß bei starker mechanischer Beanspruchung tatsächlich Hauptketten brechen. Als weiteres Ergebnis konnte aus der Kinetik der Radikalbildung die mittlere Lebensdauer eines belasteten Kettensegmentes in Abhängigkeit von der mechanischen Spannung bestimmt werden (9).

In dieser Arbeit soll zunächst auf die Beziehung zwischen der „Festigkeit" einzelner Bindungen und der der längeren Kettensegmente eingegangen werden. Unter Berücksichtigung der zuvor erwähnten Analyse der Radikalbildungskinetik ist dann – und erst dann – eine Beziehung zwischen der makroskopischen mechanischen Spannung und der Festigkeit der schwächsten Bindung innerhalb einer Kette hergestellt. Aus der so gewonnenen Beziehung und der mechanischen Spannung sollen die Anteile berechnet werden, mit denen mechanische Spannung und thermische Bewegung zu der Dissoziationsenergie beitragen. Daraus ergeben sich dann Anhaltspunkte über die Form des Deformationspotentials einer (NH)—CH_2—CH_2—CH_2— bzw. (CO)—CH_2—CH_2—CH_2-Gruppe im Polyamidmolekül.

Modell

Für die durchzuführenden Rechnungen wird ein Modell benutzt, wie es aufgrund der gegenwärtigen Kenntnisse (1–3), insbesondere der Arbeiten von *Ishikawa* et al. (4), in Abb. 1 dargestellt ist. Es wird also angenommen, daß kristalline und nichtkristalline Bereiche in Serie angeordnet sind. Die Kettenachsen sind innerhalb der Kristallite in Richtung der *b*-Achse der Kristalle orientiert und schließen mit der Faserachse einen Winkel φ ein. An unbelasteten, vierfach verstreckten Nylonfäden haben *Ishikawa* et al. (4) aus den (200)-Reflexen φ zu 4° bestimmt. Die Deckflächen der Kristalle sind gegen den Faserquerschnitt um den Winkel ϱ geneigt.

*) Vorgetragen auf der Arbeitssitzung des Fachausschusses Physik der Hochpolymeren in der Frühjahrstagung Berlin 1971 vom 9. bis 13. März des Regionalverbandes Physikalische Gesellschaft zu Berlin.

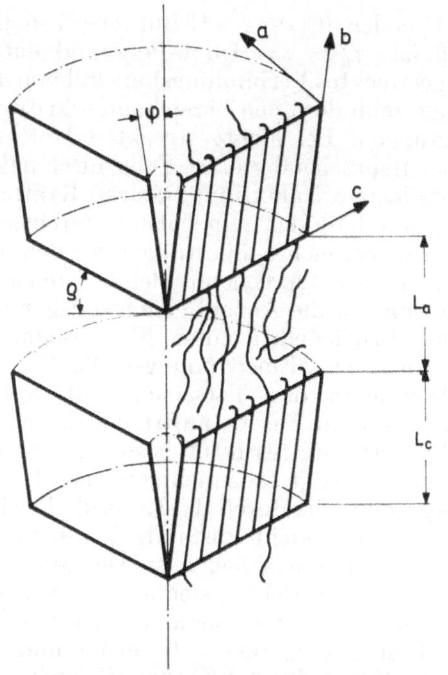

Abb. 1. Strukturmodell einer hochverstreckten, teilkristallinen Faser (6-Polyamid), a, b, c Kristallachsen, ϱ, φ Orientierungswinkel, L_a, L_c Länge amorpher und kristalliner Bereiche in Richtung der Faserachse (nach *Ishikawa* et al.)

An den genannten Proben betrug ϱ gleich 30°. Sowohl φ wie ϱ ändern sich bei mechanischer Beanspruchung.

Die die Wasserstoff-Brückenbindungen enthaltenden Rostebenen des Polyamid 6 liegen in den von den a- und b-Achsen des Kristalls gebildeten Ebenen. Die elastischen Konstanten des Polyamid-Kristalls sind nur teilweise bekannt. So beträgt der *Young*sche Modul eines 6-Polyamid-Kristalls in Richtung der Rostebenen (und senkrecht zu den Kettenachsen) $6{,}6 \cdot 10^4$ bar, der Modul in der zu den Rostebenen senkrechten Richtung $3{,}2 \cdot 10^4$ bar (10) und der Modul in Kettenrichtung 20 bis $25 \cdot 10^4$ bar (11, 12). Der zuletzt genannte hängt allerdings von der Belastung ab und vergrößert sich bis auf den theoretisch für eine gestreckte Kette berechneten Wert von $200 \cdot 10^4$ bar (12, 13).

Im Zusammenhang mit den Überlegungen der vorliegenden Arbeit soll insbesondere auf die laterale Steifigkeit der Rostebenen hingewiesen werden. Während die elastischen *Moduln* des Polyamid-Kristalls (PA) noch mit den Moduln des Polyäthylens (PE) in a- und b-Richtung vergleichbar sind – sie betragen 5,7 bzw. $2{,}1 \cdot 10^4$ bar (14) – ist die nebenvalente *Bindung* eines Kettensegmentes innerhalb des Kristalls beim PA beträchtlich stärker als beim PE. Dies kommt z. B. in der gegenüber dem PE vergrößerten Molkohäsion des PA (3400 gegenüber 1300 cal/Kettenatom) zum Ausdruck (15). Die Differenz von 2100 cal/Kettenatom kann auf die Wasserstoff-Brückenbindungen innerhalb der Rostebenen zurückgeführt werden. Wenn man die Molkohäsion als Maß für die nebenvalente Bindungsfestigkeit nimmt, ergibt sich aus dem Vergleich obiger Werte, daß sich die Bindungsfestigkeit pro Kettenatom innerhalb der Rostebenen zu der der Rostebenen gegeneinander wie $(2100 + 0{,}5 \cdot 1300)$ zu $0{,}5 \cdot 1300$, d. h. wie 4,3 zu 1 verhält.

Aus dem Vergleich von Molkohäsion und hauptvalenter Kettenfestigkeit – Dissoziationsenergie $U_0 = 45$ kcal/mol (5) – ergibt sich ferner, daß bei Raumtemperatur bereits ein in den Kristall eingebautes Kettensegment von 17 Å Länge mit einer nebenvalenten Festigkeit gebunden ist, die der hauptvalenten entspricht (16). Ein Kettensegment von 40 Å Länge ist innerhalb einer Rostebene also so stark gebunden, daß es aus dieser nicht in Kettenrichtung herausgezogen werden kann. (Schrittweise Abgleit- oder Auffaltvorgänge an Kristallgrenzen sind natürlich auch beim PA möglich.)

Die nichtkristallinen (amorphen) Bereiche werden von Kettensegmenten gebildet, die teilweise zu Kettenenden und rücklaufenden Schlaufen, teilweise zu durchlaufenden, in verschiedenen Kristalliten verankerten Verbindungsmolekülen (tie-molecules) gehören. Über den Anteil der Verbindungsmoleküle an der amorphen Matrix liegen für PE Abschätzungen vor, die bei 30% Massenanteil liegen (17). Für PA gibt es derzeit noch keine derartigen Messungen und auch kaum Argumente dafür, daß der für PE bestimmte Anteil auch für PA Gültigkeit hat.

Einen gewissen Aufschluß über das Verhalten der amorphen Matrix geben die Messungen des dynamischen E-Moduls in Abhängigkeit von der Dehnung [*Schultze-Gebhardt* (18)], der zeitabhängigen Modulfunktionen [*Juilfs* (19)], der Zahl der effektiven Wasserstoff-Brückenbindungen [*Bouriot* (20)] und der Bildungskinetik freier Radikale [*Becht, Kausch* (7, 9)].

Insbesondere zeigt die reversible Abnahme der Anzahl von NH-Brückenbindungen (20) mit der Belastung sowie die Größe der Orientierung der Segmente in den amorphen Bereichen, daß bei Dehnungen der amorphen Bereiche von mehr als 20% der überwiegende Teil aller „amorphen“ Monomerabschnitte an der Deformation beteiligt ist. Es soll daraus geschlossen werden, daß die Verbindungsmoleküle in (vierfach) verstreckten 6-Polyamid-Fasern ebenfalls einen nennenswerten Masseanteil an der amorphen Matrix haben müssen, da andernfalls die amorphe Matrix unter Belastung vornehmlich die Eigenschaften einer isotropen „Flüssigkeit" aus Kettenenden und Schlaufen zeigen müßte.

Wir wollen in diesem Zusammenhang außerdem festhalten, daß die Verbindungsmoleküle unter Last bereits bei Zimmertemperatur eine – mit der Dehnung steigende – Beweglichkeit haben müssen, die Orientierungsänderungen und Auflösung von Wasserstoff-Brückenbindungen zuläßt.

Bruchstelle des Polyamidmoleküls

Das Polyamid 6 (Polycaprolactam) hat die Strukturformel $(-CO^1-CH_2{}^2-CH_2{}^3-CH_2{}^4-CH_2{}^5-CH_2{}^6-NH^7-)_n$. Wie *Zakrewskii* et al. (21) durch Versuche mit seitensubstituiertem Caprolactam ermittelten, sind die beiden dem Stickstoff nächststehenden C—C-Bindungen (2 und 5) am schwächsten. Falls ihr Bruch unter Last gleich wahrscheinlich ist, sollte das zu folgenden freien Radikalen führen:

$$-CH_2-\dot{C}H_2 \quad (50\%),$$
$$-NH-\dot{C}H_2 \quad (25\%),$$
$$-NH-CO-\dot{C}H_2 \quad (25\%).$$

Diese Radikale sind in diesem Verhältnis bei der mechanischen Zerstörung von Polyamid 6 auch tatsächlich gefunden worden [Degradation und ESR-Messung bei 77 K (21)].

Festigkeit von Bindung und Kettensegment

In ihrer Analyse der Radikalbildungsrate eines belasteten Kettenbündels sind *Kausch* u. *Becht* (9) in Übereinstimmung mit der kinetischen Theorie der Bruchentwicklung (5, 8) von der folgenden mittleren Lebensdauer eines belasteten Kettensegmentes mit n kritischen C—C-Bindungen ausgegangen:

$$\tau = \frac{1}{\omega_b} \exp\{(U_0 - \beta\psi)/RT\}. \qquad [1]$$

Hierbei sind ω_b und β kinetische Parameter, ψ die auf den mittleren Molekülquerschnitt bezogene in Richtung der Kettenachse angreifende mechanische Kraft; R und T sind Gaskonstante und absolute Temperatur.

Aus einer Wahrscheinlichkeitsbetrachtung folgt unmittelbar, daß die mittlere Lebensdauer τ_n einer einzelnen, belasteten (NH)—C—C- oder (CO)—C—C-Bindung n-mal so groß ist: $\tau_n = n\,\tau$. Im 6-Polyamid enthält ein gestrecktes Verbindungsmolekül von 40 Å Länge zehn der oben bezeichneten kritischen Bindungen. Bei nichtgestreckten Molekülen ist n entsprechend größer. Falls durch nahezu kristallartige Nahordnung starke Kräfte bereits innerhalb der „amorphen" Bereiche auf einzelne Segmente übertragen werden können, ist n entsprechend kleiner. Jedenfalls bezeichnet n die Anzahl gleichwertiger möglicher Bruchstellen eines Kettensegmentes zwischen den „Einspannungsstellen".

Angesichts der Tatsache, daß Kettenbrüche nur in Fasern auftreten, die eine in Abb. 1 gezeigte Struktur besitzen, erscheint es gerechtfertigt, anzunehmen, daß Kettenbrüche ohne die durch die Kristalle bewirkte Einspannung nicht zustande kommen, daß $n < 8$ also auszuschließen ist. Die molekulare Spannung ψ berechnet sich aus der Segmentlänge L, der Dicke L_a der amorphen Bereiche, der Dehnung ε_a dieser Bereiche und dem Elastizitätsmodul der Ketten, E_k, zu:

$$\psi = E_k\,\varepsilon_a - E_k \frac{L - L_a}{L}(1 + \varepsilon_a). \qquad [2]$$

Die Anspannung eines gestreckten Kettensegmentes hängt also nur von der Dehnung der Segmentenden, die eines nichtgestreckten Segmentes zusätzlich von dessen Länge und Konformation ab. Der Spannungszustand eines solchen Segmentes kann also sowohl durch Kettenbruch als auch durch Konformationsänderung des Segmentes (Spannungsrelaxation) beeinflußt werden. Im einen Fall wird die Lebensdauer des Spannungszustandes durch Gl. [1] beschrieben. Die nach Gl. [1] unter Verwendung der im nächsten Abschnitt genannten numerischen Werte berechnete Lebensdauer τ ist in Abb. 2 (Kurve I) dargestellt.

Die Abhängigkeit der Relaxationszeiten von der Dehnung oder Belastung wurde auf zwei Wegen berechnet, einmal aus der Abhängigkeit der Glasumwandlungstemperatur von hydrostatischem Druck und zum anderen aus der Abhängigkeit der Verschiebungsfaktoren (shift factors) von der Dehnung und dem freien Volumen. Das Ergebnis ist in Abb. 2 in Kurve II dargestellt. Diese Kurve soll hier nicht näher diskutiert werden; wegen der Einzelheiten ihrer Ableitung sei auf die Originalarbeit (22) verwiesen.

Aus Abb. 2 geht hervor, daß mit der Entstehung von Kettenbrüchen erst dann gerechnet werden kann, wenn beträchtliche axiale Spannungen ($22 \cdot 10^4$ bar) auf ein

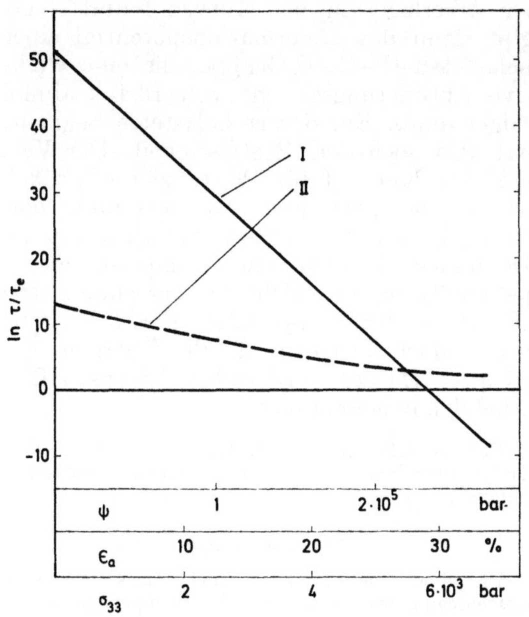

Abb. 2. Mittlere Lebensdauer τ eines Segment-Spannungszustandes ($\tau_e = 1$ min), I Abbau ausschließlich durch Kettenbruch, II Abbau ausschließlich durch Relaxation, ψ Segmentspannung, ε_a Segmentdehnung, σ_{33} makroskopische axiale Spannung

Kettensegment aufgebracht werden können. Dies wird nur dann der Fall sein, wenn der Kettenbruch nicht in Konkurrenz zu Relaxationsmechanismen anderer Art (Konformationsänderungen, Abgleit- oder Auffaltvorgängen) steht.

Berechnung der mechanischen und thermischen Anteile an der Dissoziationsenergie des 6-Polyamid

Der mechanische Anteil an der Dissoziationsenergie von $U_0 = 45$ kcal/mol einer (NH)—C—C- oder (CO)—C—C-Bindung ist durch den Term $\beta\,\psi$ gegeben.

Die Größe β ist von *Kausch* und *Becht* (9) zu $1{,}32 \cdot 10^{-4}\,\text{bar}^{-1}$ kcal/mol bestimmt worden. Dieser Wert von β ist gleichbedeutend mit 5,5 cm^3/mol oder 9,2 Å^3 pro aktiviertem Kettenbruch. Bei einer Querschnittsfläche von 17 Å bedeutet das eine axiale Ausdehnung des Aktivierungsvolumens von 0,54 Å. Als „Festigkeit" einer C—C-Bindung soll derjenige ψ-Wert bezeichnet werden, der innerhalb der Dauer eines Experiments zum Bruch der Bindung führt, sagen wir innerhalb von $\tau_{CC} = 0{,}1$ min. Es ist also

$$\psi = \frac{1}{\beta}\,(U_0 - R\,T \ln \omega_b \cdot \tau_{CC}/n). \qquad [3]$$

Unter Benutzung der angegebenen Werte sowie von $\omega_b = 10^{12}\,s^{-1}$, $n = 8$ und $T = 293\,K$ ergibt sich

$$\psi = 1{,}32^{-1} \cdot 10^4\,(45 - 0{,}58 \ln 10^{12} \cdot 6/8),$$

$$\psi = 22 \cdot 10^4\,\text{bar}$$

und

$$\beta\psi = 29\,\text{kcal/mol}.$$

Der Beitrag der mittleren thermischen Energie eines amorphen CH_2-Kettenabschnittes von 1,26 Å Länge, berechnet aus der Enthalpie von Polyäthylen nach Daten von *Wunderlich* u. *Baur* (23), beträgt 0,83 kcal/mol und damit 1,8% der Dissoziationsenergie. Der Differenzbetrag von 15,2 kcal/mol wird ebenfalls aus der thermischen Energie aufgebracht; er stellt denjenigen Betrag dar, um den die mittlere thermische Energie durch statistische Energiefluktuation überschritten werden muß, um die Dissoziation einer mit $22 \cdot 10^4$ bar angespannten Kette herbeizuführen.

Deformationspotential einer (NH)—C—C—C- oder (CO)—C—C—C-Gruppe

Die Analyse der Radikalbildungskinetik hat eine Reihe von Ergebnissen gebracht: die Kenntnis der Größe von β ($1{,}32 \cdot 10^{-4}$ bar^{-1}kcal/mol), der Bindungsfestigkeit ($22 \cdot 10^4$ bar) sowie der Vergrößerung des Gleichgewichtsabstandes der äußeren C-Atome der genannten Gruppen von 11%. Es soll ferner davon ausgegangen werden, daß eine C—C—C-Gruppe für kleine Auslenkungen aus der Gleichgewichtslage ($r = 2{,}52$ Å) eine Feder mit der von *Treloar* (13) berechneten Federkonstanten $E_k = 200 \cdot 10^4$ bar bildet. Nach diesen Angaben ist der untere Teil des Deformationspotentials einer unbelasteten (NH)—C—C—C-Gruppe berechnet (Kurve I in Abb. 3).

Das Potential der mechanischen Spannung ist durch Gl. [1] noch keineswegs festgelegt. Es kommt vielmehr darauf an, festzustellen, in welcher Weise sich ψ innerhalb einer Kette mit der Amplitude der thermischen Schwingungen einer einzelnen C—C—C-Gruppe ändert. Wir wollen zwei Fälle betrachten. Falls ψ von dem Deformationszustand einer einzelnen C—C—C-Gruppe unabhängig ist, wird das Potential von ψ durch

$$\Delta U = -q\,\psi\,\Delta r \qquad [4]$$

beschrieben, wobei q der mittlere Querschnitt einer Kette ist. Dieser Fall wird dann realisiert sein, wenn die Gesamtdehnung eines längeren Segmentes praktisch ausschließlich durch die Deformation der betrachteten Gruppe bestimmt wird. Das erfordert eine relativ freie Beweglichkeit des Skeletts in Achsrichtung.

Im zweiten Fall soll ψ mit der thermischen Auslenkung der äußeren C-Atome einer Gruppe abnehmen. Das wird genau dann der Fall sein, wenn ψ längs der Kette einen starken Gradienten zeigt oder wenn sich alle Valenzwinkel eines Segmentes praktisch gleichsinnig erweitern müssen, um die kritische

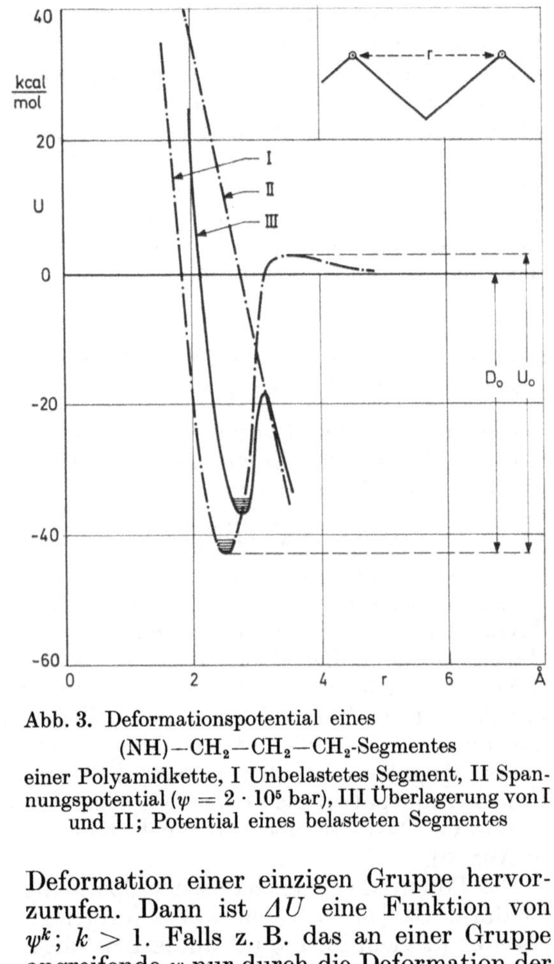

Abb. 3. Deformationspotential eines $(NH)-CH_2-CH_2-CH_2$-Segmentes einer Polyamidkette, I Unbelastetes Segment, II Spannungspotential ($\psi = 2 \cdot 10^5$ bar), III Überlagerung von I und II; Potential eines belasteten Segmentes

Deformation einer einzigen Gruppe hervorzurufen. Dann ist ΔU eine Funktion von ψ^k; $k > 1$. Falls z. B. das an einer Gruppe angreifende ψ nur durch die Deformation der Nachbargruppen bestimmt wird, ist $k = 2$. Die vorstehenden Überlegungen und der bisher erfolglose Versuch, die Änderung des Deformationspotentials durch Annahme eines quadratischen Spannungspotentials befriedigend zu erklären, lassen den Schluß zu, daß in der Tat ψ von Δr näherungsweise unabhängig ist, daß also die Folgerungen des Fall 1 zutreffen. Für eine Spannung von $\psi = 2 \cdot 10^5$ bar ist ein solches Spannungspotential in Abb. 3 (Kurve II) eingezeichnet.

Die Überlagerung der Kurven I und II ergibt dann das Deformationspotential einer belasteten C—C—C-Gruppe, die eine effektive Aktivierungsenergie von 18,4 kcal/mol zeigen muß. Ein derart belastetes Segment hat also noch eine Restfestigkeit. Der Verlauf der Kurve I für Werte von $r > 2{,}8$ Å ist aus den genannten Angaben nicht eindeutig herzuleiten und, da es sich um große Dehnungen handelt, aus Atompotentialen – jedenfalls bisher – nicht zu berechnen. Die Willkür in der Extrapolation dieses Verlaufs wird jedoch durch die für die Überlagerung (Kurve III) zu fordernden Eigenschaften erheblich eingeschränkt.

Dem Battelle Memorial Institute, Columbus, Ohio, USA, sei für die finanzielle Unterstützung dieser Arbeit gedankt.

Zusammenfassung

Die Spaltungswahrscheinlichkeit eines belasteten Kettensegmentes hängt von der Temperatur seiner Umgebung und den in Kettenrichtung angreifenden Kräften ab. In der vorliegenden Arbeit wurden die Deformation und der spannungsbedingte Bruch von 6-Polyamid-Molekülen (in orientierten Filmen und Fasern) diskutiert. Es wird abgeleitet, daß der Anteil der mechanischen Energie an der Dissoziationsenergie einer (NH)—C—C- oder (CO)—C—C-Bindung 29 kcal/mol, der der thermischen Dissoziationsenergie 16 kcal/mol beträgt (bei Raumtemperatur). Aus diesen Rechnungen ergeben sich Anhaltspunkte für das Verhältnis der Deformation einer einzelnen Gruppe gegenüber der eines Segmentes sowie für das Deformationspotential der C—C—C-Gruppen im Polyamid-Molekül.

Summary

The average lifetime of a stressed chain segment depends on ambient temperature and axial stress. In this paper the deformation and stress-induced scission of 6-polyamide molecules (in oriented films and fibers) are discussed. It is shown that the contribution of the mechanical energy towards dissociation of a (NH)—C—C or (CO)—C—C bond amounts to 29 kcal/mole, that of the thermal energy to 16 kcal/mole (at room temperature). These calculations provide information on the nature of the deformation of a single group within a larger segment and on the deformation potential of a C—C—C-group within the polyamide molecule.

Literatur

1) *Hosemann, R.*, J. Appl. Phys. **34**, 25 (1963).
2) *Fischer, E. W., H. Goddar* und *G. F. Schmidt*, Makromol. Chem. **118**, 144–164 (1968); Makromol. Chem. **118**, 170–183 (1968).
3) *Statton, W. O.*, J. Polym. Sci. C, **20**, 117 (1967).
4) *Ishikawa, K., K. Miyasaka, M. Maeda*, and *M. Yamada*, J. Polym. Sci. A-2, **1**, 1259 (1969).
5) *Zhurkov, S. N.* and *E. E. Tomashavsky*, Proceedings of the Conference on the Physical Basis of Yield and Fracture, Oxford (1966), S. 200.
6) *DeVries, K. L., D. K. Roylance*, and *M. L. Williams*, J. Polymer Sci. A-1, **8**, 237 (1970).
7) *Becht, J.* und *H. Fischer*, Kolloid-Z. u. Z. Polymere **229**, 167 (1969) und ibid. **240**, 766 (1970).

8) *Kausch, H. H.*, J. Macromol. Sci.-Rev. Macromol. Chem. C4 (2), 243 (1970).

9) *Kausch, H. H.* und *J. Becht*, Rheol. Acta **9**, 137 (1970).

10) *Boukal, I.*, J. Appl. Polym. Sci. **11**, 1483 (1967).

11) *Sakurada, I.*, *T. Ito*, and *K. Nakamae*, J. Polymer Sci. C**15**, 75 (1966); *I. Sakurada*, *J. Nukushina*, and *T. Ito*, J. Polymer Sci. **57**, 651 (1962).

12) *Kuksenko, V. S.*, *V. A. Ovchinnikov*, and *A. I. Slutsker*, Vysokomol. Soyed., A **11**, 1953 (1969); [Polymer Sci. USSR, **11**, 2226 (1969)].

13) *Treloar, L. R. G.*, Polymer **1**, 95 (1960).

14) *Miyazawa, T.*, *T. Kitagawa*, J. Polym. Sci. B**2**, 395 (1964).

15) *Stuart, H. A.*, Molekülstruktur, S. 67 (Berlin-Heidelberg-New York 1967).

16) *Becht, J.*, *K. L. DeVries*, *H. H. Kausch*, Europ. Polymer J. **7**, 105 (1971).

17) *Glenz, W.* und *A. Peterlin*, Kolloid-Z. u. Z. Polymere **247**, 786 (1971).

18) *Schultze-Gebhardt, F.*, Kolloid-Z. u. Z. Polymere **236**, 19 (1970).

19) *Juilfs, J.*, Kolloid-Z. u. Z. Polymere **241**, 897 (1970).

20) *Bouriot, P.*, Premier Colloque de Groupe Français de Physique des Polymeres, Strasbourg, 21. u. 22. 5. 1970.

21) *Zakrevskii, V. A.*, *E. E. Tomashevskii*, and *V. V. Baptizmanskii*, Soviet Physics-Solid State **9**, 1118 (1967).

22) *Kausch, H. H.*, Proceedings of the Seminar "Molecular Order – Molecular Motion", Battelle Seattle Research Center, Oct. 28–30 (1970), J. Polym. Sci. C **32**, 1 (1971).

23) *Baur, H.* und *B. Wunderlich*, Fortschr. d. Hochpolymeren Forschg. **7**, 388 (1970).

Anschrift des Verfassers:

Dr. *H. H. Kausch*
Battelle-Institut e. V.,
6000 Frankfurt 90,
Postfach 90 0160

Aus dem Fritz-Haber-Institut der Max-Planck-Gesellschaft, Berlin

Zur Berechnung thermischer Abstandsschwankungen in einem zweidimensionalen hexagonalen Gitter*)

Von D. Weick und D. Tsobanis

Mit 1 Tabelle

(Eingegangen am 8. April 1971)

Einleitung

Wie erstmals von *Peierls* gezeigt wurde (1, 2), führen die thermischen Schwingungen in ein- und zweidimensionalen Kristallgittern zu einer Störung der Fernordnung. Dies findet seinen Ausdruck darin, daß die quadratischen Abstandsschwankungen zweier Bausteine mit dem Abstand derselben unbegrenzt anwachsen: im eindimensionalen Fall linear, im zweidimensionalen logarithmisch.

Offensichtlich kann in diesen Fällen von *kleinen Schwingungen* der Gitterbausteine um ihre *Gleichgewichtslage*, wie sie normalerweise bei der Behandlung der thermischen Bewegung in Kristallen angenommen wird, keine Rede mehr sein. Ein Baustein kann sich von seiner mittleren Lage beliebig weit entfernen, wenn nur der Kristall hinreichend groß ist. Lediglich in bezug auf seine Nachbarschaft können die Abstandsschwankungen eines Bausteins als relativ klein angesehen werden.

Um diese Verhältnisse in zweidimensionalen Gittern, wie sie annähernd in linearem Polyäthylen oder einigen flüssigen Kristallen realisiert sind, etwas eingehender zu untersuchen, wurde als Modell ein zweidimensionales hexagonales Gitter mit harmonischen Kräften zwischen nächsten Nachbarn betrachtet.

Als Parameter gehen in dieses Modell ein der Gleichgewichtsabstand nächster Nachbarn, a, die *Federkonstante* c, und die Masse der Bausteine, M.

Im Zusammenhang mit Beugungsexperimenten interessiert der Mittelwert der Größe

$$[\vec{b}(\vec{u}_{n'} - \vec{u}_n)]^2, \qquad [1]$$

wobei $\vec{b} = (\hat{s} - \hat{s}_0)/\lambda$ der Streuvektor ist, während mit $\vec{u}_n$ und $\vec{u}_{n'}$ die momentanen Auslenkungen zweier Gitterteilchen aus ihren Gleichgewichtslagen bezeichnet sind.

Hinsichtlich dieser Auslenkungen dürfen wir nun nicht voraussetzen, daß sie klein sind im Vergleich mit a. Jedoch sei angenommen, daß der Abstandsvektor nächster Nachbarn sich nur relativ wenig von dem der Gleichgewichtslage unterscheidet:

$$|\vec{x}_{n'} - \vec{x}_n - (\mathring{\vec{x}}_{n'} - \mathring{\vec{x}}_n)| = |\vec{u}_{n'} - \vec{u}_n| \ll a. \qquad [2]$$

Zur Bestimmung des thermischen Mittelwerts wird die klassische *Boltzmann*statistik verwendet und es wird ein Verfahren benutzt, welches zunächst am Beispiel der linearen Kette erläutert werden soll.

1. Erläuterung der Methode am eindimensionalen Problem

Denken wir uns N Teilchen der Masse M auf einer Geraden (x-Achse) angeordnet. Die momentane Lage des n-ten Teilchens sei

$$x_n = na + u_n, \qquad [3]$$

die potentielle Energie zwischen nächsten Nachbarn

$$V(n, n+1) = \frac{c}{2}(u_{n+1} - u_n)^2. \qquad [4]$$

Außerdem sei das System zwischen festen Wänden (an den Stellen $x = 0$ und $x = (N+1)a$) eingeschlossen, derart, daß die potentielle Energie insgesamt durch den Ausdruck

$$V = \frac{1}{2} c \sum_{n=0}^{N} (u_{n+1} - u_n)^2 \qquad [5]$$

mit

$$u_0 = u_{N+1} = 0 \qquad [6]$$

gegeben ist.

Die augenblickliche Konfiguration des Systems können wir dann durch einen Spaltenvektor

$$u = \begin{pmatrix} u_1 \\ u_2 \\ \vdots \\ u_N \end{pmatrix} \qquad [7]$$

---

*) Vorgetragen auf der Arbeitssitzung des Fachausschusses Physik der Hochpolymeren in der Frühjahrstagung Berlin 1971 vom 9. bis 13. März des Regionalverbandes Physikalische Gesellschaft zu Berlin.

ausdrücken und die potentielle Energie entsprechend durch

$$V = \frac{1}{2} u^T C u, \qquad [8]$$

wobei

$$u^T = (u_1, u_2, \ldots u_N) \qquad [9]$$

das Transponierte von u bezeichnet, während C eine symmetrische Matrix ist, welche folgende Form hat:

$$C = c \begin{bmatrix} 2 & -1 & 0 & \ldots & \ldots & 0 \\ -1 & 2 & -1 & 0 & \ldots & 0 \\ \vdots & & & & & \vdots \\ 0 & \ldots & 0 & -1 & 2 & -1 \\ 0 & \ldots & \ldots & 0 & -1 & 2 \end{bmatrix}. \qquad [10]$$

Der übliche Weg, thermische Mittelwerte, wie z. B. einer in u quadratischen Größe

$$u^T A u \qquad [11]$$

zu berechnen, führt über die Eigenvektoren φ_ν der Matrix C:

$$C\varphi_\nu = M\omega_\nu^2 \varphi_\nu, \qquad (\nu = 1, \ldots N). \qquad [12]$$

Der Vorteil des von uns benutzten Verfahrens besteht darin, daß es nicht nötig ist, die Eigenvektoren und zugehörigen Eigenfrequenzen zu berechnen. Es genügt zu wissen, daß es sie gibt, daß sie orthogonal und normierbar sind:

$$\varphi_\nu^T \varphi_\mu = \delta_{\nu\mu}. \qquad [13]$$

Betrachten wir nämlich die *Boltzmann*sche Formel für den statistischen Mittelwert ($\beta = kT$)

$$\langle u^T A u \rangle = \frac{\int u^T A u\, e^{-\frac{1}{2}\beta u^T C u}\, du_1 \ldots du_N}{\int e^{-\frac{1}{2}\beta u^T C u}\, du_1 \ldots du_N}, \qquad [14]$$

so folgt durch eine lineare Transformation der Integrationsvariablen mit

$$(u_1 \ldots u_N) \to (v_1 \ldots v_N); \qquad u = \sum_\nu v_\nu \varphi_\nu \qquad [15]$$

$$u^T C u = \sum_{\nu,\mu} v_\nu v_\mu \varphi_\nu^T C \varphi_\mu = M \sum_\nu \omega_\nu^2 v_\nu^2, \qquad [16]$$

$$u^T A u = \sum_{\nu,\mu} v_\nu v_\mu \varphi_\nu^T A \varphi_\mu, \qquad [17]$$

und hieraus also

$$\langle u^T A u \rangle = \sum_\nu \varphi_\nu^T A \varphi_\nu \frac{\int v_\nu^2 e^{-\frac{1}{2}\beta M \omega_\nu^2 v_\nu^2} dv_\nu}{\int e^{-\frac{1}{2}\beta M \omega_\nu^2 v_\nu^2} dv_\nu}$$

$$= \sum_\nu \frac{\varphi_\nu^T A \varphi_\nu}{\beta M \omega_\nu^2} = kT \sum_\nu \varphi_\nu^T A C^{-1} \varphi_\nu. \qquad [18]$$

Wegen der Invarianz der Spur einer Matrix kann man somit scheiben

$$\langle u^T A u \rangle = kT\, \mathrm{Spur}\, (A C^{-1}). \qquad [19]$$

Wie übrigens aus der Herleitung ersichtlich, gilt dieser Zusammenhang nicht nur für das in diesem Abschnitt betrachtete eindimensionale Modell, sondern ganz allgemein für ein System mit harmonischem Potential in klassischer Näherung.

Es kommt somit allein auf die Kenntnis der Matrix C^{-1} an. Uns interessiert insbesondere die Größe $(u_{n'} - u_n)^2$, welche sich bei Einführung spezieller Vektoren e_n mit

$$e_n^T = (0, \ldots 0, \overset{\substack{1 \ldots n \ldots N \\ \downarrow}}{1}, 0, \ldots 0) \qquad [20]$$

in der Form

$$(u_{n'} - u_n)^2 = [(e_{n'}^T - e_n^T) u]^2$$

$$= u^T (e_{n'} - e_n)(e_{n'}^T - e_n^T) u \qquad [21]$$

schreiben läßt, so daß also

$$A = (e_{n'} - e_n)(e_{n'}^T - e_n^T) \qquad [22]$$

ist und wegen

$$\mathrm{Spur}\, (a b^T) = b^T a$$

$$\langle (u_{n'} - u_n)^2 \rangle = kT\, \mathrm{Spur}\, (A C^{-1})$$

$$= kT (e_{n'}^T - e_n^T) C^{-1} (e_{n'} - e_n) \qquad [23]$$

wird.

Zur Bestimmung der benötigten Matrixelemente von C^{-1} steht nun die Gleichung

$$C C^{-1} = 1, \quad \text{d. h. } e_n^T C C^{-1} e_m = e_n^T e_m = \delta_{mn} \qquad [24]$$

zur Verfügung. Setzen wir

$$g(n, m) = \begin{cases} e_n^T C^{-1} e_m & \text{für} \quad 1 \leqslant n \leqslant N, \\ 0 & \text{für} \quad n = 0,\ N+1, \end{cases} \qquad [25]$$

so folgt aus Gl. [24] unter Berücksichtigung von [10]

$$c[-g(n-1, m) + 2g(n, m) - g(n+1, m)] = \delta_{mn}. \qquad [26]$$

Die allgemeine Lösung dieser Differenzengleichung zweiter Ordnung lautet

$$g(n, m) = \frac{1}{c}\left(\alpha_m + \beta_m n - \frac{1}{2}|n - m|\right). \qquad [27]$$

Die *Integrationskonstanten* α_m und β_m sind nun so zu bestimmen, daß die Randbedingungen

$$g(0, m) = g(N+1, m) = 0 \qquad [28]$$

erfüllt sind. Man findet dann

$$g(n, m) = \frac{1}{c}\left(\frac{1}{2}(n + m) - \frac{nm}{N+1} - \frac{1}{2}|n - m|\right). \qquad [29]$$

Einsetzen dieses Ausdrucks in Gl. [23] unter Berücksichtigung von [25] ergibt dann für die mittleren quadratischen Abstandsschwankungen

$$\langle (u_{n'} - u_n)^2 \rangle = \frac{kT}{c} |n' - n| \left(1 - \frac{|n' - n|}{N+1}\right)$$
$$\approx \frac{kT}{c} |n' - n| \quad \text{für } |n' - n| \ll N. \qquad [30]$$

Wie zu erwarten, haben die Randbedingungen, welche für den Faktor

$$\left(1 - \frac{|n' - n|}{N+1}\right)$$

verantwortlich sind, bei hinreichend großen Kristallen keinen wesentlichen Einfluß auf die Abstandsschwankungen im Innern.

2. Behandlung des zweidimensionalen hexagonalen Gitters

Bei der Behandlung des zweidimensionalen Problems können wir nun weitgehend den im vorigen Abschnitt dargelegten Formalismus verwenden. Wir gehen dabei wieder von einem endlichen Kristall aus, dessen Abmessungen aber groß gegen die Gitterkonstante a sein sollen, so daß für die Abstandsschwankungen im Innern die Randbedingungen ohne Bedeutung sind.

Wir bezeichnen mit $a \vec{e}_k$ die Vektoren, die von einem Punkt des idealen Gitters zu den sechs nächsten Nachbarpunkten führen, wobei also gilt

$$\vec{e}_{k'} \cdot \vec{e}_k = \cos\left[\frac{\pi}{3}(k' - k)\right]. \qquad [31]$$

Die Gesamtheit aller Auslenkungen fassen wir wieder zusammen zu einem Vektor u. Den Basisvektoren e_n des eindimensionalen Problems entsprechen jetzt Vektoren, die wir mit $e_k(n)$ bezeichnen wollen; diese sind allerdings nicht mehr linear unabhängig, vielmehr gilt

$$e_{k'}^T(n')\, e_k(n) = \delta_{n'n} \cos\left[\frac{\pi}{3}(k' - k)\right]. \qquad [32]$$

Zwischen dem Vektor u des Konfigurationsraums und der Auslenkung des Gitterteilchens n besteht dann der Zusammenhang:

$$\vec{e}_k \cdot \vec{u}_n = e_k^T(n) u. \qquad [33]$$

Die potentielle Energie des Systems schreiben wir wieder in der Form

$$V = \frac{1}{2} u^T C u, \qquad [34]$$

wobei gemäß dem betrachteten Modell die Matrix C folgende Form hat:

$$C = \frac{1}{2} c \sum_n \sum_{k=1}^{6} (e_k(n_k) - e_k(n))\,(e_k^T(n_k) - e_k^T(n)). \qquad [35]$$

Das Symbol n_k bezeichnet dabei den k-ten nächsten Nachbarn von n.

Ferner erhält man für die uns interessierende Größe [1] folgende Form:

$$[\vec{b} \cdot (\vec{u}_{n'} - \vec{u}_n)]^2 \qquad [36]$$
$$= \left[\frac{1}{3} \sum_k b_k (e_k^T(n') - e_k^T(n))\, u\right]^2 = u^T A u,$$

mit

$$A = \frac{1}{9} \sum_k \sum_{k'} b_k b_{k'} (e_k(n') - e_k(n))\,(e_{k'}^T(n') - e_{k'}^T(n)) \qquad [37]$$

und

$$b_k = \vec{e}_k \cdot \vec{b}. \qquad [38]$$

Gemäß Gl. [19] gilt somit für den statistischen Mittelwert bei einer Temperatur T:

$$\langle [\vec{b} \cdot (\vec{u}_{n'} - \vec{u}_n)]^2 \rangle = kT \; \mathrm{Spur}\,(C^{-1} A)$$
$$= \frac{1}{9} kT \sum_k \sum_{k'} b_k b_{k'} (e_{k'}^T(n') - e_{k'}^T(n))$$
$$\times\, C^{-1} (e_k(n') - e_k(n)). \qquad [39]$$

Damit ist dieser Mittelwert auch hier auf Matrixelemente von C^{-1} zurückgeführt, die zu den beiden Gitterpunkten n' und n gehören. Führen wir in Anlehnung an Gl. [25] hierfür (unter Hinzunahme der festgehaltenen Randpunkte) die Bezeichnung

$$g_{k'k}(n, m) = \begin{cases} e_{k'}^T(n)\, C^{-1}\, e_k(m) \\ 0 \quad \text{für } n = \text{Randpunkt} \end{cases} \qquad [40]$$

ein, so läßt sich aus der Bedingung

$$C C^{-1} = 1 \qquad [41]$$

für diese Funktionen ein Gleichungssystem herleiten, welches wiederum den Charakter von Differenzengleichungen zweiter Ordnung besitzt.

Nun sind wegen der linearen Abhängigkeit der $e_k(n)$ auch die $g_{k'k}(n, m)$ weitgehend voneinander abhängig. Man kann sie auf zwei Funktionen $v(n, m)$ und $w(n, m)$ zurückführen, die wir folgendermaßen definieren:

$$v(n, m) = \frac{1}{18} c \sum_k \sum_{k'} e^{i\frac{\pi}{3}(k - k')}\, g_{k'k}(n, m), \qquad [42\,a]$$

$$w(n, m) = \frac{1}{18} c \sum_k \sum_{k'} e^{i\frac{\pi}{3}(k + k')}\, g_{k'k}(n, m). \qquad [42\,b]$$

Umgekehrt drücken sich die $g_{k'k}(n, m)$ durch v und w wie folgt aus:

$$g_{k'k}(n, m) = \frac{1}{c} Re\left(e^{-i\frac{\pi}{3}(k-k')} v(n, m) + e^{-i\frac{\pi}{3}(k+k')}\right) w(n, m). \quad [43]$$

Die Bedingung [41] führt dann zu folgendem Gleichungssystem für v und w:

$$\frac{1}{2}\sum_k (v(n, m) - v(n_k, m)) + \frac{1}{2}\sum_k e^{-\frac{2\pi i}{3}k} (w(n, m) - w(n_k, m)) = \delta_{nm} \quad [44\text{a}]$$

$$\frac{1}{2}\sum_k e^{2\pi i k/3} (v(n, m) - v(n_k, m)) + \frac{1}{2}\sum_k (w(n, m) - w(n_k, m)) = 0. \quad [44\text{b}]$$

Es liegt nun nahe, von diesen Differenzengleichungen zur kontinuierlichen Beschreibung durch Differentialgleichungen überzugehen. Wie ein Vergleich mit der strengen Lösung für ein Gitter aus 169 Bausteinen zeigt (3), sind die dadurch verursachten Fehler nicht größer als 1–2%, falls man sich auf Abstände $r_{nm} \geqslant 3a$ beschränkt. Bei geringeren Abständen betragen die Abweichungen jedoch bis zu 30%. In diesem Bereich können die Ergebnisse mit Hilfe der Gl. [44] verfeinert werden.

Wir wollen uns im folgenden auf die Diskussion der kontinuierlichen Näherungslösung beschränken. Anstelle der diskreten Symbole n, m zur Beschreibung der Lage im (idealen) Gitter führen wir also kontinuierliche Koordinaten ein, und zwar erweist es sich als zweckmäßig, hierbei komplexe Zahlen zu verwenden:

$$z_n = x_n + i y_n. \quad [45]$$

Da in den Gl. [44] n variabel, m hingegen fest ist, setzen wir

$$z_n = z,\ z_m = z_0. \quad [46]$$

Führen wir noch folgende Differentiationssymbole ein

$$\partial_\pm = \frac{\partial}{\partial x} \pm i \frac{\partial}{\partial y}, \quad [47]$$

so erhalten die aus [44] folgenden Differentialgleichungen folgende Form:

$$-\frac{3}{8} a^2 (2\,\partial_+\partial_- v(z, z_0) + \partial_-^2 w(z, z_0)) = \varrho(z, z_0) \quad [48\text{a}]$$

$$-\frac{3}{8} a^2 (\partial_+^2 v(z, z_0) + 2\,\partial_+\partial_- w(z, z_0)) = 0. \quad [48\text{b}]$$

Um eine möglichst gute Anpassung an die Verhältnisse des Gitters auch bei kleinen Abständen zu erreichen, ersetzen wir die Inhomogenität δ_{nm} nicht durch eine Punktfunktion, sondern durch eine Funktion $\varrho(z, z_0)$, die sich über ein Gebiet von der Ausdehnung der Elementarzelle erstreckt:

$$\delta_{nm} \to \varrho(z, z_0) = \begin{cases} 1 & \text{für } |z - z_0| \leqslant r_0 \\ 0 & \text{für } |z - z_0| > r_0, \end{cases} \quad [49]$$

wobei

$$\pi r_0^2 = \frac{\sqrt{3}}{2} a^2 \quad [50]$$

der Flächeninhalt der Elementarzelle ist.

Die gesuchten Lösungen sind nun durch die Differentialgl. [48] und die aus Gl. [40] und [42] folgenden Randbedingungen

$$v(z_{\text{Rand}}, z_0) = w(z_{\text{Rand}}, z_0) = 0 \quad [51]$$

eindeutig festgelegt. Da aber die Abstandsschwankungen hinreichend weit im Innern gelegener Gitterteilchen nicht von der Form des Randes abhängen werden, ist zu erwarten, daß für unsere Fragestellung nicht die vollständige mathematische Lösung des Problems benötigt wird.

Eine partikuläre Lösung des Differentialgleichungssystems [48] ist nun durch

$$v_p(z, z_0) = -\frac{4}{9}\frac{1}{a^2} \times \begin{cases} |z - z_0|^2 & \text{für } |z - z_0| \leqslant r_0 \\ r_0^2 \left(1 + \ln \dfrac{|z - z_0|^2}{r_0^2}\right) & \text{für } |z - z_0| \geqslant r_0. \end{cases} \quad [52\text{a}]$$

$$w_p(z, z_0) = \frac{1}{9}\frac{1}{a^2} \times \begin{cases} (z - z_0)^2 & \text{für } |z - z_0| \leqslant r_0 \\ 2 r_0^2 \dfrac{z - z_0}{z^* - z_0^*} - \dfrac{r_0^4}{(z^* - z_0^*)^2} & \text{für } |z - z_0| \geqslant r_0 \end{cases} \quad [52\text{b}]$$

gegeben. Die gesuchte Lösung unterscheidet sich hiervon nur durch eine geeignete Lösung des homogenen Systems (v_h, w_h):

$$\begin{aligned} v(z, z_0) &= v_p(z, z_0) + v_h(z, z_0) \\ w(z, z_0) &= w_p(z, z_0) + w_h(z, z_0). \end{aligned} \quad [53]$$

Mittels einer Darstellung von v_h und w_h durch Randintegrale läßt sich dann zeigen, daß diese Funktionen bei hinreichender Größe des Kristalls im Innern so langsam veränderlich sind, daß man sie gegenüber v_p und w_p als konstant ansehen kann. Für die folgenden Differenzen, die allein in unseren Ausdruck [39] eingehen, gilt dann annähernd

$$\begin{aligned} v(z, z_0) - v(z_0, z_0) &= v_p(z, z_0) \\ w(z, z_0) - w(z_0, z_0) &= w_p(z, z_0). \end{aligned} \quad [54]$$

Hieraus folgt schließlich für den Ausdruck [39] – unter Berücksichtigung von [40] und [43] –

$$\langle[\vec{b}\cdot(\vec{u}_{n'}-\vec{u}_n)]^2\rangle$$

$$= -\frac{2kT\vec{b}^2}{c}\left\{v_p(z_{n'},z_n)+\frac{z^*_{n'}-z^*_n}{z_{n'}-z_n}w_p(z_{n'},z_n)\cos 2\varphi\right\} \quad [55]$$

wobei

$$\varphi = \sphericalangle(\vec{b},\vec{r}_{n',n}) \quad [56]$$

der Winkel zwischen dem Vektor $\vec{b}$ und dem Verbindungsvektor der beiden Gitterpunkte n' und n ist. Setzen wir

$$|z_{n'}-z_n| = r > r_0,$$

so folgt mit

$$\gamma = \frac{8}{9}\frac{r_0^2}{a^2} = \frac{4}{3\sqrt{3}\pi} \quad [57]$$

aus Gl. [52]

$$\langle[\vec{b}\cdot(\vec{u}_{n'}-\vec{u}_n)]^2\rangle$$

$$= \gamma\vec{b}^2\cdot\frac{kT}{c}\left\{1-\frac{1}{2}\cos 2\varphi+\frac{1}{4}\left(\frac{r_0}{r}\right)^2\cos 2\varphi+\ln\frac{r^2}{r_0^2}\right\}. \quad [58]$$

3. Anwendung auf den Fall des linearen Polyäthylens

Um unsere Ergebnisse mit experimentellen Befunden zu vergleichen, wie sie für lineares Polyäthylen mit Hilfe der Reflexprofilanalyse von *Wilke*, *Vogel* u. *Hosemann* (4) gewonnen wurden, haben wir die Parameter a und c unseres Modells an die tatsächlichen Verhältnisse anzupassen.

Für die Größe a wählen wir den Mittelwert der beiden etwas unterschiedlichen Abstände benachbarter Ketten, die sich aus den Gitterkonstanten nach *Swan* (5) zu

$$r_1 = 4{,}94\ \text{Å}, \quad r_2 = 4{,}46\ \text{Å}$$

errechnen. Dies ergibt

$$a = 4{,}7\ \text{Å}. \quad [59]$$

Zum Angleich der Größe c ziehen wir die elastischen Konstanten des Polyäthylens nach *Scherr*, *Pechhold* u. *Blasenbrey* (6) hinzu, welche (bei Verwendung der *Voigt*schen 2-Indizes-Schreibart) folgende Werte haben:

$$c_{11} = c_{22} = 6{,}7\cdot 10^{10}\ \text{dyn/cm}^2 \quad [60a]$$

$$c_{12} = c_{21} = 3{,}3\cdot 10^{10}\ \text{dyn/cm}^2 \quad [60b]$$

$$c_{66} = (\tfrac{1}{2})(c_{11}-c_{12}) = 1{,}7\cdot 10^{10}\ \text{dyn/cm}^2 \quad [60c]$$

$$c_{16} = c_{61} = c_{26} = c_{62} = 0. \quad [60d]$$

Nun lassen sich diese Konstanten für unser Modell auf elementare Weise berechnen. Ziehen wir den Faktor $\frac{\sqrt{3}}{4}\frac{c}{L}$ (L ist die Kettenlänge) heraus, setzen wir also

$$c_{ik} = \frac{\sqrt{3}}{4}\frac{c}{L}c'_{ik},$$

so erhalten wir für die c'_{ik} folgende Werte:

$$c'_{11} = 3, \quad c'_{22} = 5/3, \quad [61a]$$

$$c'_{12} = c'_{21} = 1, \quad [61b]$$

$$c'_{66} = 1/2 \quad [61c]$$

$$c'_{16} = c'_{61} = c'_{26} = c'_{62} = 0. \quad [61d]$$

Überraschenderweise sind die Beziehungen [60a] und [60c] zwischen den c_{ik}, welche in der Literatur weitgehend als strenge Folge der hexagonalen Symmetrie angesehen werden, hier nicht erfüllt. Erst nach einer Mittelung über alle möglichen Orientierungen des Gitters (bei festgehaltener Kettenrichtung) erhält man diese Beziehungen auch für unser Modell:

$$\bar{c}'_{11} = \bar{c}'_{22} = 9/4 \quad [62a]$$

$$\bar{c}'_{12} = \bar{c}'_{21} = 13/12 \quad [62b]$$

$$\bar{c}'_{66} = 1/2\ (\bar{c}'_{11}-\bar{c}'_{12}) = 7/12. \quad [62c]$$

Die Verhältnisse dieser gemittelten Werte stimmen nun erstaunlich gut mit denen aus Gl. [60] überein, so daß wir durch Anpassen des einen Parameters c eine fast vollkommene Übereinstimmung mit den empirischen elastischen Konstanten erreichen können: mit

$$\frac{c}{L} = 7{,}0\cdot 10^{10}\ \text{dyn/cm}^2 \quad [63]$$

findet man

$$\bar{c}_{11} = 6{,}8\cdot 10^{10}\ \text{dyn/cm}^2$$

$$\bar{c}_{12} = 3{,}3\cdot 10^{10}\ \text{dyn/cm}^2$$

$$\bar{c}_{66} = 1{,}8\cdot 10^{10}\ \text{dyn/cm}^2. \quad [64]$$

Die Formel [58] gestattet nun, durch entsprechende Wahl des Vektors $\vec{b}$, die quadratischen Schwankungen beliebiger Komponenten des Abstandsvektors zweier Gitterbausteine zu berechnen, insbesondere also auch die sogenannten g-Werte, die sich speziell auf die Schwankungen der Kantenvektoren der Elementarzelle beziehen [s. Lit. Zit. (5)].

Führen wir die Bezeichnung

$$g(r_{n',n},\varphi) = \frac{\sqrt{\langle[\vec{b}\cdot(\vec{u}_{n'}-\vec{u}_n)]^2\rangle}}{|\vec{b}|\cdot r_{n',n}} \qquad (\varphi = \sphericalangle(\vec{b},\vec{r})) \quad [65]$$

ein, so gilt hierfür nach Gl. [58]

$$g(r, \varphi) = \sqrt{\frac{\gamma k T}{c}} \times \left\{1 - \frac{1}{2}\cos 2\varphi + \frac{1}{4}\left(\frac{r_0}{r}\right)^2 \cos 2\varphi + \ln \frac{r^2}{r_0^2}\right\}, \quad [66]$$

und mit den g-Werten aus Zit. (5) besteht folgender Zusammenhang: $g(\sqrt{3}\,a,\ 0) = g_{11}$, $g(\sqrt{3}\,a,\ \pi/2) = g_{21}$, $g(a,\ 0) = g_{22}$ und $g\ (a,\ \pi/2) = g_{12}$. In der nachfolgenden Tabelle sind die nach Formel [66] berechneten Werte (für $L = 200$ Å und $T = 293$ °K) den experimentell gefundenen gegenübergestellt.

Tab. 1

exp.	g_{11}	g_{21}	g_{22}	g_{12}
exp.	0,70	1,03	1,21	$1{,}03 \cdot 10^{-2}$
theor.	0,55	0,64	0,77	$0{,}93 \cdot 10^{-2}$

Es fällt auf, daß die theoretischen Werte, die sich allein aus der thermischen Bewegung ergeben, durchweg mit den experimentell gefundenen vergleichbar sind. Es scheint demnach, falls man das hier behandelte Modell einmal als erste Näherung akzeptiert, daß die Wärmeschwingungen einen größeren Anteil an den Gitterstörungen haben als bisher angenommen wurde. Für eine korrekte Berücksichtigung dieses Anteils bei der Auswertung von Streudiagrammen müßte man jedoch zunächst etwas über den Einfluß dieser Art von Störungen auf die Form und Breite der Reflexprofile wissen, worüber Untersuchungen im Gange sind.

Zusammenfassung

Es wird eine neue Methode zur theoretischen Berechnung von thermischen Abstandsschwankungen in Kristallen entwickelt, am Fall der linearen Kette erläutert (1), und auf das Modell eines zweidimensionalen hexagonalen Gitters mit harmonischen Kräften zwischen nächsten Nachbarn angewendet (2).

Der Weg führt über die Aufstellung eines Systems von Differenzengleichungen auf ein Differentialgleichungssystem (kontinuierliche Näherung), dessen Lösung in analytischer Form angegeben werden kann.

Durch Anpassung zweier Modellparameter (Gitterkonstante und Federkonstante) kann man Aussagen über thermische Abstandsschwankungen in linearem Polyäthylen senkrecht zur Kettenrichtung gewinnen. Ein Vergleich mit empirischen Ergebnissen legt die Vermutung nahe, daß ein erheblicher Anteil der Gitterstörungen allein auf die thermische Bewegung zurückzuführen ist.

Summary

A new method is developed, to calculate the distance fluctuations due to thermal motion in crystal lattices. This method is illustrated by the example of the linear chain (§ 1), and applied to the model of a two-dimensional hexagonal lattice with harmonic nearest neighbour interaction (§ 2).

The method starts with deriving a system of difference equations, which will be converted into differential equations (continuous approximation). The solution of the latter is obtained in analytic form.

By adapting two parameters of the two-dimensional model (nearest neighbour distance and coupling parameter), it is possible to make predictions about the thermal distance fluctuations of molecules in linear polyethylene, perpendicular to the chain direction. A comparison with empirical results suggests, that the phenomenon of thermal motion alone provides a considerable contribution to the distortions of this kind of lattice.

Literatur

1) *Peierls, R.*, Ann. Institut Henri Poincaré **5**, 177 (1935).

2) *Peierls, R.*, Helv. Phys. Acta **7**, Sonderheft, 81 (1936).

3) *Tsobanis, D.*, Dissertation, Freie Universität Berlin (1970).

4) *Wilke, W.*, *W. Vogel* und *R. Hosemann*, Kolloid-Z. u. Z. Polymere **237**, 317 (1970).

5) *Swan, P. R.*, J. Pol. Sci. **56**, 409 (1962).

6) *Scherr, H.*, *W. Pechhold* und *S. Blasenbrey*, Kolloid-Z. u. Z. Polymere **238**, 396 (1970).

Anschrift der Verfasser:

Dr. *Dietrich Weick*
Fritz-Haber-Institut der Max-Planck-Gesellschaft
1 Berlin 33, Faraday-Weg 4–6
und
Dr. *Dimitrios Tsobanis*
OSRAM GmbH
1 Berlin 65, Oudenarder Str. 20

Aus der Forschung der Röhm GmbH, Darmstadt

Untersuchung der Verformung von Platten aus Polymethylmethacrylat unter biaxialer Beanspruchung mit Hilfe des Durchstoßversuches*)

Von J. Lehmann

Mit 8 Abbildungen

(Eingegangen am 5. Mai 1971)

I. Einleitung

Die bisher in der Materialprüfung eingesetzten Prüfverfahren zur Bestimmung der mechanischen Eigenschaften von Kunststoffen beruhen fast ausschließlich auf meßtechnisch relativ leicht zugänglichen Reaktionen einer Kunststoffprobe auf monoaxiale Beanspruchung. Bei der praktischen Anwendung von Kunststoffteilen hingegen treten häufig mehrachsige Beanspruchungen der Teile auf; um zu überprüfen, welcher Zusammenhang zwischen Prüfergebnissen bei monoaxialer und mehrachsiger Beanspruchung besteht, wurde mit dem Durchstoßversuch (1–5) ein Prüfverfahren angewendet, mit dem das Deformations- und Bruchverhalten von Kunststoff-Platten bei biaxialer Beanspruchung untersucht werden kann. Im Arbeitskreis „Stoßverhalten" des Fachnormenausschusses Kunststoffe im DNA Arbeitsausschuß 4.3 wird eine Norm für diesen Versuch bei Verformungsgeschwindigkeiten, die der Geschwindigkeit des freien Falls aus etwa 1 m Höhe entsprechen, ähnlich DIN 53373, erarbeitet.

Beim Durchstoßversuch werden Folien oder Platten, die am Rande fest eingespannt sind, durch einen Stempel senkrecht zur Plattenebene verformt. Dadurch entstehen in der Platte biaxiale Spannungen. Die Versuchsanordnung mit den in dieser Arbeit gewählten Bezeichnungen ist in Abb. 1 dargestellt.

Der an der Berührungsstelle halbkugelförmig – Radius R – ausgebildete Stempel drückt mit der Kraft P zentral auf die kreisförmig eingespannte Platte. Die Berührungsstelle hat den Radius r_0. Durch die Kraft P verformt sich die Platte, es entsteht die Biegefläche $w(r)$ mit der maximalen Auslenkung w_0 auf der Achse. Die Dicke der Platte ist d und ihr freier Durchmesser $2a$.

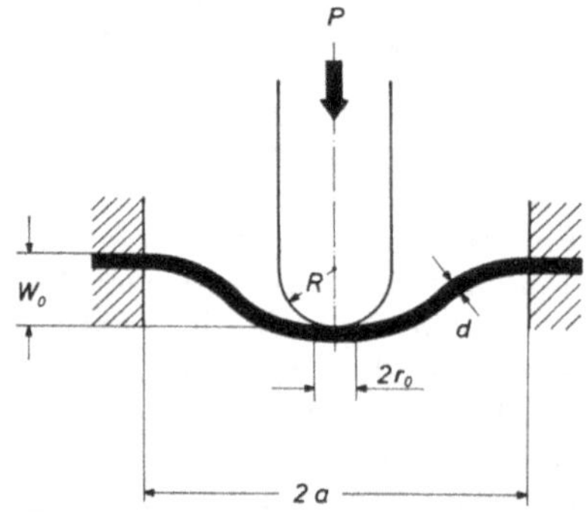

Abb. 1. Prinzipskizze des Durchstoßversuches

II. Theoretische Beschreibung der Kraft-Verformungsdiagramme

Die Kraft-Verformungs$(P - w_0)$-Diagramme der zentral belasteten elastisch im *Hooke*schen Bereich verformten Kreisplatte können bekanntlich, wie z. B. in dem Lehrbuch von *Wolmir* „Biegsame Platten und Schalen" angegeben, in folgender Form dargestellt werden:

$$P = \frac{\pi E d^3}{a^2} \cdot B(r_0; \mu) \cdot w_0 + \frac{\pi E d}{a^2} \cdot A(r_0; \mu) \cdot w_0^3 . \quad [1]$$

Die Koeffizienten A und B hängen von der Einspannungsart, vom Berührungsradius r_0 und von der Querkontraktionszahl μ ab, sie haben die Größenordnung 1. Für eine Einzellast, die nur in der Mitte einer am Rande unbeweglich eingespannten Kreisplatte angreift, also $(r_0 \rightarrow 0)$, und für $\mu = 0{,}3$ wird bei *Wolmir* angegeben:

$$B(0; 0{,}3) = 1{,}47$$

$$A(0; 0{,}3) = 0{,}651$$

*) Vorgetragen auf der Arbeitssitzung des Fachausschusses Physik der Hochpolymeren in der Frühjahrstagung Berlin 1971 vom 9. bis 13. März des Regionalverbandes Physikalische Gesellschaft zu Berlin.

Die reduzierte Schreibweise:

$$P = \frac{\pi E d^4}{a^2}\left[B \cdot \left(\frac{w_0}{d}\right) + A \cdot \left(\frac{w_0}{d}\right)^3\right] \qquad [2]$$

läßt sofort erkennen, daß für kleine Deformationen $w_0 < d$ der lineare Anteil, für große Deformationen $w_0 > d$ der kubische Anteil überwiegen wird. Der erste Summand in Gl. [1] ist der Biegeanteil der Kraft P, der bei Vorliegen einer neutralen Faser (bzw. hier Fläche) gilt. Für größere Deformationen muß aber die Dehnung der ehemals neutralen Faser berücksichtigt werden, und das geschieht im zweiten Summanden der Gl. [1]. Wegen $a/d > 10$ wurden Schubkräfte vernachlässigt.

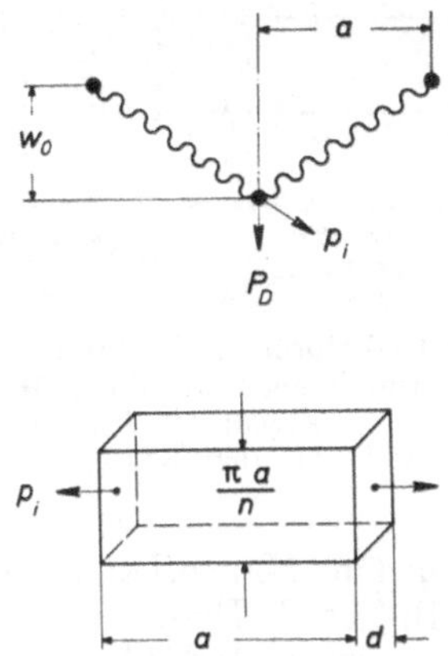

Abb. 2. Skizze des Modells für den Dehnanteil P_D der Kraft P im Durchstoßversuch

Der Dehnanteil P_D der Kraft P kann durch ein einfaches Modell anschaulich gemacht werden. Wir denken uns, wie in Abb. 2 skizziert, die Platte ersetzt durch ein System von n radial verlaufenden Federn. Jede dieser Federn soll (s. Abb. 2 unterer Teil) die Federstärke eines Stabes aus dem zu untersuchenden Material der Länge a und von einem mittleren Querschnitt q also z. B.:

$$q = \frac{2\pi}{n} \cdot \frac{a}{2} \cdot d$$

haben. Dann ist die sich aus E-Modul · Dehnung · Fläche ergebende in einer Feder wirkende Kraft

$$P_i = \frac{E \cdot d \cdot \pi \cdot a}{n} \cdot \frac{\sqrt{w_0^2 + a^2} - a}{a}$$

oder näherungsweise für $w_0^2 \ll a^2$

$$P_i \approx \frac{E d \pi}{2 n a} \cdot w_0^2 .$$

Die Spannung $P_i/q = E \cdot w_0^2/2a^2$ in den einzelnen Federn steigt also proportional zu w_0^2 an.

In diesem Modell ist die Dehnkraft P_D (Biegekräfte treten hier nicht auf) die Summe der Komponenten der P_i in Richtung P_D:

$$P_D = n \cdot P_i \cdot \frac{w_0}{\sqrt{w_0^2 + a^2}} .$$

Einsetzen von P_i und eine Reihenentwicklung der Wurzeln liefert für $w_0^2 \ll a^2$:

$$P_D \approx \frac{E \cdot \pi \cdot d}{2 \cdot a^2} \cdot w_0^3 . \qquad [3]$$

Die Gl. [3] stimmt in allen wesentlichen Teilen mit dem zweiten Summanden der Gl. [1] überein. Der Koeffizient A ist also für dieses Modell gleich 0,5. Das Modell läßt sich noch ohne Schwierigkeiten verfeinern durch Einführen des von der Verformung w_0 abhängigen Berührungsradius r_0 und die Berücksichtigung der Querkontraktion. Durch Einführen von Dämpfern, also Ergänzung der Federn zu *Maxwell*-Elementen, können Relaxationsvorgänge anschaulich gemacht werden. Davon soll hier aber abgesehen werden.

Einen wesentlichen Unterschied des Durchstoßexperiments zum einachsigen Zugversuch kann man aus dem Modell direkt ablesen. Die Kraft P_D ist nur die Summe der P_i-Komponenten in P-Richtung. Die in der Platte vorliegenden Dehnspannungen P_i/q sind also nicht zu der Kraft P proportional, wie es für den Biegeteil gilt. Das hat u. a. folgende Konsequenz: Beim Erreichen der Streckgrenze, von der an die Spannung bei größer werdender Dehnung nicht mehr zunimmt, die P_i also nahezu konstant bleiben, wächst die Komponente in P-Richtung jedoch für $w_0 < a$ weiter proportional zu w_0 an.

Die $P - w_0$-Diagramme lassen sich also in folgende 3 Bereiche

a) den Biegebereich $P \sim w_0 : w_0 < d$

b) den Dehnbereich $P \sim w_0^3 : d < w_0 < w_y$

c) den Streckbereich $P \sim w_0 : w_0 > w_y$

aufteilen. w ist die Verformung w_0 bei der Streckgrenze.

III. Experimentelle Durchführung der Durchstoßexperimente

Bei den von uns an PMMA-Platten gemessenen $P - w_0$-Diagrammen wurden die folgenden experimentellen Parameter benutzt:

Plattendicke d:	1, 2 und 4 mm
freier Durchmesser $2a$:	40, 76 und 400 mm
Stempeldurchmesser $2R$	3, 20 und 25 mm
Stempelvorschub-geschwindigkeit:	$v = dw_0/dt = 5 \cdot 10^{-2}$ mm/min bis $2{,}5 \cdot 10^5$ mm/min
Temperatur T:	20, 50, 80, 110 °C

Die Versuche bei den Geschwindigkeiten $5 \cdot 10^{-2}$ bis $5 \cdot 10^2$ mm/min wurden auf einer Instron-Prüfmaschine durchgeführt. Die Messungen bei Fallgeschwindigkeiten konnten wir freundlicherweise auf einer Apparatur von Herrn Dr. *Retting*, BASF durchführen (1, 2), bei der die piezoelektrisch gemessene Kraft auf die y-Platte, die zur Verformung proportionale Zeit auf die x-Platte eines Elektronenstrahloszillographen gegeben wird und die auf dem Oszillographen entstehenden Kraft-Verformungsdiagramme fotografisch registriert werden. Diese Messungen wurden ergänzt durch Versuche an einem einfachen Fallbolzengerät, das nicht das $P(w_0)$-Diagramm, sondern nur die Schädigungs- und die Durchstoßenergie zu messen gestattet. Als Versuchsmaterialien dienten die hochmolekularen PMMA-Typen: ®Plexiglas 233 und ®Plexiglas 233 gereckt der Röhm GmbH, Darmstadt.

IV. Versuchsergebnisse und Diskussion

In den Abb. 3 und 4 sind als Beispiel die $P(w_0)$-Diagramme in linearem und doppeltlogarithmischem Maßstab dargestellt, die an 2 mm dicken Platten aus PMMA und PMMA 70% biaxial gereckt bei $v = 5$ mm/min gemessen wurden. Man erkennt deutlich die 3 Bereiche Biegeteil, Dehnbereich und zumindest bei gerecktem PMMA auch den Streckbereich. Im Biegebereich wird Proportionalität zwischen P und w_0 (bis etwa $w_0 =$ 1 mm) beobachtet. Die Abweichungen der Kraft gegenüber der Proportionalität zu w_0 wurden als Quadrate in Abb. 4 eingetragen und ergeben, wie theoretisch vorhergesagt, recht gute Proportionalität zu w_0^3. Ab $w_0 \approx$ 6 mm flacht die Kurve wieder ab zu einem zweiten zu w_0 proportionalen Bereich, dem Streckbereich.

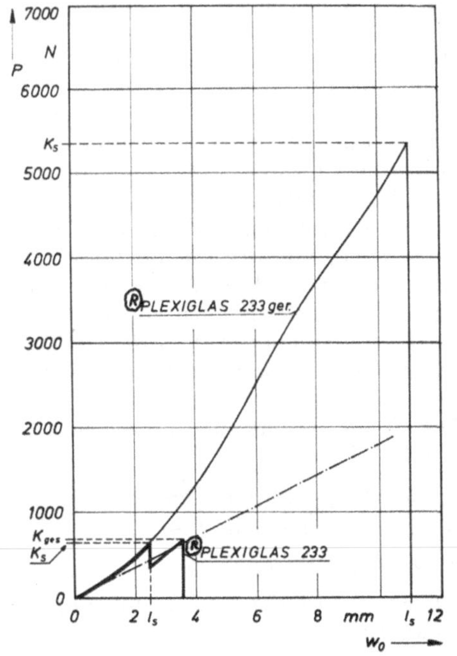

Abb. 3. Kraft-Verformungsdiagramme beim Durchstoßversuch gemessen an PMMA (dicke Linie) und PMMA 70% biaxial gereckt (dünne Linie). P = Kraft auf den Stempel, w_0 = Verformung auf der Achse, $R = 10$ mm; $v = 5$ mm/min; $T = 20$ °C. —·— = Biegeanteil P_B der Kraft P

® = registriertes Warenzeichen.

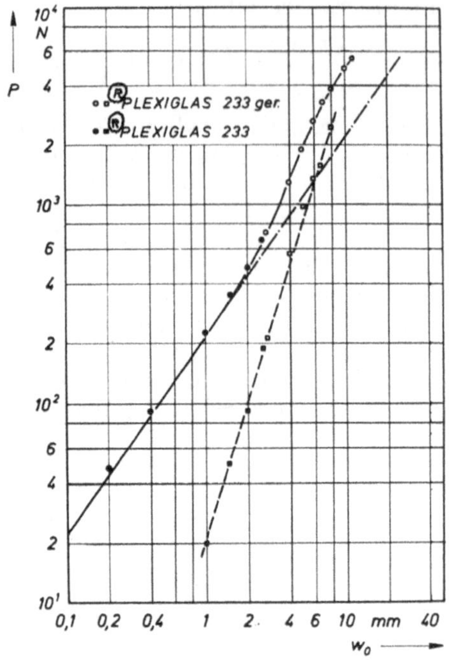

Abb. 4. Kraft-Verformungsdiagramme aus Abb. 3 in doppelt-logarithmischer Darstellung. ● und ○ = Meßdiagramm, —·— = Biegeanteil P_B der Kraft P ■ und □ = Dehnanteil P_D der Kraft P. $P_D = P - P_B$

Aus den Diagrammen kann direkt entnommen werden:

1. Die Schädigungskraft K beim ersten Anriß (Schädigungspunkt)
2. die Schädigungsverformung l_s beim ersten Anriß
3. die Schädigungsarbeit A_s

weiter folgen:

4. die maximale auftretende Kraft K_{ges}
5. die maximale Verformung l_{ges}
6. die für den ganzen Durchstoßvorgang erforderliche Energie A_{ges}.

Aus der Anfangssteigerung oder aus der Absolutlage des w_0^3-Teil kann

7. der E-Modul

entnommen werden.

In Abb. 5 sind die Größen K_s/d, l_s und A_s/d für PMMA als Funktion der Stempelvorschubgeschwindigkeit v dargestellt. Die für diese Versuche geltenden Parameter sind $a = 20$ mm, $R = 10$ mm, Dicke $d = 2$ mm und $T = 20$ °C. Bei allen 3 Meßgrößen tritt im Bereich zwischen 0,5 mm/min und 50 mm/min eine deutliche Abnahme auf, die als Versprödung angesehen werden kann. Bis zu sehr hohen Geschwindigkeiten findet dann keine weitere Verringerung dieser Meßwerte statt. (Wir vermuten, daß diese Stufe durch

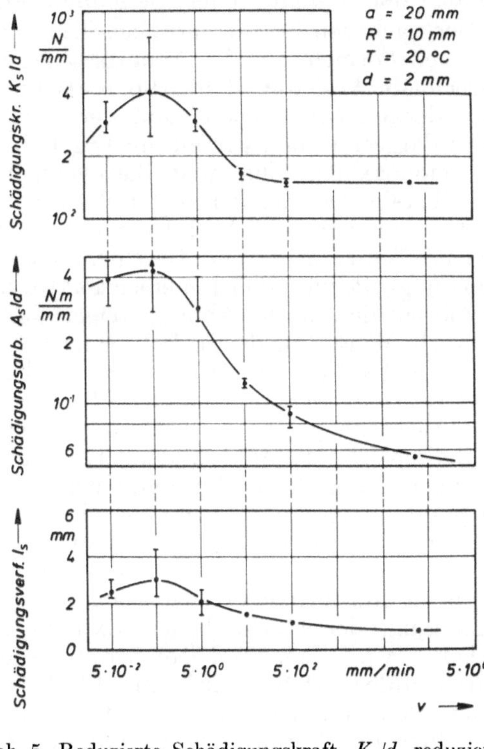

Abb. 5. Reduzierte Schädigungskraft K_s/d, reduzierte Schädigungsarbeit A_s/d und Schädigungsverformung l_s als Funktion der Stempelvorschubgeschwindigkeit v beim Durchstoßversuch an PMMA

das aus dem Torsionsschwingungsexperiment bekannte Nebenrelaxationsgebiet des PMMA hervorgerufen wird.)

In Abb. 6 sind die gleichen Größen bei konstanter Vorschubgeschwindigkeit von 5 mm/min als Funktion der Temperatur dargestellt. Die Diagramme zeigen, daß die bis zum Bruch wirkende Kraft K_s mit steigender Temperatur ansteigt und erst in der Nähe der Erweichungstemperatur wieder abfällt. Dies scheint zunächst erstaunlich, da man von PMMA weiß, daß sowohl die Zugfestigkeit als auch die Biegefestigkeit beim monoaxialen Experiment mit steigender Temperatur abfallen. Die Zugfestigkeit von gerecktem und ungerecktem PMMA beträgt bei 80 °C nur noch 40 N/mm² gegenüber 80 N/mm² bei 20 °C. Dieser Unterschied zwischen monoaxialem und biaxialem Experiment wird verständlich, wenn man sich daran erinnert, daß die Reißdehnung von PMMA mit steigender Temperatur ansteigt und PMMA ab 40 °C im Zugversuch Kaltverstreckung zeigt. Um dies zu verdeutlichen, sind in Abb. 7 $P-w_0$-Diagramme, die an 2 mm dicken PMMA-Platten bei 20, 50, 80 und 110 °C gemessen wurden, dargestellt. Die höhere

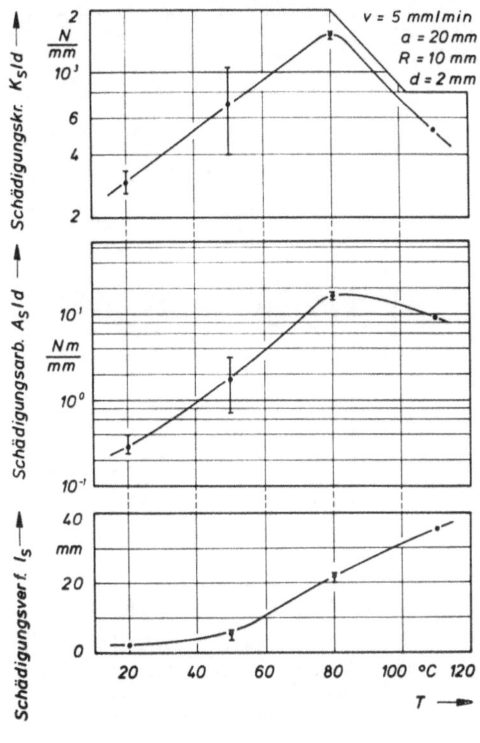

Abb. 6. K_s/d, A_s/d und l_s als Funktion der Temperatur beim Durchstoßversuch an PMMA

Schädigungskraft, die bei 50 °C gegenüber 20 °C beobachtet wird, beruht – außer auf der in Abb. 6 eingetragenen relativ großen Meßwertstreuung bei 50 °C – auf der im theoretischen Teil angegebenen Tatsache, daß die Dehnspannung nur proportional zu w_0^2 ansteigt, während die Kraft P_D proportional zu w_0^3 steigt.

Das bedeutet, daß bei gleicher, von außen aufgebrachter Kraft P, die Spannungen an einem weicheren Material (geringerer E-Modul bei 50° gegenüber 20°) geringer sind als in einem härteren, bzw. daß zum Erreichen einer schädigenden Spannung (Zugfestigkeit) eine größere Kraft notwendig ist. Hinzu kommt, daß bei 50 °C schon Kaltverstreckung beobachtet wird, bei der – wie oben erwähnt – die Kraft P_D ansteigt, obgleich die Spannungen nahezu konstant bleiben.

Die Zunahme des K_s-Werts im 80 °C- gegenüber dem 50 °C-Diagramm in Abb. 7 beruht nun ausschließlich auf dem zuletzt erwähnten Effekt. Die Streckgrenze wird bei beiden Proben bei etwa 5–6 mm Verformung überschritten. Die an dieser Stelle beobachtete Kraft P ist – wie die bei der Streckgrenze liegende Zugfestigkeit – bei 80 °C niedriger

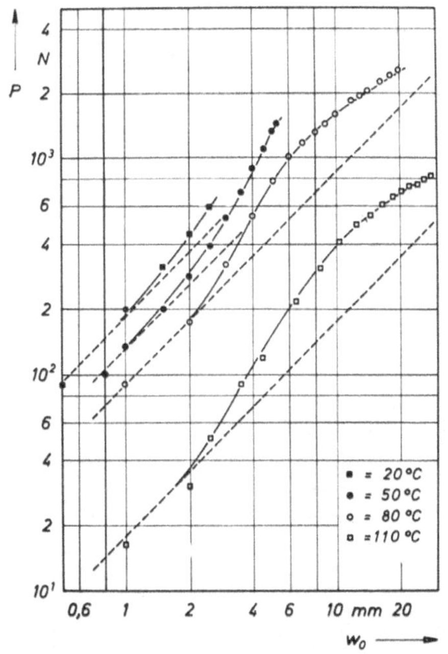

Abb. 7. Kraft-Verformungsdiagramme von PMMA bei 20, 50, 80 und 110 °C ($d = 2$ mm, $a = 20$ mm, $R = 10$ mm, $v = 5$ mm/min)

als bei 50 °C. Aber durch die höhere Dehnbarkeit bei 80 °C erreicht diese Probe – bei konstanter Spannung – eine höhere Schädigungskraft K_s.

Bei 110 °C schließlich ist die Steifigkeit der Platte durch die Nähe der Erweichungstemperatur so gering geworden, daß trotz der jetzt sehr großen Dehnbarkeit der Platte die bei 80 °C gemessene Schädigungskraft nicht mehr erreicht wird.

Als Konsequenz aus diesen Überlegungen folgt, daß bei Steigerung der Temperatur im Durchstoßexperiment an PMMA-Platten wegen der immer größer werdenden Dehnbarkeit die Kraft K_s so lange zunimmt, bis aufgrund des Überschreitens der Einfriertemperatur der E-Modul seinen Steilabfall zeigt.

Der nach den im theoretischen Teil angegebenen Formeln aus der Anfangssteigerung berechnete E-Modul ist in Abb. 8 als Funktion der Geschwindigkeit und der Temperatur dargestellt und stimmt mit Ergebnissen aus monoaxialen Zug- und Biegeversuchen gut überein. Der aus dem w_0^3-Teil an 2 mm-Platten berechnete E-Modul hat nahezu die gleiche Temperatur- und Geschwindigkeitsabhängigkeit, nur ist er um einen Faktor 2–3 kleiner als der aus der Anfangssteigerung berechnete Wert. Für diesen Faktor liegt noch keine endgültige Erklärung vor. Es kann aber vermutet werden, daß es sich hierbei um eine Auswirkung des nicht linearen elastischen Verhaltens des PMMA handelt. Tatsächlich wurde an 1 mm dicken Platten, die geringere Biegespannungen beim Einsetzen des Dehnbereichs besitzen, ein geringerer Unterschied zwischen den beiden E-Moduln beobachtet als bei 2 mm dicken Platten. Nach der Fertigstellung der beschriebenen Experimente haben wir Zeitstand-Durchstoßversuche durchgeführt. Dabei wird eine Platte mit einem konstanten Gewicht belastet und die Zunahme der Verformung w_0 mit der Zeit registriert. Aus diesen Versuchen geht hervor, daß sich die in Abb. 8 gezeichnete $E(v)$-Kurve um mindestens eine Größenordnung linear nach links extrapolieren läßt.

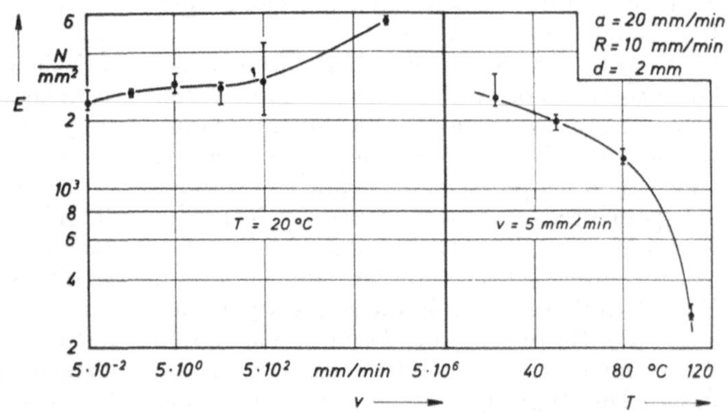

Abb. 8. Aus der Anfangssteigerung der $P - w_0$-Diagramme berechneter E-Modul von PMMA als Funktion der Stempelvorschubgeschwindigkeit v und der Temperatur T

Zum Schluß soll noch kurz auf den Einfluß der Versuchsapparatur und der Probendicke auf die Meßergebnisse eingegangen werden.

Es ergab sich aus unseren Messungen, daß die K_s-Werte bei zähem Materialverhalten (d. h. dann, wenn eine Kaltverstreckung beobachtet wird) proportional zur Probendicke d sind. Deshalb wurden in den gezeigten Abbildungen auch die auf die Probendicke bezogenen Werte K_s/d und A_s/d angegeben. Bei sprödem Materialverhalten, wie es bei PMMA bei hohen Geschwindigkeiten vorliegt, sind die K_s- und A_s-Werte jedoch proportional zu d^2. Diese quadratische Dickenabhängigkeit der Größe A_s wurde bei Fallversuchen, bei denen ein Fallbolzen auf die eingespannte Platte fällt, im Bereich von 1–10 mm Probendicke gefunden und konnte sogar an bis zu 50 mm dicken PMMA-Platten verfolgt werden, an denen Beschußversuche durchgeführt wurden.

Aus diesem Grund stellen die auf die Probendicke bezogenen Durchstoßkräfte und -energien bei spröden Materialien keine Materialkenngröße dar, sondern es muß das Durchstoßverhalten bei der für den jeweiligen Anwendungsfall gültigen Probendicke geprüft werden.

Weiter kann gesagt werden, daß die Festigkeitswerte von sprödem PMMA – z. B. bei der Verformungsgeschwindigkeit, die durch einen fallenden Gegenstand hervorgerufen wird – ziemlich unabhängig von der Versuchsgeometrie sind, aber bei zähem Materialverhalten ($v = 0{,}5$ mm/min) empfindlich von dem Einspanndurchmesser a und dem Stempelradius R abhängen.

Zusammenfassung

Die beim Durchstoßversuch gemessenen Kraft-Verformungs-Diagramme können in bis zu 3 Anteile aufgeteilt werden; einen Biegeanteil für Verformungen, die kleiner sind als die Plattendicke, einen Dehnanteil, bei dem ein kubisches Kraft-Verformungs-Diagramm vorliegt, und den Streckbereich, bei dem wieder Proportionalität zwischen Kraft und Verformung gemessen wird.

Aus den Diagrammen kann die Schädigungskraft K_s, die Schädigungsverformung l_s und die Schädigungsenergie A_s entnommen werden, die der Festigkeit, Reißdehnung und Zähigkeit im monoaxialen Experiment entsprechen, jedoch nicht ohne weiteres aus diesen Werten abgeleitet werden können. Insbesondere ergibt sich bei PMMA-Platten, daß die Schädigungskraft K_s mit steigender Temperatur ansteigt, obgleich sowohl die Biegefestigkeit als auch die Zugfestigkeit des PMMA mit steigender Temperatur abfallen. Die Unterschiede werden diskutiert.

Der Durchstoßversuch gestattet eine einfache Probenherstellung, es werden ausschließlich Originaloberflächen und keine bearbeiteten Flächen während des Versuches beansprucht, und es wird für Platten und Tafeln eine praxisnahe Prüfung durchgeführt, da bei diesen Materialformen bei der Anwendung häufig biaxiale Beanspruchungen auftreten.

Summary

The load-deformation diagrams measured on PMMA sheets with the biaxial penetration test show 3 significant regions: In the first region, where the deformation w_0 is smaller than the thickness of the specimen, the load is predominated by bending-forces; in the second region we have to add a term proportional to the 3rd power of the deformation w_0, resulting from the straining of the specimen. In the third region we observe yielding of the specimen, with load again proportional to deformation.

From the diagrams can be read the breaking load K_s, the breaking deformation l_s and the breaking energy A_s. These data correspond to the tensile strength, the elongation at rupture and the impact strength in the monoaxial experiment, but they cannot be calculated directly from these results. For example we found, that for PMMA with increasing temperature K_s increases, while the tensile strength and the flexural strength decrease. These differences are discussed in this paper.

The preparation of the specimens for the penetration test is easier than for the monoaxial tensile test; furthermore only original surfaces are deformed in that test. The biaxial deformation in the penetration test corresponds widely to the deformation which plastic sheets undergo in practical application.

Literatur

1) *Retting, W.*, Materialprüfung **8**, 55–10 (1966).

2) *Retting, W.*, Kolloid-Z. u. Z. Polymere **213**, 69–72 (1966).

3) *Grimminger, H., G. Koch, J. Penzhofer, E. P. Petermann, W. Retting* und *J. Steinig*, Kunststoffe **59**, 375 (1969).

4) *Grimminger, H.*, Kunststoffe **67**, 496–502 (1967).

5) *Grimminger, H.*, Materialprüfung **11**, 228–234 (1969).

Anschrift des Verfassers:

Dr. *J. Lehmann*
Forschung der Röhm GmbH, Chem. Fabrik
61 Darmstadt, Postfach 4166

Aus den Chemischen Werken Hüls AG, Untersuchungsabteilung Marl (Deutschland) und aus dem Camille Dreyfus Laboratory, Research Triangle Institute, Research Triangle Park (U.S.A.)

Infrarot-Untersuchungen an verstrecktem Polyäthylen*) **)

Von W. Glenz und A. Peterlin

Mit 7 Abbildungen und 1 Tabelle

(Eingegangen am 12. Juli 1971)

I. Einleitung

Die IR-Spektroskopie dient nicht nur zur Aufklärung der chemischen Struktur von Polymeren, auch deren *physikalische Struktur* kann mit Hilfe dieser Methode charakterisiert werden (1–9). Viele teilkristalline Polymere besitzen bestimmte struktur- und konformationsabhängige Absorptionsbanden (4), die es ermöglichen, aus IR-Messungen z.B. den Kristallisationsgrad, den Typ des Kristallgitters und auch die Kettenkonformation zu bestimmen. Solche Strukturdaten können auch für verstreckte, d.h. orientierte Proben ermittelt werden, sofern für die Untersuchungen polarisiertes IR-Licht verwendet wird (5–9). Aus dem IR-Dichroismus läßt sich ferner die mittlere Orientierung der Kettenmoleküle bestimmen. Dabei ist es sogar möglich, den Orientierungsgrad der Kettenmoleküle in den einzelnen Strukturbereichen (kristallin, nichtkristallin) getrennt zu bestimmen, sofern definierte kristalline und nichtkristalline Banden auftreten.

Wir haben IR-Messungen mit polarisiertem Licht an verstrecktem Polyäthylen ausgeführt und die Änderungen der physikalischen Struktur untersucht (7–9). Über die Abhängigkeit des Kristallisationsgrades, der Kettenformation sowie des Orientierungsgrades soll in diesem Beitrag zusammenfassend berichtet werden.

II. Experimente und Auswertung

Für die Untersuchungen verwendeten wir lineares und äthyl-verzweigtes (7 Verzweigungen/1000 C-Atome) Polyäthylen. Die Proben wurden nach thermisch unterschiedlicher Vorbehandlung bei 60 °C mit einer Rate von 0,5 cm/min verstreckt. Verstreckgrade $\lambda = 4$ bis zu $\lambda = 20$ wurden erzielt ($\lambda = l/l_0$; l_0 und l bedeuten die Längen identischer Bereiche der Probe vor und nach dem Verstrecken). Einzelheiten der experimentellen Ausführung einschließlich der IR-Messungen und einer Charakterisierung der Ausgangsproben wurden bereits mitgeteilt (7, 8).

Das Absorptionsspektrum von Polyäthylen ist durch zahlreiche Untersuchungen dem Schwingungsspektrum recht sicher zugeordnet (10, 11). Es treten typisch kristalline (720, 731, 1894 cm^{-1}) und nichtkristalline (1300–1400 cm^{-1}) Banden auf, deren linearer Zusammenhang mit dem Kristallisationsgrad mehrfach sichergestellt wurde (12, 13). Darüber hinaus hat *Snyder* versucht, die nichtkristallinen Banden speziell im 1300–1400 cm^{-1} Bereich der Absorption bestimmter Konformationssequenzen zuzuordnen (11). Wir haben uns auf die allgemein angenommene Bandenzuordnung gestützt. Die im folgenden diskutierten Banden und deren Zuordnung fassen wir kurz zusammen:

909 cm^{-1}:

Diese Bande wird von den Vinyl-Endgruppen verursacht.

1368 cm^{-1}:

Snyder (11) ordnet diese Bande einer CH_2-wagging-Schwingung zu, die von einer CH_2-Sequenz in trans-gauche-trans (tgt) Konformation kooperativ ausgeführt wird. Es ist eine der typischen, nichtkristallinen Polyäthylenbanden.

1375 cm^{-1}:

Bei dieser Wellenzahl absorbieren die Methyl-End- und Seitengruppen.

1894 cm^{-1}:

Hier handelt es sich um eine Kombination zweier rocking-Schwingungen, die von CH_2-Gruppen im Kristall ausgeführt werden (10, 11).

Diese Absorptionsbanden wurden untersucht, um Rückschlüsse über die Orientierung sowie den Kristallanteil und die Kettenformation in den nichtkristallinen Bereichen zu gewinnen. Diese Kenngrößen lassen sich unabhängig vom Orientierungszustand ermitteln (3). Die Bestimmung der mittleren Orientierung sowie eine quantitative Diskussion von Strukturparametern aus IR-Messungen vereinfachen sich jedoch erheblich, sofern Rotationssymmetrie um die Verstreckrichtung vorliegt. Die von uns untersuchten Proben zeigten diesen uniaxialen Orientierungszustand, wie Röntgenmessungen (Primärstrahl parallel zur Verstreckrichtung) und IR-Untersuchungen (Probe in verschiedenen Richtungen zum Einfallstrahl verdreht) ergaben. Für die Auswertung der IR-Messungen konnten daher die Beziehungen angewendet werden, die für Systeme mit rotationssymmetrischer, uniaxialer Orientierung gelten.

---

*) Herrn Prof. Dr. *Franz Broich* zum 65. Geburtstag.

**) Vorgetragen auf der Arbeitssitzung des Fachausschusses Physik der Hochpolymeren in der Frühjahrstagung Berlin 1971 vom 9. bis 13. März des Regionalverbandes Physikalische Gesellschaft zu Berlin.

Bestimmung der mittleren Orientierung

Für eine orientierte Probe mit Rotationssymmetrie um die Verstreckrichtung kann die mittlere Orientierung aus dem Dichroismus bestimmt werden. Der Dichroismus D is definiert als

$$D = A_{\parallel}/A_{\perp} \qquad [1]$$

$A_{\parallel}$ und $A_{\perp}$ bedeuten dabei die Absorption von parallel bzw. senkrecht zur Verstreckrichtung polarisiertem Licht. Die mittlere Orientierung wird gewöhnlich beschrieben durch (5–9)

$$f = \frac{1}{2}\,(3\,\langle\cos^2\vartheta\rangle - 1)\,. \qquad [2]$$

Hier bedeutet ϑ der Winkel zwischen der Verstreckrichtung und der Molekülachse, deren Orientierung bestimmt werden soll. Der Zusammenhang zwischen dem Dichroismus D und der Orientierungsfunktion f ist gegeben durch die Beziehung[1])

$$f = \frac{D-1}{D+2}\,\frac{D_0+2}{D_0-1}\,. \qquad [3]$$

D_0 ist für jede Absorptionsbande eine Konstante, die von der Richtung des Übergangsmomentes in bezug auf die Molekülachse, deren Orientierungsgrad bestimmt werden soll, abhängt. Im einfachsten Fall bildet das Übergangsmoment *einen* festen Winkel β mit dieser Molekülachse. Dann ist D_0 gegeben durch (3)

$$D_0 = 2\cot^2\beta\,. \qquad [4]$$

Treten auf Grund von Konformationsänderungen verschiedene Winkel β_i auf, so ergibt sich D_0 aus der Summe der verschiedenen Beiträge (9). In unserem Fall soll f die Orientierung der Kettenmoleküle bezüglich der Verstreckrichtung charakterisieren, d. h. die Molekülachse, deren Orientierung bestimmt werden soll, ist die Normale der durch die CH_2-Gruppe gebildeten Ebene. Diese „CH_2-Normale" wird im Fall der gestreckten Zig-Zag-Kette mit der Kettenrichtung identisch. Mit Hilfe der Beziehungen [3] und [4] läßt sich die mittlere Orientierung der Kettenmoleküle aus dem Dichroismus bestimmen.

Bestimmung der Absorption

Die Absorption A_0 ist bei isotropen Proben proportional zur Zahl der absorbierenden Gruppen unabhängig von der Polarisation des Lichtes. In orientierten Proben hängt die gemessene Absorption von der Orientierung der Moleküle und der Polarisation ab. Es läßt sich jedoch auch in diesem Fall bei Verwendung von polarisiertem Licht die Größe A_0 bestimmen (3),

$$A_0 = \frac{1}{3}\,(A_{\parallel} + 2\,A_{\perp})\,. \qquad [5]$$

Für quantitative Aussagen muß die Absorption auf die Konzentration bezogen werden. Zu diesem Zweck haben wir die Werte jeweils auf einen inneren Standard, die Vinylbande bei 909 cm^{-1} bezogen. Mit Hilfe von Gl. [5] kann für verstreckte Proben z. B. der Kristallisationsgrad α bestimmt werden. Für die kristalline Bande bei 1894 cm^{-1} gilt $A_0 \sim \alpha$, es muß also nur einmal die Proportionalitätskonstante bestimmt werden.

[1]) Im folgenden ist immer vorausgesetzt, daß sich die Extinktionskoeffizienten, d. h. zum Beispiel auch die bestehenden Kopplungen zwischen den CH_2- und den Gerüstschwingungen gegenüber der unverstreckten Probe nicht verändert haben.

III. Ergebnisse und Diskussion

Die mittlere Orientierung in den kristallinen und nichtkristallinen Bereichen

Beim Verstrecken von Polymeren orientieren sich die Kettenmoleküle. Im Fall von teilkristallinen Proben ist jedoch im allgemeinen der Orientierungsgrad der Ketten in den kristallinen und nichtkristallinen Bereichen unterschiedlich. Dies folgt z. B. bei Polyäthylen eindeutig aus dem Vergleich der Gesamtorientierung mit der Orientierung der Kristallite (5, 6). Die Orientierung der kristallinen und – mit Einschränkung – der nichtkristallinen Bereiche kann aus dem IR-Dichroismus relativ einfach und schnell ermittelt werden. Für die kristallinen Bereiche hat dies *Stein* an verstrecktem Hochdruckpolyäthylen überzeugend gezeigt (5, 6). Die mittlere Orientierung, die sich aus dem Dichroismus der 1894 cm^{-1} Bande ergab, stimmte mit dem Wert aus Röntgenweitwinkelmessungen voll überein. Während also die Orientierung der kristallinen Bereiche direkt aus dem Dichroismus einer kristallinen Bande ermittelt werden kann, läßt sich die Orientierung der nichtkristallinen Kettenmoleküle nur über einen Umweg bestimmen, wie wir weiter unten diskutieren werden.

Die mittlere Orientierung der Kettenmoleküle im Kristall, d. h. die Kristallitorientierung haben wir aus dem Dichroismus der kristallinen Bande bei 1894 cm^{-1} bestimmt (7, 8). Abb. 1 zeigt die Abhängigkeit der Orientierungsfunktion f (Gl [3]) vom Verstreckgrad λ für uniaxial verstrecktes, lineares Polyäthylen. Im Rahmen der Meßgenauigkeit konnten wir dabei keine Abhängigkeit der Kristallorientierung von der Vorbehandlung der Proben (langsam abgekühlt bzw. abgeschreckt) erkennen. Wie man aus Abb. 1 ersieht, orientieren sich die Kettenmoleküle in den Kristallen, d. h. die c-Achse der Kristallite, schon bei dem kleinsten untersuchten Verstreckgrad ($\lambda = 4$) in hohem Maße parallel zur Verstreckrichtung. Der Orientierungsgrad verbessert sich weiterhin stetig mit zunehmendem Verstreckgrad. Es sei schon an dieser Stelle vermerkt, daß die ausgezogene Kurve in Abb. 1, welche die Messung gut wiedergibt, nach dem Konzept der affinen Transformation [*Kratky*-Modell (3)] berechnet wurde. Wir werden auf diese Übereinstimmung bei der Diskussion des Modells für die plastische Deformation später noch eingehen.

Die Orientierung der Kettenmoleküle in den nichtkristallinen Bereichen läßt sich nicht

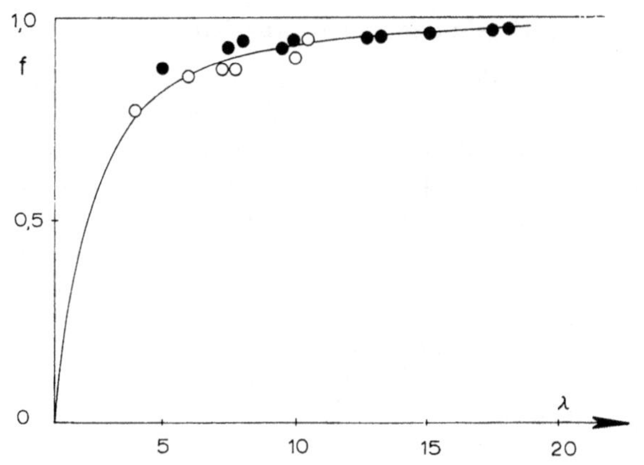

Abb. 1. Orientierungsfunktion f berechnet aus dem Dichroismus der IR-Bande bei 1894 cm^{-1} nach Gl. [3] und [4] mit $\beta = 90°$ für lineares Polyäthylen in Abhängigkeit vom Verstreckgrad λ. ○ mit 1°/min aus der Schmelze abgekühlt, ● aus der Schmelze abgeschreckt in Eiswasser

so einfach bestimmen. Zwar kennt man eine Zahl von nichtkristallinen Banden, die auch bei verstreckten Proben einen Dichroismus zeigen (7), aber die Größe D_0 in Gl. [3], d.h. die Richtung der resultierenden Übergangsmomente ist hier nicht bekannt. Es kommt noch die Schwierigkeit hinzu, daß diese Banden von der Kettenkonformation abhängen. Da es möglich ist, daß verschiedene Sequenztypen, z.B. mehrere aufeinanderfolgende CH_2-Gruppen in trans-Konformation gegenüber einer gtg-Sequenz, unterschiedlich orientiert sind, müßten auch noch die Massenanteile der verschiedenen Sequenzen bekannt sein. Daher erlauben es diese Banden nicht, die mittlere Orientierung der nichtkristallinen Kettenmoleküle direkt zu bestimmen.

Wir haben versucht, diese Orientierungsfunktion über einen Umweg zu ermitteln. Es gibt eine Zahl von Hinweisen, daß Seitengruppen nicht in das Kristallgitter des Polyäthylens eingebaut werden (14–16). Nimmt man an, daß solche Seitengruppen in der nichtkristallinen Phase homogen verteilt vorliegen, so lassen sich aus dem Dichroismus, z.B. der CH_3-Gruppe einer aliphatischen Verzweigung, Rückschlüsse auf die Orientierung der Hauptkette ziehen. Wir haben zu diesem Zweck ein nach dem *Ziegler*-Verfahren hergestelltes Äthylen-Buten-Copolymerisat gewählt, das 7 Äthylverzweigungen auf 1000 CH_2-Gruppen besaß. Aus dem Dichroismus der CH_3-Gruppen haben wir dann versucht, die mittlere Orientierung der nichtkristallinen Kettenmoleküle zu bestimmen (8).

Zunächst wollen wir einen weiteren Hinweis dafür geben, daß solche Störstellen im Molekülbau, wie sie Seiten- und auch Endgruppen darstellen, offenbar nicht in das Kristallgitter eingebaut werden. Man kann in einer einfachen Auftragung qualitativ das Orientierungsverhalten verschiedener Molekülgruppen miteinander vergleichen. Zu diesem Zweck läßt sich eine relative Orientierungsfunktion f_{rel} in Abhängigkeit vom Verstreckgrad bestimmen. f_{rel} ist definiert durch die Beziehung

$$f_{rel}(\lambda) = \frac{f(\lambda)}{f(\lambda_{max})}, \qquad [6]$$

wobei $f(\lambda)$ und $f(\lambda_{max})$ die jeweiligen Orientierungsfunktionen beim Verstreckgrad λ bzw. beim maximal erreichten Wert λ_{max} sind. Mit Hilfe von Gl. [3] erhalten wir

$$f_{rel}(\lambda) = \frac{D(\lambda) - 1}{D(\lambda) + 2} \, \frac{D(\lambda_{max}) + 2}{D(\lambda_{max}) - 1}. \qquad [7]$$

Zur Bestimmung von f_{rel} ist es demnach nicht nötig, D_0 zu kennen. Wir können mit Gl. [7] aus dem Dichroismus verschiedener Banden das Orientierungsverhalten abhängig vom Verstreckgrad ermitteln. Abb. 2 zeigt den Verlauf dieser relativen Orientierungsfunktion für folgende, verschiedene Molekülgruppen: CH_2-Gruppen im Kristall (1894 cm^{-1}), CH_2-Gruppen in den nichtkristallinen Bereichen (1368 cm^{-1}), CH_3-Gruppen der Äthylverzweigung (1375 cm^{-1}), sowie die Vinyl-Endgruppen (909 cm^{-1}). Man erkennt, daß die Seiten- und Endgruppen sich in dieser relativen Auftragung in gleicher Weise orientieren, wie die nichtkristallinen CH_2-Gruppen, während die Kristalle sich in dieser Auftragung anders verhalten. Dieses Ergebnis stützt das Zwei-Phasen-Modell und deutet ebenfalls auf eine Entmischung von „Fehlstellen“ (End- und Seitengruppen) in die nichtkristallinen Bereiche hin. Wären die End- und Seitengruppen, sowie die gtg-Sequenzen (Bande bei 1368 cm^{-1}) als Fehlstellen in den Kristallen eingebaut, ließe sich dieses Verhalten nur schwer erklären.

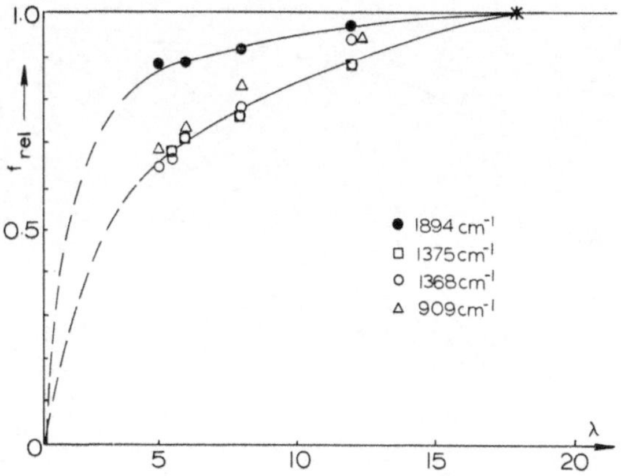

Abb. 2. Relative Orientierungsfunktion f_{rel} berechnet nach Gl. [7] für verschiedene IR-Banden in Abhängigkeit vom Verstreckgrad λ für äthyl-verzweigtes Polyäthylen (8)

Ein weiterer Hinweis, der diese Vorstellungen unterstützt, folgt aus der Desorientierung einer verstreckten Probe beim Tempern. Verstrecktes, äthyl-verzweigtes Polyäthylen mit $\lambda = 10$ wurde bei verschiedenen Temperaturen T_A für 5 Std. getempert, wobei die Probe frei schrumpfen konnte. Anschließend wurde jeweils bei Zimmertemperatur der Dichroismus der oben diskutierten Absorptionsbanden gemessen. Es wurde wieder eine relative Orientierungsfunktion für die verschiedenen Banden bestimmt, wobei diesmal f_{rel} durch die Beziehung

$$f_{\text{rel}} = \frac{f(T_A)}{f(\lambda = 10)} = \frac{D(T_A) - 1}{D(T_A) + 2} \frac{D(\lambda = 10) + 2}{D(\lambda = 10) - 1} \quad [8]$$

gegeben ist. In Gl. [8] bedeuten $D(T_A)$ der Dichroismus einer Bande nach Tempern bei der Temperatur T_A und $D(\lambda = 10)$ der Dichroismus der verstreckten, ungetemperten Probe. Die so ermittelten f_{rel}-Werte sind in Abb. 3b in Abhängigkeit von der Tempertemperatur aufgetragen. Man erkennt, daß von ca. $T_A = 70$ °C an die CH_2-Gruppen in den nichtkristallinen Bereichen, sowie simultan auch die CH_3-Seiten- und Vinyl-Endgruppen beginnen sich zu desorientieren, während die Orientierung der Kristalle bis ca. 115 °C konstant bleibt. Diese Desorientierung der Kettenmoleküle in den nichtkristallinen Bereichen ist möglicherweise mit dem Schrumpfen der Probe korreliert. An Abb. 3a ist für dieselbe Probe die Schrumpfung S abhängig von T_A aufgetragen. Dabei ist S definiert als

$$S = \frac{l(\lambda = 10) - l(T_A)}{l(T_A) - l(\lambda = 1)}. \quad [9]$$

Das Schrumpfen der verstreckten Probe setzt bei der gleichen Temperatur ein, bei der auch die nichtkristallinen Kettenmoleküle beginnen sich zu desorientieren. Diese beiden Experimente sollen als weitere Stützen dafür gelten, daß sowohl Kettenenden als auch Verzweigungen, in die nichtkristallinen Bereiche eingebaut werden.

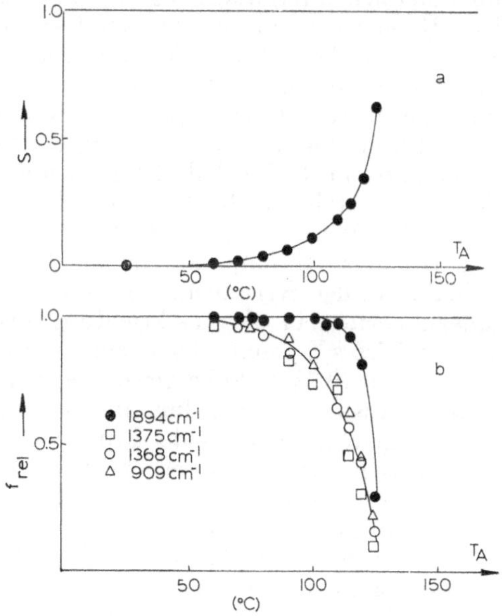

Abb. 3. a) Makroskopische Schrumpfung S Gl. [9] und b) relative Orientierungsfunktion f_{rel} (Gl. [8]) verschiedener IR-Banden für ein verstrecktes, äthyl-verzweigtes Polyäthylen ($\lambda = 10$) in Abhängigkeit von der Temperatur T_A (8)

Wir haben nun versucht, die mittlere Orientierung der Hauptkette in den nichtkristallinen Bereichen aus dem Dichroismus der CH_3-Bande bei 1375 cm^{-1} zu bestimmen. Einzelheiten der Auswertung sind bereits früher beschrieben worden (8). Es gilt dabei vor allem den Einfluß der CH_3-Gruppen am Ketten-

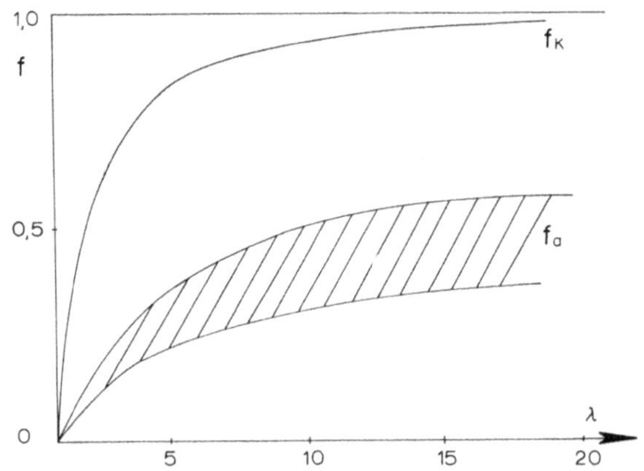

Abb. 4. Orientierungsfunktion der Kettenmoleküle in den kristallinen (f_k) und den nichtkristallinen Bereichen (f_a) in Abhängigkeit vom Verstreckgrad λ für äthyl-verzweigtes Polyäthylen (8)

ende zu eliminieren, sowie die Konformation der Methylgruppen in bezug auf die Hauptkette festzulegen. Abb. 4 zeigt das Ergebnis dieser Auswertung. Abhängig vom Verstreckungsgrad λ ist hier die Orientierungsfunktion der Kettenmoleküle in nichtkristallinen Bereichen (f_a) aufgetragen. Der schraffierte Bereich gibt eine obere und untere Grenze für f_a an, die sich aus den verschiedenen Korrekturen ergeben (8). Zum Vergleich ist auch die mittlere Orientierung der Kristalle f_k, bestimmt für dieselbe verzweigte Probe, mit eingezeichnet. Wie Abb. 4 zeigt, erreichen die nichtkristallinen Kettenmoleküle einen maximalen Wert von $f = 0{,}35$–$0{,}55$ für die Orientierungsfunktion, während die Kettenmoleküle in den Kristallen, d.h. die c-Achse nahezu perfekt in Verstreckrichtung orientiert ist. Dieses Ergebnis, das an einer schwach verzweigten (0,7%) Probe gewonnen wurde, sollte quantitativ auch für lineares Polyäthylen gelten, denn beide Proben zeigen ein identisches Deformationsverhalten, sowie dieselbe Abhängigkeit der Kristallorientierung vom Verstreckgrad.

In einem einfachen Modell lassen sich die nichtkristallinen Bereiche in verstrecktem Polyäthylen aus 3 Komponenten zusammensetzen, den Faltungsbögen, den Kettenenden und den tie-Molekülen, die aufeinanderfolgende Kristalle miteinander verknüpfen. Die Orientierung der Kettenmoleküle in den nichtkristallinen Bereichen stellt daher einen Mittelwert über die Beiträge der verschiedenen Komponenten dar, die sicherlich unterschiedlich orientiert sind. Den Orientierungsgrad der Kettenenden haben wir unabhängig untersucht. Aus dem Dichroismus der Methyl- und Vinyl-Endgruppen läßt sich mit plausiblen Annahmen die Orientierungsfunktion f der Kettenenden, d. h. der CH_2-Sequenzen, die aus dem Kristall herausragen und eine Endgruppe tragen, ermitteln. Wir haben für die Orientierungsfunktion der Kettenenden einen Wert von $f = 0{,}5$ bestimmt (9). Nimmt man an, daß die tie-Moleküle in hochverstreckten Proben, wie die Kristalle, voll orientiert sind, während die CH_2-Gruppen in den Faltungsbögen keine bevorzugte Orientierung ihrer CH_2-Normalen zeigen, so läßt sich die Orientierungsfunktion der Kettenmoleküle in den nichtkristallinen Bereichen additiv wie folgt zusammensetzen (8).

$$f_a = x_f f_f + x_e f_e + x_t f_t \quad \text{mit} \quad x_f + x_e + x_t = 1 , \qquad [10]$$

wobei x die jeweiligen Massenanteile der verschiedenen Komponenten bedeuten und die Indizes f, e und t für Faltungsbögen, Endgruppen bzw. tie-Moleküle stehen. Gl. [10] ermöglicht es, den Massenanteil x der einzelnen Komponenten zu bestimmen. Legt man ferner die Länge der tie-Moleküle sowie die mittlere Länge der Kettenenden aus dem Modell her fest, so lassen sich die Zahl der tie-Moleküle, Kettenenden und Faltungsbögen, sowie die mittlere Länge der Faltungsbögen bestimmen. In Tab. 1 ist diese Auswertung zusammengestellt (8).

Tab. 1. Relative Zahl und Länge der verschiedenen Komponenten in den nichtkristallinen Bereichen von hochverstrecktem ($\lambda = 18$), äthyl-verzweigtem Polyäthylen (8)

Komponente	relative Zahl	mittlere Länge
Falten	42–62%	$l_f = 24$ CH_2-Gruppen
tie-Moleküle	15–35%	$l_t = 45$ CH_2-Gruppen
Kettenenden	23%	$l_e = 36$ CH_2-Gruppen

Bestimmung des Kristallisationsgrades

Aus der Absorption der Bande bei 1894 cm^{-1} läßt sich durch Messungen mit parallel und

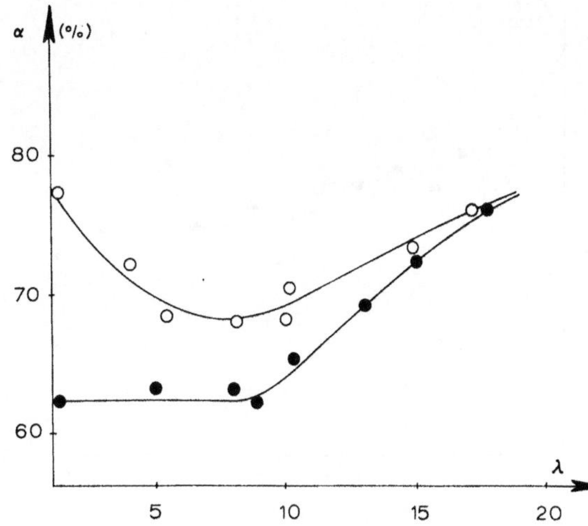

Abb. 5. Massenanteil der Kristalle α für verstrecktes, lineares Polyäthylen in Abhängigkeit vom Verstreckgrad λ bestimmt aus der IR-Absorption bei 1894 cm^{-1}. ○ mit 1°/min aus der Schmelze abgekühlt, ● aus der Schmelze abgeschreckt in Eiswasser

senkrecht zur Verstreckrichtung polarisiertem Licht die Absorption A_0 (Gl. [5]) abhängig vom Verstreckgrad ermitteln. Diese Absorption (bezogen auf die Konzentration) ist proportional zum Massenanteil der Kristalle. Die Proportionalitätskonstante kann an isotropen Proben angepaßt werden. Damit läßt sich aus den Messungen $A_{\parallel}$ und $A_{\perp}$ mit Hilfe von Gl. [5] der Massenanteil der Kristalle α für verstreckte Proben auf einfachste Weise bestimmen (7). Abb. 5 zeigt die Abhängigkeit des Kristallinitätsgrades α für zwei unterschiedlich vorbehandelte Proben (mit 1°/min aus der Schmelze abgekühlt, bzw. abgeschreckt). Man erkennt einmal, daß sich der Kristallinitätsgrad beim Verstrecken wesentlich ändert. Weiterhin sieht man, daß für die hochverstreckten Proben der Kristallinitätsgrad in beiden Fällen identisch wird, obgleich sich die Werte für die Ausgangsproben ($\lambda = 1$) erheblich unterscheiden. Der Kurvenverlauf läßt zwei sich überlagernde Prozesse vermuten. Zum einen nimmt der Kristallinitätsgrad α durch Aufbrechen der Sphärolithe, Abgleiten von Kristallflächen, sowie Herausziehen von Kristallblöcken und einzelnen Ketten aus dem Kristallverband ab. Mit zunehmendem Verstreckgrad werden die Kettenmoleküle parallelisiert und haben die Möglichkeit, sich neu zu ordnen.

Änderungen der Konformation in den nichtkristallinen Bereichen

Analog der kristallinen Bande bei 1894 cm^{-1} können wir auch für nichtkristalline Banden die Absorption A_0 für die verstreckten Proben bestimmen. Man sollte erwarten, daß beim Verstrecken von partiell kristallinem Polyäthylen sich die nichtkristallinen Bereiche verspannen, sofern das Zwei-Phasen-Modell realistisch ist. Zumindest sollten die Kettenmoleküle, die von Kristall zu Kristall verlaufen (tie-Moleküle) und die äußere Spannung übertragen, sich verstrecken. Dies würde bedeuten, daß die Konformation der nichtkristallinen Kettenmoleküle sich ändern sollte, der Anteil der CH_2-Gruppen in gauche-Konformation müßte abnehmen. Da die typisch amorphen Banden von Absorptionen innerhalb von CH_2-Sequenzen herrühren, die gauche-Gruppen enthalten, sollte die Absorption A_0 dieser Banden mit zunehmendem Verstreckgrad abnehmen. Es muß jedoch berücksichtigt werden, daß sich mit zunehmendem Verstreckgrad auch der Kristallanteil ändert. Man muß daher eine relative Absorption A_{rel} bestimmen (7), die durch den Ausdruck

$$A_{rel} = A_0/(1 - \alpha) \qquad [11]$$

definiert ist. Diese Größe A_{rel} ist für die Bande bei 1368 cm^{-1} in Abb. 6 abhängig vom Verstreckgrad aufgetragen. Man erkennt die erwartete Abhängigkeit, mit zunehmendem Verstreckgrad nimmt die relative Absorption der Bande ab. Das deutet darauf hin, daß in der Tat der Anteil der CH_2-Gruppen in gauche-Konformation sich vermindert. Das gleiche Verhalten wurde auch für die Banden bei 1303 cm^{-1} sowie 1353 cm^{-1} von uns gefunden (7). Wenn sich die Ketten in den nichtkristallinen Bereichen teilweise strecken, so sollte das auch die Packung der Moleküle in diesen Bereichen, d.h. die Dichte in den nichtkristallinen Phasen beeinflussen. Eine

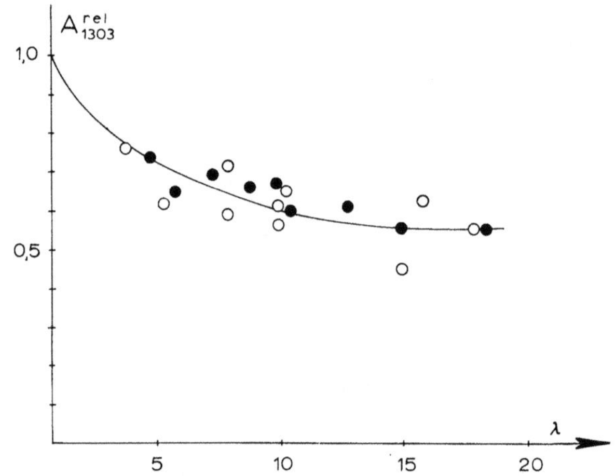

Abb. 6. Relative Absorption A_{rel} für die Bande bei 1368 cm^{-1} für lineares Polyäthylen in Abhängigkeit vom Verstreckgrad λ. ○ mit 1°/min aus der Schmelze abgekühlt, ● aus der Schmelze abgeschreckt in Eiswasser

Zunahme der nichtkristallinen Dichte wird auch tatsächlich beobachtet (17, 18). Aus Messungen der Gitterkonstante haben wir abhängig vom Verstreckgrad die kristalline Dichte ermittelt. Aus IR-Absorption bei 1894 cm^{-1} bestimmten wir den Kristallisationsgrad. Kennen wir zusätzlich die makroskopische Gesamtdichte der Probe, so läßt

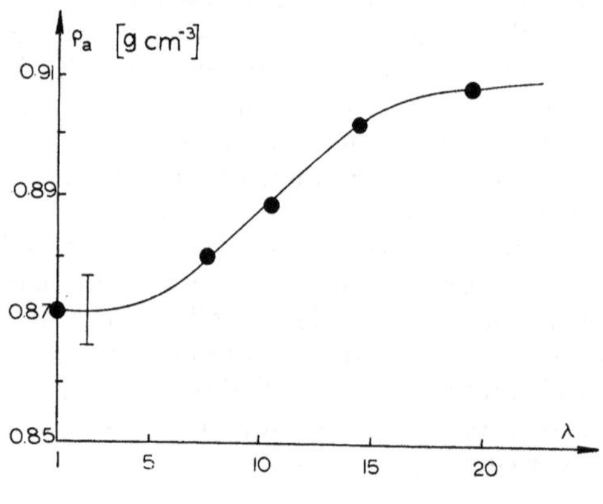

Abb. 7. Dichte ϱ_a der nichtkristallinen Bereiche für lineares Polyäthylen in Abhängigkeit vom Verstreckgrad λ (18)

sich nach dem Zwei-Phasen-Modell die Dichte der nichtkristallinen Bereiche berechnen. Abb. 7 zeigt das Ergebnis einer solchen Auswertung (18). Die nichtkristalline Dichte nimmt zu, die Dichtedifferenz zwischen der kristallinen und der nichtkristallinen Phase verringert sich um ca. 25%. Die Änderung der nichtkristallinen Dichte zusammen mit der Änderung des Kristallanteils erklärt auch quantitativ die Abnahme der integralen Kleinwinkelintensität, wie sie von *Corneliussen* und *Peterlin* beobachtet wurde (25).

Bemerkungen zum Verstreckprozeß und zur Struktur von verstrecktem Polyäthylen

Kennt man die Struktur des verstreckten Materials, d. h. die Strukturänderungen gegenüber der unverstreckten Probe, so können Rückschlüsse gezogen werden, wie der Deformationsprozeß abläuft. Aus den IR-Daten war zu ersehen, daß sich sowohl die Konformation der Kettenmoleküle in den nichtkristallinen Bereichen als auch der Kristallinitätsgrad ändern. Dieses Ergebnis wird aus anderen Untersuchungen bestätigt. Abhängig vom Verstreckgrad verhalten sich z. B. die makroskopisch meßbare Dichte (19), sowie die Enthalpie (20) verstreckter Proben analog.

Diese Daten lassen sich zusammen mit den Ergebnissen aus mechanischen (21, 22) und elektronenmikroskopischen (23, 24) Untersuchungen mit Hilfe eines einfachen und plausiblen Strukturmodells erklären (siehe weiter unten).

Beim Vergleich verschieden vorbehandelter Proben haben wir ferner festgestellt, daß sich der Kristallisationsgrad bei hohen Verstreckgraden nicht unterscheidet. Auch andere Untersuchungen weisen darauf hin, daß die Struktur der hochverstreckten Proben unabhängig ist von den Eigenschaften der Ausgangsprobe. So folgt z. B. aus Messungen der Röntgenkleinwinkelstreuung, daß die aus dem Intensitätsmaximum ermittelten Langperioden bei verstreckten Proben nicht von den Werten der Ausgangsproben, sondern allein von den Verstreckbedingungen (Temperatur und Verstreckgeschwindigkeit) abhängen (25–27). Weitwinkelmessungen, sowie DTA-Untersuchungen an verstreckten Proben, deren Struktur durch Vernetzen fixiert wurde, zeigten, daß sich die Kristallitgröße in Richtung der *c*-Achse beim Verstrecken ändert (28). Wieder ergaben sich für die hochverstreckten Proben identische Werte, obgleich die Kristallitgrößen im unverstreckten Zustand unterschiedlich waren.

Eine derart radikale Strukturänderung kann nicht allein durch Orientierung der Kristalle und Abgleitprozesse erklärt werden. Die Transformation der sphärolithischen Überstruktur in eine hochorientierte Faserstruktur, deren Eigenschaften nur von den Verstreckbedingungen abhängen, verlangt eine vollständige Umordnung der Kettenmoleküle auch innerhalb der einzelnen Phasenbereiche. Die Tatsache, daß die Langperioden verstreckter Proben quantitativ die gleiche Temperaturabhängigkeit zeigen wie unverstreckte, getemperte Proben (verglichen wird hier die Verstrecktemperatur mit der Tempertemperatur), deutet auf eine Rekristallisation beim Verstrecken hin (31).

Peterlin hat anhand von umfangreichem, experimentellem Material ein Modell für die plastische Deformation von partiell kristallinen Polymeren, sowie für die daraus resultierende Faserstruktur vorgeschlagen (29–31). Danach sind drei Phasen des Deformationsprozesses zu unterscheiden. Zunächst werden nach einer anfangs elastischen Deformation die *Sphärolithe* durch Scheren, teilweises Abgleiten und gegenseitiges Verdrehen von Lamellenpaketen, sowie auch von kleineren Bereichen innerhalb einer Lamelle, *kontinuierlich, plastisch verformt*. Dabei sollen jedoch die ursprünglichen Strukturbereiche (Sphärolithe und Lamellen) noch erkennbar bleiben. Bei zunehmender äußerer Spannung zeigt sich dann lokal ein *diskontinuierlicher Übergang* in die hochorientierte Faserstruktur. Es gleiten kristalline Blöcke und einzelne Kettenmoleküle, die aus den Lamellen herausgebrochen werden, über größere Bereiche aneinander ab und packen sich neu zu einzelnen Mikrofibrillen, den Strukturelementen der Faser zusammen. Ehemals kohärent in einer Lamelle vorgelegene Bereiche liegen jetzt weit voneinander entfernt, sind jedoch durch tie-Moleküle noch miteinander verknüpft. So entstehen intrafibrilläre tie-Moleküle, welche die einzelne Mikrofibrille zusammenhalten, und interfibrilläre tie-Moleküle, welche verschiedene Mikrofibrillen miteinander vernetzen. Im weiteren Verlauf der plastischen Deformation sollen die *Mikrofibrillen* einzeln oder mehrere als eine Fibrille zusammengefaßt aneinander *abgleiten*, wobei nur die interfibrillären tie-Moleküle belastet werden.

Die verschiedenen Phasen laufen in einer Probe nebeneinander ab, daher lassen makroskopische Messungen den Deformationsprozeß kontinuierlich erscheinen. Die diskontinuierliche Phase läßt sich jedoch elektronenmikroskopisch nachweisen. Aber auch die Änderung der Kristallitgröße beim Verstrecken gibt einen Hinweis, daß die Ausgangsstruktur irgendwann unter der äußeren Spannung zusammenbricht und die Kettenmoleküle sich einzeln oder kooperativ als Mikrofibrille neu packen.

Unter diesem Gesichtspunkt lassen sich alle oben diskutierten Strukturdaten und deren Abhängigkeit vom Verstreckgrad verstehen. Die Änderung des Kristallisationsgrades, die Konformationsänderung der Kettenmoleküle in den nichtkristallinen Bereichen sowie deren Dichteänderung lassen sich zwanglos deuten. Daß sich die Orientierungsfunktion der Kristalle trotz des diskontinuierlichen Deformationsverhaltens mit einer affinen Transformation beschreiben läßt, kann in der Funktion der tie-Moleküle begründet sein. Die tie-Moleküle wirken möglicherweise als Elemente eines Netzwertes, in dem sie die auseinanderliegenden, ehemals kohärenten Bereiche eines Lamellenpakets miteinander verknüpfen. Darauf deutet auch das Schrumpfverhalten der verstreckten Proben hin. Beim Tempern in der Nähe des Schmelzpunktes schrumpfen auch die hochverstreckten Proben nahezu vollständig bis auf ihre Ausgangslänge zurück. Anschaulich könnte die plastische Deformation teilkristalliner Polymerer als affine Deformation eines Netzwerkes mit sich ändernder Vernetzungskonzentration und Netzbogenlänge verstanden werden.

IV. Schlußbemerkung

Wir glauben, daß die IR-Spektroskopie wertvolle Informationen zur Struktur von teilkristallinen Polymeren liefern kann, besonders im Fall orientierter Systeme. Es gibt z.B. kaum eine vergleichbar einfache und schnelle Methode, um den Kristallanteil zu bestimmen. Eine direkte Untersuchung der Kettenkonformation und Orientierung in den nichtkristallinen Bereichen erlaubt eine detaillierte Diskussion der Struktur, wie sie kaum mit einer anderen physikalischen Methode erreicht werden kann.

Diese Arbeit wurde von der *Camille* and *Henry Dreyfus* Foundation in großzügiger Weise unterstützt. Dr. *D. Heinze*, BASF-Ludwigshafen, verdanken wir das Probenmaterial.

Zusammenfassung

Strukturänderung und Orientierung von verstrecktem linearem und äthyl-verzweigtem Polyäthylen wurden mit Hilfe der IR-Spektroskopie untersucht. Wie sich zeigte, bieten IR-Untersuchungen mit polarisiertem Licht eine einzigartige Möglichkeit, in orientierten Proben den Kristallanteil, Konformationsänderungen der Kettenmoleküle in den nichtkristallinen Bereichen sowie die Orientierung der Kettenmoleküle in beiden Phasen zu ermitteln. Diese Daten wurden abhängig vom Verstreckgrad bestimmt. Die Ergebnisse lassen sich mit Hilfe eines einfachen Strukturmodells für verstreckte, teilkristalline Polymere erklären.

Summary

Changes in structure and orientation of highly drawn linear and ethyl branched polyethylene have been investigated by means of IR-spectroscopy. Using polarized light the orientation in the crystalline and noncrystalline regions have been evaluated separately. In addition the crystallinity and relative changes in conformation of chain molecules in the noncrystalline phase have been studied. The results can be explained on the basis of a simple model concerning the deformation process and the structure of highly drawn partially crystalline polymers.

Literatur

1) *Schnell, G.*, Ergeb. Exakten Naturwissensch. **31**, 270 (1959).
2) *Krimm, S.*, Fortschr. Hochpolym. Forschg. **2**, 51 (1960).
3) *Zbinden, R.*, Infrared Spectroscopy of Polymers, (New York, London 1964).
4) *Ciambelli, F., M. Cambini* und *M. P. Lachi*, J. Polym. Sci., Part C, **7**, 213 (1963).
5) *Stein, R. S.*, in: Newer Methods of Polymer Characterisation, ed. by *Bacon Ke* (New York 1964).
6) *Read, B. E.* und *R. S. Stein*, Macromol. **1**, 116 (1968).
7) *Glenz, W.* und *A. Peterlin*, J. Macrom. Sci.-Phys. **B 4**, 473 (1970).
8) *Glenz, W.* und *A. Peterlin*, J. Polym. Sci. A2, **9**, 000 (1971).
9) *Glenz, W.* und *A. Peterlin*, Makromol. Chem. **1191** (im Druck 1971).
10) *Krimm, S.*, Adv. Polymer. Sci. **2**, 51 (1960).
11) *Snyder, R. G.*, J. Chem. Phys. **47**, 1316 (1967).
12) *Hendus, H.* und *G. Schnell*, Kunststoffe **51**, 69 (1961).
13) *Okada, T.* und *L. Mandelkern*, J. Polym. Sci. A2, **5**, 239 (1967).
14) *Keller, A.* und *D. J. Priest*, J. Polym. Sci. B8, 13 (1970).
15) *Kawai, T., K. Ujihara* und *H. Maeda*, Makrom. Chem. **132**, 87 (1970).
16) *Kilian, H. G.*, Kolloid-Z. u. Z. Polymere **231**, 534 (1969).
17) *Fischer, E. W., H. Godder* und *G. F. Schmidt*, J. Polym. Sci. A2, **7**, 37 (1969).
18) *Glenz, W., N. Morosoff* und *A. Peterlin*, J. Polym. Sci. **B9**, 211 (1971).
19) *Peterlin, A.* und *G. Meinel*, J. Appl. Phys. **36**, 3028 (1965).
20) *Peterlin, A.* und *G. Meinel*, Analytical Calorimetry Vol. **2**, 9 (New York 1970).
21) *Meinel, G.* und *A. Peterlin*, Europ. Polym. J. **7**, 657 (1971).
22) *Meinel, G.* und *A. Peterlin*, J. Polym. Sci. A2, **9**, 67 (1971).
23) *Peterlin, A.* und *K. Sakaoku*, J. Appl. Phys. **38**, 4152 (1967).
24) *Peterlin, A.* und *K. Sakaoku*, Clean Surfaces, ed. *G. Goldfinger*, p. 1 (New York 1970).
25) *Corneliussen, R.* und *A. Peterlin*, Makromol. Chem. **105**, 192 (1967).
26) *Peterlin, A.* und *F. J. Baltá-Calleja*, Kolloid-Z. u. Z. Polymere **242**, 1093 (1970).
27) *Peterlin, A.* und *G. Meinel*, Makromol. Chem. **142**, 227 (1971).
28) *Glenz, W., A. Peterlin* und *W. Wilke*, J. Polym. Sci. A2, **9**, 1243 (1971).
29) *Peterlin, A.*, Man-Made Fibres, ed. *H. F. Mark, S. M. Atlas* und *E. Cernia*, Vol. 1, S. 283–340 (New York 1967); J. Polym. Sci. **C9**, 61 (1965).
30) *Peterlin, A.*, Polym. Eng. Sci. **9**, 172 (1969).
31) *Peterlin, A.*, J. Material Sci. **6**, 490 (1971).

Anschrift der Verfasser:

Dr. *W. Glenz*
Untersuchungsabteilung Chemische Werke Hüls AG.
4370 Marl (Deutschland)

Prof. Dr. *A. Peterlin*
Camille Dreyfus Laboratory
Research Triangle Institute
Triangle Park, N.C. 27709 (USA), P.O. Box 12194

Aus dem Zentrum Chemie-Physik-Mathematik der Universität Ulm

Phononenanregung im Submillimetergebiet in amorphem und teilkristallinem Polyäthylenterephthalat*)

Von V. Hoffmann, B. Heise und W. Frank

Mit 8 Abbildungen und 1 Tabelle

(Eingegangen am 29. April 1971)

1. Optische Phononenanregung

1.1. Idealer Kristall

Um die Möglichkeiten der Phononenanregung in amorphen Stoffen besser übersehen zu können, ist es zweckmäßig, zunächst die Verhältnisse im idealen, unendlichen Kristall zu betrachten. Die Frequenzabhängigkeit möglicher Phononen vom Wellenvektor k ist in Abb. 1a schematisch wiedergegeben.

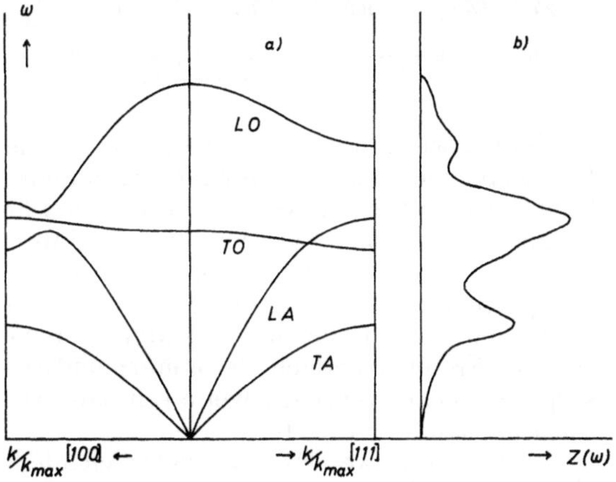

Abb. 1. Schematische Darstellung niederfrequenter Gitterschwingungen. a) Frequenzverlauf in Abhängigkeit vom Wellenvektor k (Dispersionskurven) für zwei Gitterrichtungen, b) Spektrale Verteilung der Gitterschwingungen $Z(\omega)$ als Überlagerung der Frequenzdichten aller Gitterrichtungen. [Nach einer Modellrechnung für KF (20)]

Sämtliche auftretenden Schwingungen lassen sich dabei auf einen endlichen Bereich im k-Raum, die erste *Brillouin*-Zone, zurückführen. Neben den durch den Koordinatenursprung verlaufenden longitudinalen und transversalen akustischen Zweigen treten je nach Kristallaufbau noch eine Anzahl longitudinaler und transversaler optischer Zweige auf. Optisch, d. h. durch elektromagnetische Strahlung können bei Zugrundelegung der harmonischen Näherung nur transversale Phononen mit verschwindendem Wellenvektor ($k \approx 0$) angeregt werden. Für Ultrarotabsorptionen muß eine solche Schwingung außerdem mit einer Änderung des elektrischen Dipolmomentes verbunden sein. In einem idealen Kristall können demnach keine Phononen akustischer Zweige angeregt werden.

1.2. Defekt-Kristall

Werden in den Kristall definierte Defekte eingebaut, dann können zusätzlich zu den Absorptionen des idealen Kristalls noch sogenannte „defektinduzierte" Absorptionen auftreten. Die Defekte sind dabei entweder Anlaß zu neuen, in den Defekten lokalisierten Gitterschwingungen, die näherungsweise unabhängig von den Phononen im Idealkristall sind, oder sie bewirken durch Kopplung an Phononen eines Zweiges eine optische Aktivierung des ganzen Zweiges (Bandmodenabsorption); diese spiegelt die Frequenzdichte der Phononen der einzelnen Zweige wider (Abb. 1b) (1, 2, 3).

1.3. Amorphe Strukturen

Bei einer weiteren Zunahme der Defekte, bzw. beim Übergang der Fernordnung des Kristalls zur Nahordnung des Amorphen wird die Translationssymmetrie des idealen Kristalls aufgehoben, es bilden sich endliche geordnete Bereiche aus, deren Größe statistisch verteilt ist. Durch den Fortfall der Translationssymmetrie kann die für ideale Kristalle geltende Auswahlregel ($k \approx 0$) keine Anwendung mehr finden; sämtliche mit einer Dipolmomentsänderung verbundenen Schwingungen werden ultrarotaktiv, wobei allerdings die Übergangswahrscheinlichkeit, d. h. die Absorptionsintensität mit $k \to 0$ im allgemeinen zunehmen sollte (4). Die Phononen-

*) Vorgetragen auf der Arbeitssitzung des Fachausschusses Physik der Hochpolymeren in der Frühjahrstagung Berlin 1971 vom 9. bis 13. März des Regionalverbandes Physikalische Gesellschaft zu Berlin.

verteilung über die Frequenz hängt wiederum von der Größe der geordneten Bereiche, d. h. von der Anzahl der Elementarzellen im geordneten Bereich ab. Da deren Größe statistisch verteilt ist, wird sich auch diese Verteilung in der Form der Ultrarot-Absorption ausdrücken.

Schließlich wird die Absorption auch davon abhängen, inwieweit sich die Geometrie der Elementarzelle der amorphen Nahordnung von der des Kristalls unterscheidet. Häufig scheint es so zu sein, daß die Kristallgeometrie in der Nahordnung des Amorphen erhalten bleibt. So konnte zum Beispiel durch Röntgenstreuung an der Flüssigkeitsoberfläche des Benzols gezeigt werden, daß die Elementarzelle des Kristalls mit geringen Verschiebungen in der Flüssigkeit erhalten bleibt (5). Ähnliches gilt auch für PET (6), jedoch wird für manche Polymere auch ein anderes Verhalten berichtet (7).

Die Ultrarotsorption wird aus den genannten Gründen zwar nicht die Frequenzdichte der Dispersionszweige (Abb. 1 b) exakt widerspiegeln – denn die Form der Absorption hängt sowohl von der Frequenzdichte der Dispersionszweige als auch von der Verteilung der Größe der Nahordnungsbereiche ab, ferner von den Übergangswahrscheinlichkeiten für die Phononen eines bestimmten endlichen geordneten Bereichs und im starkem Maße auch von der Dämpfung der Schwingung – ihre Frequenzen werden aber in etwa mit den Frequenzgrenzen der Dispersionszweige übereinstimmen.

Hier sollen allein die niederfrequentesten Absorptionen interessieren. Sie werden vor allem auf Anregung von Phononen der transversalen akustischen Zweige zurückzuführen sein. Sie werden nach dem Gesagten breite Absorptionsbuckel bilden, die einerseits zum Frequenznullpunkt auslaufen und andererseits bis zur oberen Frequenzgrenze der akustischen Zweige reichen. Modifiziert wird das Spektrum noch dadurch, daß neben den Einphononenprozessen noch Mehrphononenprozesse angeregt werden können, wobei Phononen der akustischen Zweige anharmonisch an optische Normalschwingungen im niederfrequenten Bereich ankoppeln und zusätzlich einen zu den niederfrequenten optischen Banden ansteigenden Untergrund bewirken (8).

1.4. Niedermolekulare Flüssigkeiten und amorphe Polymere

Als Beispiel sei zunächst die niederfrequente Absorption von flüssigem Benzol mit einem Maximum der Absorption bei 74 cm^{-1} und einer Halbwertsbreite von 93 cm^{-1} gezeigt (Abb. 2).

Kühlt man Benzol unter den Gefrierpunkt ab, geht also die Nahordnung der Flüssigkeit in die Fernordnung des Kristalls über, dann tritt an der hochfrequenten Seite des amorphen Absorptionsbuckels eine im Vergleich zur amorphen Absorption schmale und intensive Bande auf (9).

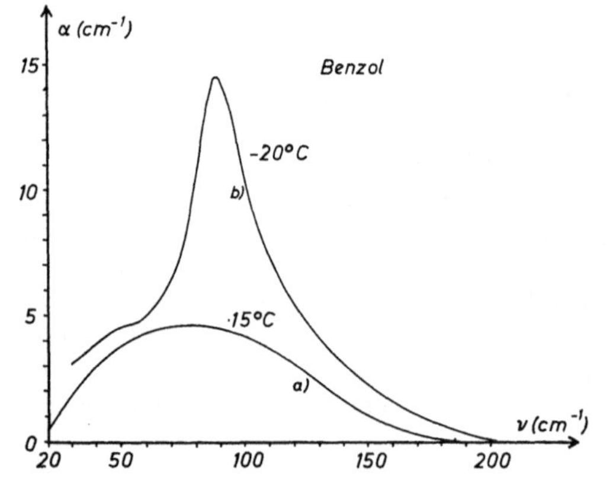

Abb. 2. Niederfrequentes Ultrarotspektrum von a) flüssigem und b) festem Benzol

Ähnlich wie Flüssigkeiten zeigen amorphe Polymere einen oder mehrere niederfrequente breite Absorptionsbuckel, die auf dem mit steigender Frequenz anwachsenden Untergrund der Mehrphononenprozesse liegen (10). Bei partieller Kristallisation des Polymeren können wie im Falle des kristallinen Benzols im Frequenzbereich der amorphen Absorptionsbuckel vergleichsweise schmale Absorptionsbanden auftreten.

Hierbei sind zwei Fälle zu unterscheiden. Enthält die Elementarzelle des Polymeren zwei oder mehr monomere Einheiten, dann wird es sich bei der kristallinen Bande um eine erlaubte Anregung ($k \approx 0$) von Phononen optischer Zweige handeln, wobei die Teilgitter des Kristalls gegeneinander schwingen. Polyäthylen, mit zwei monomeren Einheiten in der orthorhombischen Elementarzelle (11), stellt einen solchen Fall dar. Die bekannte Absorptionsbande bei 72 cm^{-1} wird durch eine Schwingung der beiden Ketten in der Elementarzelle gegeneinander verursacht; die dazu orthogonale Schwingung führt zu einer äußerst schwachen Absorption bei 105 cm^{-1} (12).

Aber auch bei Polymeren, die nur eine monomere Einheit pro Elementarzelle enthalten, können sich Absorptionsbanden zeigen, die auf Kristallschwingungen, d. h.

intermolekulare Schwingungen zurückzuführen sind. In diesem Fall muß es sich um Anregungen von Phononen der akustischen Zweige am Rande der ersten *Brillouin*-Zone handeln, hier ist die Frequenzdichte im allgemeinen besonders hoch, eine Phononenanregung wird hier noch am ehesten stattfinden, obwohl die Auswahlregel ($k \approx 0$) nicht erfüllt ist. In diesem Fall schwingen die Elementarzellen gegeneinander.

2. Polyäthylenterephthalat

Eine derartige Phononenanregung am Rande der ersten *Brillouin*-Zone scheint beim partiell kristallinen Polyäthylenterephthalat (PET) mit einer monomeren Einheit in der triklinen Elementarzelle (13) vorzuliegen, wie Abb. 3 zeigt. Kurve *a* gibt die breiten Absorptionsbuckel einer amorphen Vorfolie von Polyäthylenterephthalat (Hostaphan) wieder, Kurve *b* ist das niederfrequente Ultrarotspektrum einer normalen, im Handel geführten partiell kristallinen Hostaphanfolie. Im Spektrum des partiell kristallinen PET tritt am hochfrequenten Ende eines Absorptionsbuckels, d. h. am hochfrequenten Ende eines akustischen Zweiges, eine schmale Bande auf, während die amorphe Absorption entsprechend zurückgeht. Die röntgenographische Untersuchung der Folie zeigte, daß diese eine starke Textur besitzt, die Kristalle in der Folie orientiert sind. Das äußert sich auch in einer Änderung des Ultrarotspektrums einer in Strahlenrichtung gekippten Folie. Es wurde daher versucht, isotrope Folien mit unterschiedlichem Kristallanteil herzustellen.

Zu diesem Zweck wurden röntgenamorphe PET-Vorfolien bei innerhalb einer Meßreihe jeweils konstanter Temperatur zwischen 3 min und mehreren Tagen getempert und dann abgeschreckt. Der unterschiedliche Kristallanteil einer Meßreihe wurde also nicht durch unterschiedliche Tempertemperaturen, sondern allein durch verschieden lange Temperzeiten erreicht.

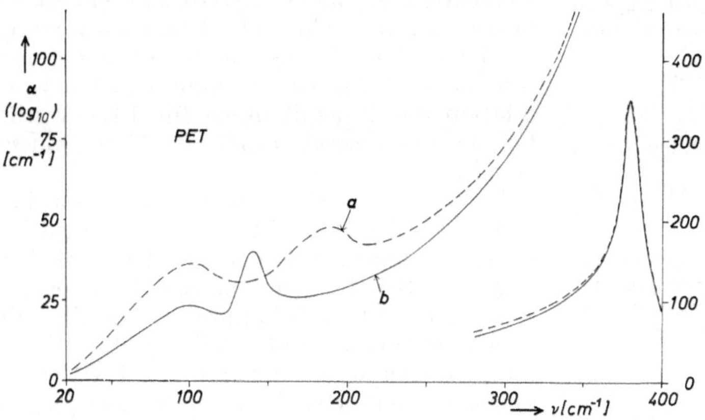

Abb. 3. Absorptionsspektrum von a) amorphem (aus der Schmelze abgeschrecktem) und b) partiell kristallisiertem (orientiertem) PET (Extinktion $\log_{10}$)

2.1. *Röntgenographische Bestimmung der Kristallanteile*

Der Kristallanteil der so erhaltenen Proben wurde röntgenographisch aus Weitwinkeldiagrammen im Winkelbereich $8° < \vartheta < 38°$ bestimmt (Abb. 4). Die Streudiagramme wurden mit einem Zählrohrgoniometer [im Durchstrahlverfahren mit monochromatischer CuK_α-Strahlung ($\lambda = 1{,}54$ Å)] aufgenommen, nachdem durch Planfilmaufnahmen sichergestellt war, daß die Proben keine Textur hatten. Zur Auftrennung des Beugungsdiagrammes in ein „diskontinuierliches" Spektrum der kristallisierten Bereiche und in ein „kontinuierliches" Spektrum der flüssigkeitsgeordneten Bereiche wurde die Streukurve einer röntgenamorphen PET-Kurve so in das Diagramm einer teilkristallisier-

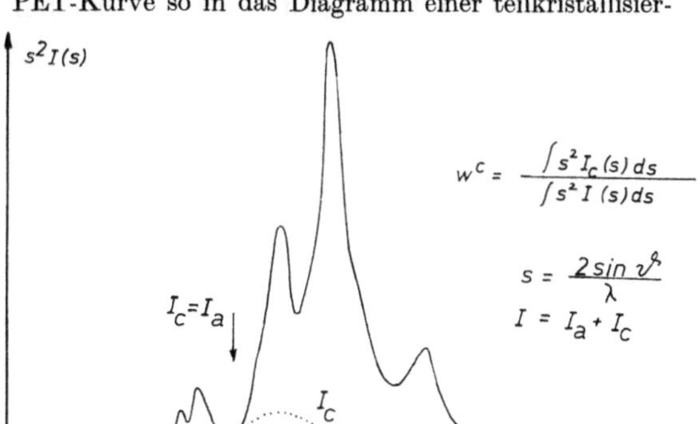

Abb. 4. Zur röntgenographischen Bestimmung des Kristallanteils von PET: Weitwinkeldiagramm einer partiell kristallisierten PET-Folie mit Abtrennung des amorphen Anteils des Spektrums

ten Probe eingezeichnet, daß die Intensitäten bei $2\vartheta = 19°$ beider Proben gleich waren. Der Kristallanteil der partiell kristallisierten PET-Proben wurde bestimmt nach der Gleichung:

$$w^c = \frac{\int_{s_1}^{s_2} s^2 I_c(s)\,ds}{\int_{s_1}^{s_2} s^2 I(s)\,ds} \quad [1]$$

mit $s = \frac{2 \sin\vartheta}{\lambda}$ (Betrag des reziproken Gittervektors),

$I_c(s)$ Intensität der Streustrahlung der kristallisierten Bereiche an der Stelle s,

$I(s)$ Intensität der Streustrahlung der gesamten Probe an der Stelle s.

Im einzelnen wurden folgende Voraussetzungen gemacht:

a) im Beugungsdiagramm wird im Bereich um $2\vartheta = 19°$ das amorphe Spektrum nicht vom kristallinen überlagert.

b) die Form des Flüssigkeitsspektrums der amorphen Bereiche ist unabhängig vom Kristallanteil konstant und gleicht der Form einer Streukurve einer röntgenamorphen PET-Probe.

c) Gl. [1] gilt für endliche Winkelbereiche

$$(s_1 \leqslant s \leqslant s_2).$$

Diese Voraussetzungen sind in 1. Näherung erfüllt (14, 15).

Voraussetzung a) ist für PET-Proben mit großen Kristallen (w^c groß) besser als für Proben mit kleinen Kristallen (w^c klein) erfüllt.

Vernachlässigt wird in dieser Bestimmung der Einfluß des *Debye-Waller*-Faktors. In einer späteren Arbeit soll dieser Einfluß in einer genaueren Bestimmung des Kristallanteils nach einer von *Ruland* (16) angegebenen Methode bestimmt werden.

2.2. Absorption im Fernen-Infrarot (FIR)

Im folgenden werden die FIR-Spektren von bei 220 °C unterschiedlich lange getemperten Folien aus PET behandelt. Tab. 1 gibt einen

Tab. 1. Vorbehandlung und Meßdaten von PET

Tempertemperatur 220 °C Temperzeit t (min)	Röntgenographisch bestimmter Kristallanteil w^c (%)	Absorptionsbande 139 cm^{-1} Maximalextinktion α_{max} (cm^{-1}) (log$_{10}$)	integraler Extinktionskoeffizient $I = \int \alpha d\nu$ (cm^{-1}) (log$_{10}$)
5	36	9,3	143
10	43	10,5	205
20	44	13,4	225
40	45	14,6	237
85	51	17,2	288
2700	60	25,2	380

Überblick über die untersuchten Proben und deren Vorbehandlung. Die in der Tab. 1 angegebenen Kristallanteile stimmen im Wertebereich gut mit Werten anderer Autoren (14, 17, 18) überein. Ein Test für die Berechtigung dieser „Kristallanteilbestimmung“ ist die sehr gute Übereinstimmung der Kristallanteile aus Dichtemessungen und röntgenographischer Bestimmung. Diese Korrelation der Kristallanteile für PET wurde bereits von *Farrow* u. *Ward* (17) besonders erwähnt.

In Abb. 5 sind die Spektren von amorpher Vorfolie und von 3 bei 220 °C unterschiedlich lange getemperten Folien aus PET wiedergegeben. Bei 139 cm^{-1} erscheint dabei die schon aus Abb. 3 bekannte Bande, die mit zunehmendem Kristallanteil von 36–60% in ihrer Intensität stark zunimmt. Im Gegensatz zur orientierten Probe treten hier jedoch zusätzlich zwei weitere Banden bei 103 cm^{-1} und 84 cm^{-1} auf. Da in den isotropen Folien sämtliche Kristallrichtungen statistisch verteilt sind, werden auch sämtliche Schwin-

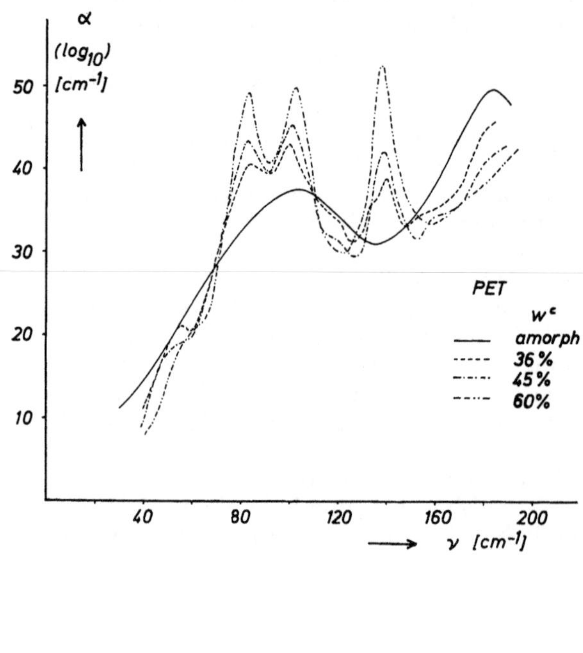

Abb. 5. Absorptionsspektrum verschiedener PET-Folien. (Amorph sowie partiell kristallisiert mit $w^c = 36\%, 45\%, 60\%$)

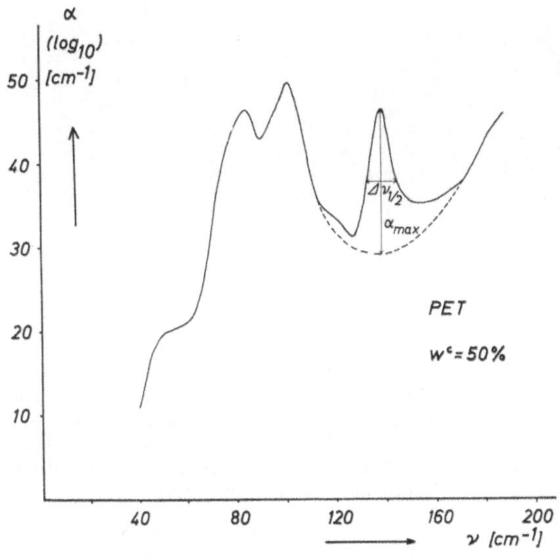

Abb. 6. Absorptionsspektren von zu 51% kristallisiertem PET: Abtrennung des Untergrundes zur Messung des integralen Extinktionskoeffizienten

gezogen. Die Abtrennung der Bande vom Untergrund geht aus Abb. 6 hervor. Bei gleichartiger Abtrennung der Bande ist ein Fehler der relativen Intensität von $\pm$ 10% anzusetzen. Die Maximalextinktionen und die integralen Extinktionskoeffizienten sind gleichfalls in Tab. 1 aufgeführt.

In Abb. 7 sind die integralen Extinktionskoeffizienten mit Fehlergrenzen von $\pm$ 10%, die Maximalextinktionen sowie die röntgenographisch bestimmten Kristallanteile w^c gegen den Logarithmus der Temperzeit t (Temperatur 220 °C) aufgetragen. Alle 3 Größen steigen mit wachsender Temperzeit in 2 Stufen an, der röntgenographisch bestimmte Kristallanteil verläuft jedoch bei kleinen Temperzeiten oberhalb der Ultrarotintensität. Die beiden Stufen entsprechen der in der Literatur beschriebenen Haupt- und Nachkristallisation (19).

Zwischen integralen Extinktionskoeffizienten und röntgenographisch bestimmtem Kri-

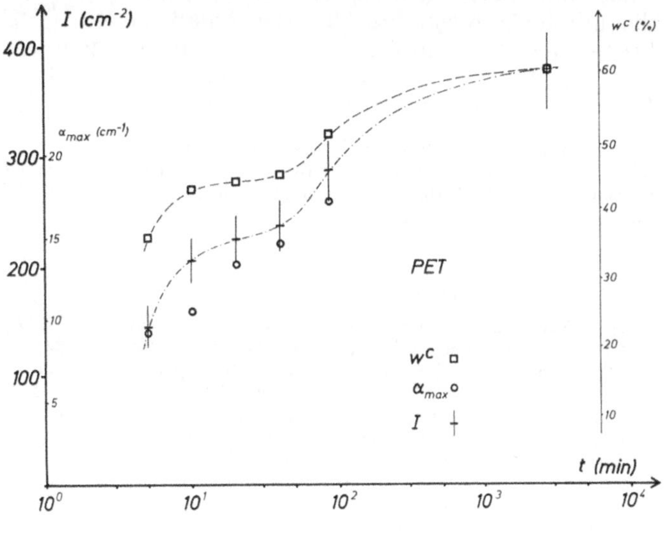

Abb. 7. Röntgenographisch bestimmter Kristallanteil w^c sowie integraler Extinktionskoeffizient $I = \int \alpha \, d\nu$ und Maximalextinktion α_{max} der kristallinen Bande bei 139 cm^{-1} in Abhängigkeit von der Temperzeit der bei 220 °C getemperten PET-Folie

gungsrichtungen, die anregbar sind, optisch angeregt. Die Grenzfrequenzen der akustischen Zweige in verschiedenen Kristallrichtungen sind im allgemeinen verschieden, deshalb treten bei der isotropen Folie auch kristalline Banden bei unterschiedlichen Frequenzen auf.

Die Intensität der kristallinen Bande bei 139 cm^{-1} wurde in Abhängigkeit vom Kristallanteil quantitativ ausgewertet. Da die Maximalextinktion α_{max} einer Bande nur in sehr beschränktem Maße als relevanter Meßwert anzusehen ist, wurde der integrale Extinktionskoeffizient $I = \int \alpha \, d\nu$ zur quantitativen Beschreibung der Intensität heran-stallanteil ergibt sich, wie Abb. 8 zeigt, in guter Näherung ein linearer Zusammenhang.

Es ist zu vermuten, daß der Kurvenlauf $I = f(w^c)$ von der jeweiligen Tempertemperatur abhängen wird. Die Abhängigkeit des Kurvenlaufs von der Tempertemperatur wird in einer späteren Arbeit untersucht. Bei Extrapolation der Geraden gegen die Intensität $I = 0$ bleibt ein Rest des Kristallanteils w^c von rund 20% (wobei natürlich nicht auszuschließen ist, daß der wahre Kurvenverlauf bei kleinen Kristallanteilen nach oben abbiegt und flach in den Koordinatenursprung mündet). Der Unterschied zwischen röntgenographisch bestimmtem Kristallan-

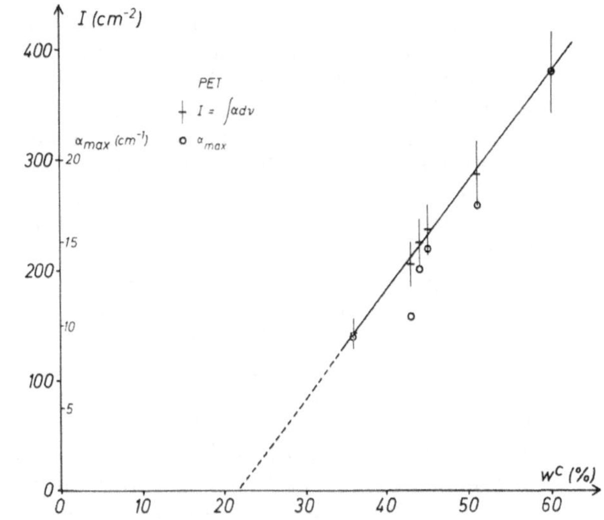

Abb. 8. Zusammenhang zwischen röntgenographisch bestimmtem Kristallanteil w^c und integralem Extinktionskoeffizienten $I = \int \alpha d\nu$, bzw. Maximalextinktion α_{max} der kristallinen Bande bei 139 cm^{-1} von PET

teil und einem entsprechenden aus der ultraroten Intensität entnommenen dürfte seinen Grund in der unterschiedlichen Erfassung einer minimalen Kristallgröße haben, d. h. die minimale Kristallitgröße, die Anlaß zu kristallinen Röntgenreflexen gibt, ist geringer als die, die zur optischen Anregung von Phononen im Kristallgitter erforderlich ist.

Wir danken Herrn Prof. Dr. *W. Zeil* für die freundliche Förderung dieser Arbeit und für anregende Diskussionen. Der Fa. Kalle AG, Wiesbaden danken wir für die großzügige Überlassung von Hostaphanfolien.

Zusammenfassung

In Polymeren können im Submillimetergebiet Phononen der akustischen Zweige angeregt werden, für die $k \neq 0$ ist. Diese Absorptionen sind eine typische Eigenschaft des amorphen Anteils der Polymeren. Geht die Nahordnung des amorphen Polymeren in die Fernordnung des kristallinen über, so nimmt die Anregung der Phononen der akustischen Zweige ab und man beobachtet teilweise das Auftreten von sehr viel schmaleren Absorptionsbanden, die dem kristallinen Anteil zuzuschreiben sind. Beim PET wird dieses Verhalten im Zusammenhang mit der röntgenographisch bestimmten Kristallinität untersucht.

Summary

In polymers phonons of the acoustical branches, for wave vector $k \neq 0$, can be excited by submillimeter waves. These absorptions are typical properties of the amorphous parts of polymers. If the short range order of amorphous polymers changes into the long range order of the crystalline one, the excitation of phonons of the acoustical branches decreases and therefore much smaller absorption bands are detected, which are attributed to the crystalline part. In PET this behaviour is investigated in connection with the X-ray determined crystallinity.

Literatur

1) *Genzel,* L., *K. F. Rentz* und *R. Weber,* Phys. Stat. Sol. **12,** 639 (1965).
2) *Genzel, L.,* in: Festkörperprobleme. Hrsg. von *F. Sauter,* Bd. **6,** S. 32f. (Braunschweig 1964).
3) *Amrhein, E. M.* und *F. H. Müller,* Kolloid-Z. u. Z. Polymere **234,** 1078 (1969).
4) *Zbinden, R.,* Infrared Spectroscopy of High Polymers, S. 143f. (New York und London 1964).
5) *Narten, A. H.,* J. Chem. Phys. **48,** 1630 (1968).
6) *Yeh, G. S. Y.* and *P. H. Geil,* J. Macromol. Sci. B**1,** 235 (1967).
7) *Bonart, R.,* Makrom. Chemie **92,** 149 (1966).
8) *Amrhein, E. M.* and *H. Heil,* J. Phys. Chem. Solids (im Druck).
9) *Hoffmann, V.,* unveröffentlicht.
10) *Hoffmann, V., W. Frank* und *W. Zeil,* Kolloid-Z. u. Z. Polymere **241,** 1044 (1970).
11) *Bunn, C. W.,* Trans. Faraday Soc. **35,** 482 (1939).
12) *Dean, G. D.* and *D. W. Martin,* Chem. Phys. Lett. **1,** 415 (1967).
13) *P. Daubeney, R. de, C. W. Bunn,* and *C. J. Brown,* Proc. Royal Soc. (London) **226** A, 531 (1954). – *Asbury, W. T.* and *C. J. Brown,* Nature **158,** 871 (1946).
14) *Kilian, H. G., H. Halboth,* and *E. Jenckel,* Kolloid-Z. **172,** 166 (1960).
15) *Hendus, H.* und *G. Schmitt,* Kunststoffe **51,** 69 (1961).
16) *Ruland, W.,* Acta Cryst. **14,** 1180 (1961).
17) *Farrow, G.* and *I. M. Ward,* Polymer **1,** 330 (1960).
18) *Johnson, J. E.,* J. Appl. Polymer Sci. **2,** 205 (1959).
19) *Zachmann, H. G.* und *H. A. Stuart,* Makromol. Chem. **41,** 148 (1960).
20) *Karo, A. M.* and *J. R. Hardy,* Phys. Rev. **129,** 2024 (1963).

Anschrift der Verfasser:
Dr. *V. Hoffmann,* Dipl.-Phys. *B. Heise* u. Dr. *W. Frank*
Zentrum Chemie–Physik–Mathematik der Univ. Ulm
75 Karlsruhe, Hertzstr. 16, Bau 35

Aus dem Institut für physikalische Chemie der Rhein.-Westf.-Technischen-Hochschule, Aachen

Selbstdiffusion kleiner Moleküle in polymerer Umgebung*)

Von R. Kosfeld und K. Goffloo

Mit 12 Abbildungen

(Eingegangen am 25. Mai 1971)

1. Einleitung

Die Selbstdiffusion ist eine translatorische Bewegung, bei der sich die Moleküle relativ zu ihren nächsten Nachbarn in einer beliebigen Richtung rein statistisch fortbewegen. Dieser molekularkinetische Prozeß hängt im wesentlichen von der gegenseitigen Wechselwirkung zwischen den Molekülen ab, die die Struktur des betreffenden Systems bestimmen.

Der charakteristische Parameter ist der Selbstdiffusionskoeffizient. Seine genaue Kenntnis als Funktion der Temperatur, des Druckes, der Konzentration der einzelnen Komponenten und der Meßdauer erlaubt einen Einblick in die Struktur des betreffenden Systems.

Insbesondere ist die Untersuchung der translatorischen Bewegung kleiner Moleküle in einer polymeren Umgebung von Interesse, da sowohl zahlreiche synthetische als auch biologische Polymere niedermolekulare Verbindungen (etwa als Weichmacher oder als Lösungsmittel) enthalten. Nicht nur das polymere Teilsystem hat einen Einfluß auf die Beweglichkeit der Lösungsmittel, sondern auch die Lösungsmittelmoleküle ihrerseits werden die Eigenschaften des polymeren Teilsystems und seine Struktur wesentlich beeinflussen.

An den Beispielen Polystyrol–Benzol und Polystyrol–Cyclohexan wird die Temperatur- und Konzentrationsabhängigkeit des Selbstdiffusionskoeffizienten von Benzol und Cyclohexan mit Hilfe der Spin-Echo-Technik untersucht. Zur Diskussion der Ergebnisse wird auf die Theorie des Freien Volumens nach *Fujita* (1–3) zurückgegriffen.

2. Zur Messung des Selbstdiffusionskoeffizienten

Zwischen dem Selbstdiffusionskoeffizienten (*SDK*) D_s und der mittleren quadratischen Verschiebung $\langle r^2 \rangle$, welche die Teilchen in der Zeit t_D erfahren, besteht folgender Zusammenhang (4):

$$D_s = \frac{\langle r^2 \rangle}{6 t_D}. \qquad [1]$$

Es ist hierbei vorausgesetzt, daß das Auseinanderlaufen der Teilchen, die zur Zeit $t = 0$ im Volumenelement bei $\vec{r_0} = 0$ konzentriert waren, einer Diffusionsgleichung

$$\frac{\partial P(\hat{r}, t)}{\partial t} = \nabla D_s \nabla P(\hat{r}, t) \qquad [2]$$

mit der Lösung

$$P(\hat{r}, t) = \frac{1}{(4 \pi D_s \cdot t)^{3/2}} \cdot \exp\left[-\frac{r^2}{4 D_s t}\right] \qquad [3]$$

gehorchen.

Im Spin-Echo Experiment treten an die Stelle der Teilchen die Spins, die sich in Resonanz mit dem Polarisationsfeld H_0 befinden, d. h. deren Larmorfrequenz ω_0 mit der Arbeitsfrequenz des Spin-Echo-Spektrometers übereinstimmt.

Beim Spin-Echo-Experiment wird nun grundsätzlich die mittlere quadratische Verschiebung $\langle r^2 \rangle$ erfaßt und über Gl. [1] der Selbstdiffusionskoeffizient ermittelt. Bevor nun das experimentelle Vorgehen näher beschrieben wird, ist noch darauf hinzuweisen, daß die Gültigkeit der Gl. [1] voraussetzt, daß die Spins in ihrer Bewegung statistischen Gesetzen gehorchen und nicht durch Wechselwirkungen etwa mit den Gefäßwandungen in ihrer Bewegung behindert werden. Nur unter dieser Voraussetzung bleibt D_s unabhängig von der Diffusionszeit t_D.

Wird nun eine Abhängigkeit des Selbstdiffusionskoeffizienten von der Diffusionszeit t_D im Experiment gefunden, so liegt eine Wechselwirkung der Teilchen etwa mit der Gefäßwandung vor. In einem solchen Fall spricht man von einer behinderten Diffusion. Diese wird beobachtet, wenn etwa die Bewegung von Teilchen durch Kapillaren (5) oder Glassintermembranen (6) untersucht wird.

Es sollte daher immer hervorgehoben werden, daß der Selbstdiffusionskoeffizient

*) Vorgetragen auf der Arbeitssitzung des Fachausschusses Physik der Hochpolymeren in der Frühjahrstagung Berlin 1971 vom 9. bis 13. März des Regionalverbandes Physikalische Gesellschaft zu Berlin.

als Grenzwert folgender Art aufgefaßt werden kann:

$$D_s = \lim_{t_D \to 0} D_s' , \qquad [4]$$

D_s' ist der gemessene Selbstdiffusionskoeffizient.

Zur Messung des wahren Selbstdiffusionskoeffizienten muß die Diffusionszeit t_D demnach so gewählt werden, daß das Spinsystem innerhalb der Diffusionszeit t_D, die hier die Meßzeit bedeutet, praktisch nicht in Wechselwirkung mit der Gefäßwandung tritt. Aus den Gl. [1] und [4] ist zu entnehmen, daß bei der Untersuchung von Beweglichkeiten in Polymersystemen die genaue Kenntnis der Diffusionszeit t_D notwendig ist.

Unter diesen Gesichtspunkten hat die Messung der Selbstdiffusionskoeffizienten mit Hilfe der Spin-Echo-Technik unter Anwendung von zeitabhängigen Feldgradienten eine besondere Bedeutung, da bei diesem Experiment eine definierte Diffusionszeit t_D angegeben werden kann.

Eine genaue Festlegung der Diffusionszeit bis herab zu einer μsec ist vorzugsweise bei der von *B. Groß* und *R. Kosfeld* (7) angegebenen Methode der Gradientenimpulse mit alternierendem Vorzeichen möglich. Diese Meßmethode, die als Fortentwicklung der Methode mit konstantem (8) und impulsförmigen Feldgradienten gleichen Vorzeichens (9) anzusehen ist, soll nun im Zusammenhang mit den zuletzt genannten Methoden erläutert werden.

Wird eine $\pi/2-\pi$-Hochfrequenzimpulsfolge auf ein Spinsystem gegeben, so wird z. Z. $2\,\tau$ nach dem $\pi/2$-Impuls das Spin-Echo beobachtet (s. hierzu Abb. 1), wenn der Abstand zwischen dem $\pi/2$- und dem π-Impuls τ beträgt.

Ist nun neben dem durch die transversale Relaxationszeit T_2 bedingten Abfall des Spin-Echos in der Meßzeit noch der Diffusionseinfluß wirksam, so ändert sich die Echoamplitude des Spin-Echos aufgrund beider Einflüsse entsprechend der Beziehung:

$$A(2\tau) = A(0)\exp\left[-\frac{2\tau}{T_2} - \frac{1}{12}\gamma^2 g_0^2 D_s (2\,\tau)^3\right]. \qquad [5]$$

Hierin bedeuten g_0 der zeitunabhängige Feldgradient in Richtung des Hauptfeldes über die Probe gemessen und γ das magnetogyrische Verhältnis der betreffenden Spinsorte.

Wie die Gl. [5] ausweist, ist durch das geschilderte Experiment grundsätzlich die Möglichkeit gegeben, den Selbstdiffusionskoeffizienten D_s aus der Abnahme der Echoamplitude zu bestimmen, indem etwa der Gradient g_0 in seiner Amplitude variiert wird. Eine Einschränkung dieser Methode ist darin gegeben, daß bei allen Spin-Echo-Experimenten darauf geachtet werden muß, daß die Amplitude des Störimpulses bzw. des Meßimpulses, H_1, der folgenden Ungleichung genügt.

$$H_1 > d \cdot g_0, \qquad [6]$$

d ist der Probendurchmesser. Mit dieser Methode können Selbstdiffusionskoeffizienten bis herab zu $D_s = 10^{-7}\,\mathrm{cm^2\,s^{-1}}$ erfaßt werden. Eine weitere wichtige Beschränkung liegt auch darin, daß die Diffusionszeit t_D nicht durch dieses Experiment genau bestimmt werden kann.

Neben der Methode des konstanten Feldgradienten wird heute in zunehmendem Maße die Methode der gepulsten Feldgradienten von *Stejskal* u. *Tanner* (9) zur Bestimmung des Selbstdiffusionskoeffizienten benutzt. Diese Methode wird auch als Methode der gleichsinnigen, impulsförmigen Feldgradienten bezeichnet. Wegen der Bedeutung dieser Methode ist das für das experimentelle Vorgehen wichtige Zeitprogramm in der Abb. 1 dargestellt. Zwischen dem $\pi/2$-Impuls und dem π-Impuls sowie zwischen dem π-Impuls und dem Spin-Echo wird je ein in der Breite δ und in der Höhe g gleicher Gradientenimpuls eingeschaltet. g_0 ist ein in Bezug auf g kleiner, zeitkonstanter Grundgradient.

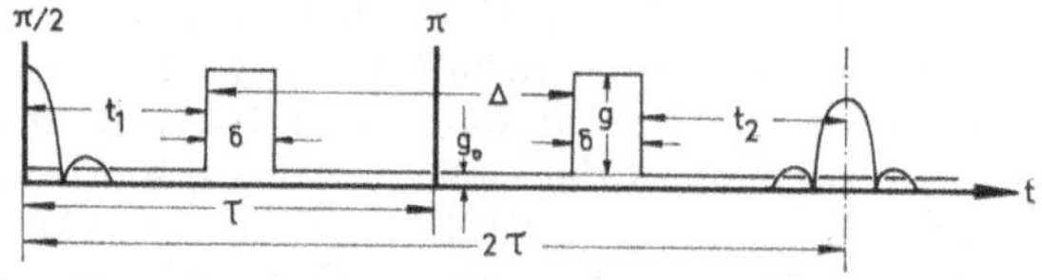

Abb. 1. Zeitprogramm mit zwei impulsförmigen Feldgradienten gleichen Vorzeichens. g_0 ist der zeitkonstante Grundgradient, g die Amplitude, δ die Breite und Δ der zeitliche Abstand der Gradientenimpulse. $\pi/2$ ist der Störimpuls, π der Meßimpuls und z. Z. $2\,\tau$ erscheint das Echo

Durch systematische Variation etwa der Gradientenhöhe g kann aus dem Echo-Abfall (s. Abb. 1) der Selbstdiffusionskoeffizient D_s bestimmt werden.

Es mag hier nur hervorgehoben werden, daß bei dem praktisch immer zu verwirklichenden Fall $g_0 \ll g$ für den Echoabfall folgt:

$$\frac{E(g)}{E(0)} = \exp\left[-D_s \cdot \gamma^2 g^2 \delta^2 (\Delta - (1/3)\delta)\right], \qquad [7]$$

wobei immer vorausgesetzt sein soll, daß zwischen dem Selbstdiffusionskoeffizienten D_s und der transversalen Relaxationszeit T_2

die Ungleichung

$$D_s > \frac{12}{\gamma^2 g^2 T_2^3} \qquad [8]$$

erfüllt bleiben muß.

Die Ungleichung [8] drückt aus, daß der Diffusionsprozeß bei eingeschaltetem Gradienten g einen zur transversalen Relaxation vergleichbaren Echoabfall erzeugen soll.

Aus der Gl. [7] ist zu entnehmen, daß die Diffusionszeit t_D durch den Abstand Δ und durch die Breite δ des Gradientenimpulses definiert ist

$$t_D \equiv \Delta - \frac{1}{3}\delta . \qquad [9]$$

Es muß bemerkt werden, daß t_D nach diesem Verfahren nicht beliebig verringert werden kann, da unterhalb eines bestimmten zeitlichen Abstandes für die beiden Gradientenimpulse eine Störung des π-Impulses erfolgt und dadurch die Messung des Echoabfalles verfälscht oder ganz unmöglich gemacht wird. Hierdurch ergibt sich eine untere Grenze für den Abstand der Gradientenimpulse und damit der Diffusionszeit von etwa 2 ms.

Es soll auch noch angemerkt werden, daß bei einer Verkleinerung des Abstandes Δ zwischen den Gradientenimpulsen und bei einer Verkleinerung der Impulsbreite δ (nur für $\Delta > \delta$ ist die Diffusionszeit t_D entsprechend Gl. [9] bestimmt) die Abnahme der Echoamplituden entsprechend Gl. [7] nur noch gering ist, so daß allein unter dem Gesichtspunkt der Auswertung der experimentellen Daten diesem Verfahren hier eine Grenze gesetzt wird.

Aus der Notwendigkeit heraus, Beweglichkeiten kleiner Moleküle in polymerer Umgebung untersuchen zu können, wurde das Verfahren der alternierenden Gradientenimpulse entwickelt [7]. Das Zeitprogramm und der resultierende Echoabfall sind in der Abb. 2 wiedergegeben. Für den Fall $g_0 < g$ ergibt sich für den Echoabfall der Ausdruck:

$$\frac{E(g)}{E(0)} = \exp[-D_s \cdot 2n\gamma^2 g^2 \delta(\Delta - 1/3\delta)] , \qquad [10]$$

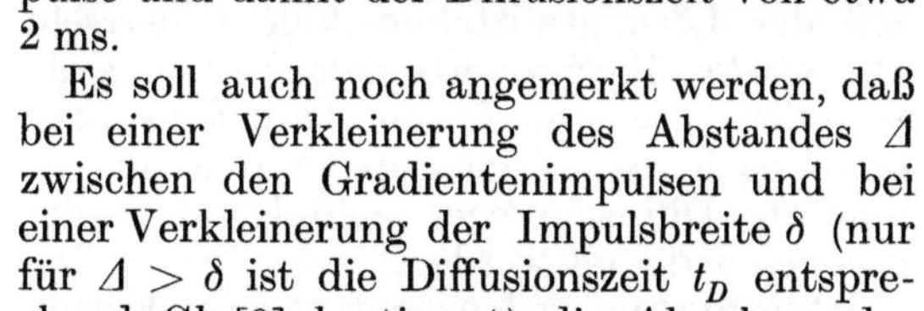

Abb. 2. Zeitprogramm mit alternierenden impulsförmigen Feldgradienten. g_0 ist der zeitkonstante Grundgradient, g die Amplitude, δ die Breite und Δ der zeitliche Abstand zweier entgegengesetzter Gradientenimpulse. n ist die Anzahl der Impulspaare zwischen dem $\pi/2$- und dem π-Impuls. Hier ist $n = 2$

wobei n die Anzahl der Gradientenpaare zwischen den $\pi/2$- und π-Impulsen bedeutet. Ein Vorteil dieses Verfahrens ist darin zu sehen, daß die Diffusionszeit t_D nur durch den Abstand zwischen dem negativen und dem positiven Gradientenimpuls eines jeden Impulspaares bestimmt ist. Es kann – unter Beibehaltung der Bedingung $\delta < \Delta$ – der Abstand der Gradientenimpulse sehr klein gemacht werden, wobei die Diffusionszeit t_D nach Gl. [9] bestimmt wird. Bei kleiner Diffusionszeit t_D kann durch eine Vergrößerung der Anzahl von Impulspaaren der Echoabfall noch immer genügend groß gehalten werden, so daß die Auswertung der Experimente möglich bleibt. Die Grenze dieses Verfahrens liegt im wesentlichen in der experimentell erreichbaren Steilheit der Flanken der Gradientenimpulse.

Zudem ist hervorzuheben, daß im Gegensatz zum Verfahren nach *Stejskal* u. *Tanner* (9) das Verfahren der alternierenden Gradientenimpulse unabhängig vom π-Impuls anwendbar bleibt. Die experimentell erreichbaren minimalen Diffusionszeiten hängen auch hier von der Größe des Selbstdiffusionskoeffizienten ab. Da bei der Messung großer Selbstdiffusionskoeffizienten nur in ihrer Amplitude kleine Feldgradienten benötigt werden, können experimentell leicht sehr große Flankensteilheiten erreicht werden.

3. Experimentelle Ergebnisse und Diskussion

Die Methode der alternierenden Gradientenimpulse wurde bei allen Diffusionsmessungen angewendet. Es wurde der Selbstdiffusionskoeffizient der Lösungsmittelmoleküle (*LM-SDK*) in den Systemen Polystyrol (PST)–Benzol und PST–Cyclohexan in Abhängigkeit von der Temperatur und in Abhängigkeit von der Konzentration an *LM* untersucht. Zur Herstellung der Proben wurde unvernetztes PST benutzt. Zwischen dem $\pi/2$-Impuls und dem π-Impuls sowie dem π-Impuls und dem Echo wurde nur ein Impulspaar geschaltet. Die gesamte Apparatur, insbesondere der Transistorschalter zur Erzeugung der Feldgradienten, ist an anderer Stelle ausführlich beschrieben (7, 10). Eine Abhängigkeit der *LM-SDK* von der Diffusionszeit t_D wurde im gesamten Temperatur- und Konzentrationsbereich nicht beobachtet.

3.1. Die Temperaturabhängigkeit des SDK

In der Abb. 3 sind die Ergebnisse für den Selbstdiffusionskoeffizienten von Benzol im System PST–Benzol als Funktion der rezi-

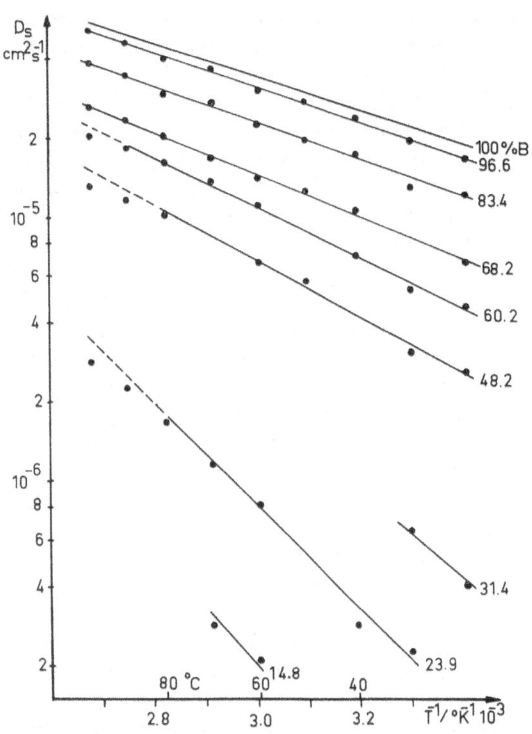

Abb. 3. Selbstdiffusionskoeffizient D_s in Abhängigkeit von der reziproken Temperatur $1/T$ im System Benzol–PST. Parameter ist die Gewichtskonzentration an Benzol

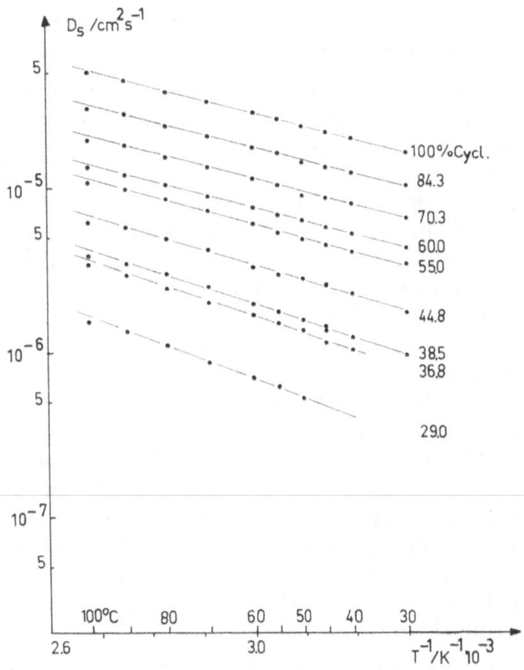

Abb. 4. Selbstdiffusionskoeffizient D_s in Abhängigkeit von der reziproken Temperatur $1/T$ im System Cyclohexan–PST. Parameter ist die Gewichtskonzentration an Cyclohexan

proken absoluten Temperatur wiedergegeben. Die jeweilige Gewichtskonzentration von Benzol im System ist Parameter. Wie aus dieser Abbildung zu entnehmen ist, besteht über einen weiten Temperaturbereich für alle vermessenen Konzentrationen eine lineare Abhängigkeit der beiden Größen $\log(D_s)$ und $1/T$, so daß die Abhängigkeit des Selbstdiffusionskoeffizienten von der reziproken absoluten Temperatur jeweils für jede Konzentration durch eine Aktivierungsenergie darstellbar ist.

Den gleichen Sachverhalt gibt die Abb. 4 für das System PST–Cyclohexan wieder. Auch in diesem System ist für jede Konzentration eine *Arrhenius*-Darstellung möglich.

Werden nun diese Ergebnisse zusammengefaßt und demzufolge die Aktivierungsenergie als Funktion der Lösungsmittelkonzentration für die untersuchten Systeme aufgetragen, so wird der in Abb. 5 wiedergegebene Zusammenhang festgestellt. Aufgrund dieser Ergebnisse wird nahegelegt, daß ein einfacher Sprungprozeß den Diffusionsprozeß der Lösungsmittelmoleküle beherrscht. Die starke überproportionale Zunahme der Aktivierungsenergie für den Diffusionsprozeß kann nach den Vorstellungen über die behinderte Diffusion wie nachfolgend wiedergegeben gedeutet werden.

Ist im System die Konzentration an Kettenmolekülen gering, so wird der Diffusionsprozeß hauptsächlich durch die Wechselwirkung der Lösungsmittelmoleküle untereinander bestimmt. Eine Abnahme des Selbstdiffusionskoeffizienten für die *LM*-Moleküle tritt dennoch auf, da die Lösungsmittelmoleküle im Verlaufe ihrer Diffusionsbewegung immer wieder mit Kettenmolekülen wechselwirken und dabei in ihrer freien statistischen Bewegung behindert werden. Da sich diese Wechselwirkungen aber relativ selten ereignen, kommen sie in der Temperaturabhängigkeit des Selbstdiffusionskoeffizienten nicht deutlich zum Ausdruck. Dementsprechend ist die Aktivierungsenergie in diesem Konzentrationsbereich kaum gegenüber derjenigen für die reinen Lösungsmittel verschieden ($\Delta E = 3{,}0\ \mathrm{kcal \cdot mol^{-1}}$ für Benzol und $\Delta E = 3{,}6\ \mathrm{kcal \cdot mol^{-1}}$ für Cyclohexan).

Mit steigender Konzentration an PST nimmt die Behinderung der Lösungsmittelmoleküle zunächst aufgrund der zunehmenden Anzahl an Makromolekülen zu. Mit weiter zunehmender Konzentration an PST behindern sich aber in zunehmendem Maße die Kettenmoleküle untereinander. Es entstehen im Verhältnis zur Sprungzeit der Lösungsmittelmoleküle zeitlich stabile Knäuel von Kettenmolekülen, in denen sich Hohlräume bilden. In diesen Hohlräumen befinden sich Lösungsmittelmoleküle, die mehr oder weniger stark in ihrer Beweglichkeit behindert werden. Hierdurch wird der Selbstdiffusionskoeffizient vermindert. Mit weiter steigender Konzentration an PST verkleinern sich diese Hohlräume in zunehmendem Maße, die Kettenmoleküle rücken immer näher zusammen, und der Diffusionsprozeß für die Lösungsmittelmoleküle wird weiter erschwert. Der gemessene scheinbare Diffusionskoeffizient des *LM* nimmt ab. Wird die Temperatur erhöht, so hat dies zweierlei zur Folge, einmal nimmt der Selbstdiffusionskoeffizient des *LM* durch den Aktivierungsprozeß zu, und zum anderen werden die Kettenmoleküle beweglicher und hierdurch wiederum wird die Beweglichkeit der *LM*-Moleküle erhöht. Beide Prozesse nebeneinander ergeben eine stärkere Temperaturabhängigkeit des Selbstdiffusionskoeffizienten für das *LM*, als es beim reinen *LM* der Fall ist.

Moore u. *Ferry* (11) haben den Diffusionskoeffizienten von Cetan in Polyisobutylen mit Hilfe der Tracermethode untersucht. Auch hier läßt sich die Temperaturabhängigkeit des Diffusionskoeffizienten durch einen *Arrhenius*ansatz beschreiben. Die entsprechenden Aktivierungsenergien steigen ebenso wie bei den hier besprochenen Systemen zunächst langsam, dann aber stark an.

3.2. *Die Konzentrationsabhängigkeit des SDK*

Aus der Abb. 5 ist eine deutliche Abhängigkeit der scheinbaren Aktivierungsenergie von der Konzentration an Polymeren im System zu entnehmen. Wird diese Abhängigkeit nun näher verfolgt, so findet man im Gegensatz zur Temperaturabhängigkeit des Selbstdiffusionskoeffizienten (Abb. 3 u. 4) keinen linearen Zusammenhang zwischen den Größen $\log(D_s)$ und x_g, dem Gewichtsbruch an PST im System, sondern einen Zusammenhang, wie er in Abb. 6 und 7 für die Systeme PST–Benzol und PST-Cyclohexan wiedergegeben ist. Der Selbstdiffusionskoeffizient nimmt mit sinkender *LM*-Konzentration stark ab.

Eine Analyse dieser Ergebnisse zeigt nun an, daß im Konzentrationsbereich zwischen 0 und 30 Gew.% PST eine einfache logarithmische Abhängigkeit zwischen dem *SDK* und der Konzentration an Polymeren besteht. Mit guter Näherung kann diese Abhängigkeit durch einen Ausdruck der Form

$$D_s = (D_s)_{LM} \exp[-B \cdot x_g] \quad [11]$$

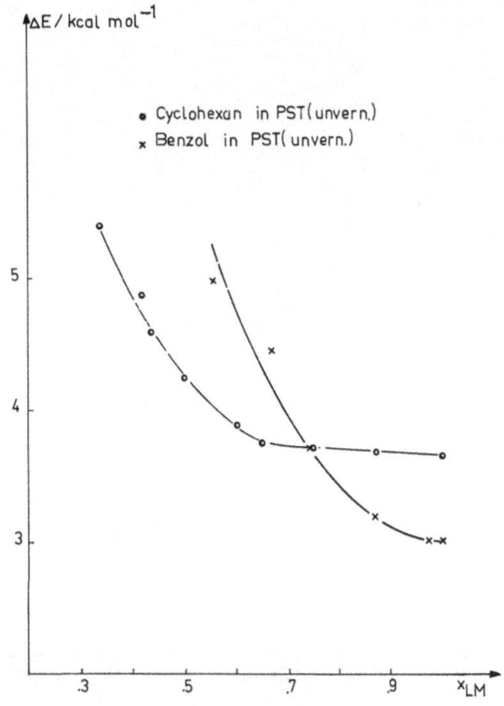

Abb. 5. Aktivierungsenergie ΔE des Diffusionsprozesses in Abhängigkeit vom Grundmolenbruch des Lösungsmittels im System Benzol–PST (+) und im System Cyclohexan–PST (○)

beschrieben werden. Hierin bedeuten $(D_s)_{LM}$ der *SDK* des reinen Lösungsmittels und

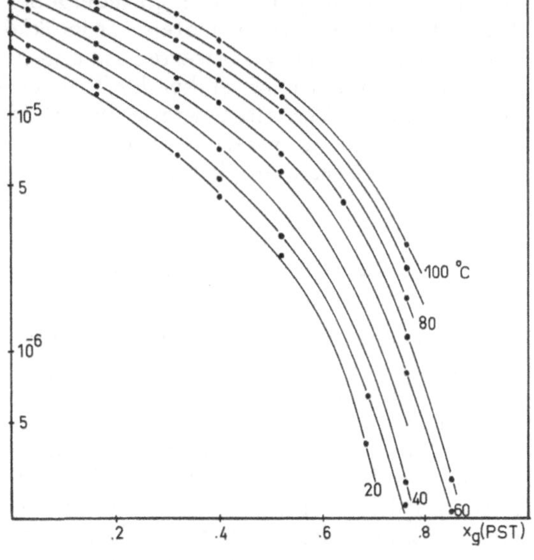

Abb. 6. Selbstdiffusionskoeffizient D_s in Abhängigkeit von dem Gewichtsbruch an PST. Parameter ist die Temperatur

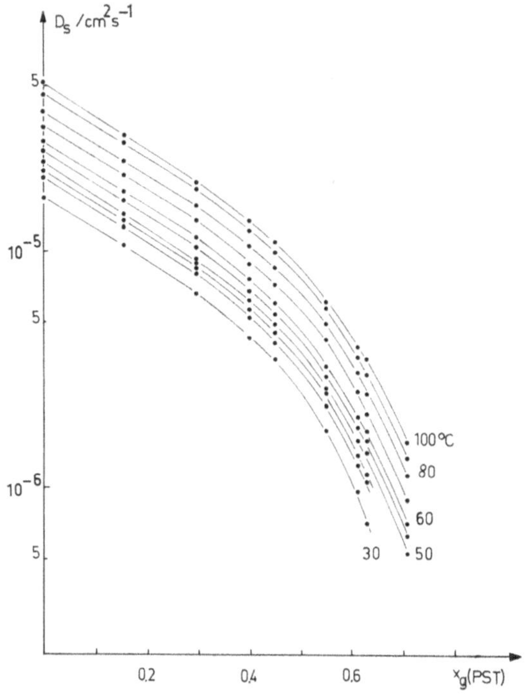

Abb. 7. Selbstdiffusionskoeffizient D_s in Abhängigkeit von dem Gewichtsbruch an PST. Parameter ist die Temperatur

x_g der Gewichtsbruch an PST. B ist eine Konstante, die weder von der Temperatur noch von der Konzentration an PST abhängig sein soll.

Bei einem Lösungsmittelanteil von weniger als 70 Gew.% läßt sich die Konzentrationsabhängigkeit des *SDK* nicht mehr durch die einfache Beziehung der Gl. [11] wiedergeben. Die Selbstdiffusionskoeffizienten werden kleiner als nach Gl. [11] zu erwarten ist und die Abweichung wächst mit sinkender Temperatur. Ähnliches Verhalten wurde bei Diffusionsmessungen an verschiedenen Polymer-Lösungsmittelsystemen bereits beobachtet (2, 12, 13, 14).

3.3. Die Konzentrationsabhängigkeit und das Freie Volumen

Es wurde bereits gezeigt, daß ein Lösungsmittelmolekül um so besser in einer polymeren Umgebung diffundieren kann, je leichter ein Platzwechsel mit den Kettensegmenten des Makromoleküls möglich ist. Ist die Größe des diffundierenden Lösungsmittelmoleküls vergleichbar mit der monomeren Einheit des Makromoleküls, so erfordert der Platzwechsel eines Lösungsmittelmoleküle eine gleichzeitige Bewegung mehrerer Kettensegmente. Eine gleichzeitige Bewegung mehrerer Kettensegmente ist um so leichter möglich, je größer das Freie Volumen im Polymersystem ist.

Fujita (1) beschreibt die Konzentrationsabhängigkeit der Diffusion der *LM* in amorphen Polymeren oberhalb der Glastemperatur mit Hilfe eines Modells, in welchem die Beweglichkeit der Lösungsmittelmoleküle durch das Freie Volumen bestimmt wird.

Ausgangspunkt der Theorie ist die von *Cohen* u. *Turnbull* (15) für reine Flüssigkeiten angegebene Beziehung

$$(p(v) = b/\langle v\rangle) \exp(-bv/\langle v\rangle) \qquad [12a]$$

$p(v)$ gibt die Wahrscheinlichkeit dafür an, in der Flüssigkeit an irgendeiner Stelle ein Freies Volumen zwischen v und $v + dv$ zu finden. b ist ein numerischer Faktor der Größenordnung Eins und $\langle v\rangle$ das mittlere Freie Volumen je Flüssigkeitsmolekül.

Die Gesamtwahrscheinlichkeit $P(v^*)$ dafür, daß in der Flüssigkeit an irgendeiner Stelle ein Freies Volumen größer als v^* zu finden ist, wobei v^* das für einen Platzwechsel mindestens erforderliche Freie Volumen ist, ergibt sich dann zu

$$P(v^*) = \int_{v^*}^{\infty} p(v)dv = \exp(-bv^*/\langle v\rangle). \qquad [12b]$$

Es soll nun im folgenden angenommen werden, daß der gleiche funktionelle Zusammenhang die Selbstdiffusion der Lösungsmittelmoleküle im System Polymer–Lösungsmittel richtig beschreibt. Die in Gl. [12b] auftretenden Größen sind jedoch neu zu interpretieren. Wird hierzu angenommen, daß das mittlere Freie Volumen je Flüssigkeitsmolekül $\langle v\rangle$, durch das mittlere Freie Volumen je Volumeneinheit des Systems Polymer-Lösungsmittel f und die Größe (v^*b) durch eine Größe B, die ein Maß für die Größe eines Loches, bezogen auf die Volumeneinheit des Systems, darstellt, zu ersetzen ist, so folgt analog zur Gl. [12b] für die Gesamtwahrscheinlichkeit $P(B)$, daß ein Loch der Größe B im System Polymer–Lösungsmittel auftritt,

$$P(B) = \exp(-B/f). \qquad [13]$$

Nun sei die Beweglichkeit eines *LM*-Moleküls m_l proportional zur Wahrscheinlichkeit, daß sich in unmittelbarer Umgebung ein Hohlraum der Größe B_l (bezogen auf die Volumeneinheit) befindet, der gerade noch einen Platzwechsel des *LM*-Moleküls erlaubt, so gehorcht dieser Prozeß der Beziehung

$$m_l = A_l \exp(-B_l/f), \qquad [14]$$

die Größen A_l und B_l hängen beide von der Größe und der Gestalt der *LM*-Moleküle ab. *Doolittle* (16) hat gezeigt, daß beide Größen unabhängig von der Temperatur und der Konzentration an Lösungsmittel im System sind.

Unter Berücksichtigung der *Einstein*schen Beziehung $D_l = m_s\, kT$ wird der Ausdruck

$$D_s = k\,T\,A_l \exp(-B_l/f) \qquad [15]$$

erhalten, worin k die *Boltzmann*-Konstante und T die absolute Temperatur bedeuten.

Das gesamte mittlere Freie Volumen des Systems V_f setzt sich aus dem mittleren Freien Volumen des reinen Polymeren $(V_f)_{PM}$ und dem mittleren Freien Volumen $(V_f)_l$, welches durch Zugabe von *LM* zusätzlich entsteht, zusammen:

$$V_f = (V_f)_{PM} + (V_f)_l\,. \qquad [16]$$

Wie *Fujita* u. *Kishimoto* (2, 17) festgestellt haben, ist das zusätzlich entstehende Freie Volumen $(V_f)_l$ dem *LM*-Volumen V_l proportional, so daß gilt:

$$V_f = (V_f)_{PM} + \gamma(T)\,V_l\,, \qquad [17]$$

die Proportionalitätskonstante $\gamma(T)$ hängt nur von der Temperatur ab.

Für das Freie Volumen pro Volumeneinheit des Systems folgt dann:

$$f(x_v, T) = \frac{(V_f)_{PM}}{V_{PM}} + \left[\gamma(T) - \frac{(V_f)_{PM}}{V_{PM}}\right] x_v\,, \qquad [18]$$

V_{PM} ist hierin das Volumen des Polymeren und x_v der Volumenbruch des im System vorhandenen Lösungsmittels. Unter Einführung der Definitionen

$$f(0, T) \equiv \lim_{x_v \to 0} f(x_v, T) = \frac{(V_f)_{PM}}{V_{PM}} \qquad [19]$$

und

$$\beta(T) \equiv \gamma(T) - f(0, T) \qquad [20]$$

läßt sich die Beziehung Gl. [18] in folgender Weise umschreiben

$$f(x_v, T) = f(0, T) + \beta(T)\,x_v\,. \qquad [21]$$

Wird dieser Ausdruck in die Gl. [15] eingesetzt, so erhält man die zur Auswertung der Meßergebnisse benutzte Beziehung

$$\frac{1}{\log(D_s/D_0)} = \frac{f(0, T)}{B_l} + \frac{[f(0, T)]^2}{B_l \cdot \beta(T)} \cdot \frac{1}{x_v}. \qquad [22]$$

Hierin bedeutet D_0 *dxr* Selbstdiffusionskoeffizient des *LM* im Polymeren bei verschwindender Konzentration an *LM*:

$$D_0 = \lim_{x_v \to 0} D_s. \qquad [23]$$

Nach dieser Darstellung ergibt eine Auftragung von $1/\log(D_s/D_0)$ gegen $1/x_v$ eine Gerade. Der Achsenabschnitt a bzw. die Steigung m dieser Geraden sind dann durch

$$a = \frac{f(0, T)}{B_l} \qquad [24\text{a}]$$

und

$$m = \frac{[f(0, T)]^2}{B_l \cdot \beta(T)} \qquad [24\text{b}]$$

gegeben. Unter der Voraussetzung, daß B_l aus anderen Messungen bekannt ist, lassen sich die Größen $f(0, T)$, $\beta(T)$ und auch $\gamma(T)$ ermitteln.

Nun ist aber die Bestimmung der Größen B_l und D_0, die beide zur Berechnung des Freien Volumens im Polystyrol aus den vorliegenden Messungen bekannt sein müssen, nicht ohne Annahmen möglich. *Doolittle* (16) hat durch Viskositätsmessungen gezeigt, daß ein der Größe B_l äquivalenter Parameter B_p der von ihm benutzten Viskositätsgleichung

$$\eta(x_v, T) = A'_p \exp[-B_p/f(x_v, T)] \qquad [25]$$

bei Lösungsmitteln mit einem Molekulargewicht zwischen 70 und 240 in der Größenordnung von Eins liegt. Weiterhin hängt nach den Untersuchungen von *Williams*, *Landel* u. *Ferry* (18) B_p weder von der Temperatur noch von der Konzentration des Lösungsmittels oder von der Art des Polymeren ab. Da bisher Messungen des Selbstdiffusionskoeffizienten und der Viskosität in ihrer Temperaturabhängigkeit für dasselbe Polymersystem nicht bekannt geworden sind, wurde in Analogie zu den Untersuchungen von *Doolittle* (16) $B_l = 1$ vorerst angenommen.

Da in dieser Arbeit nur Polymer-Lösungsmittelsysteme bis herab zu 29 Gew.% an *LM* untersucht wurden und zudem keine exakten Grenzgesetze für den Verlauf des *SDK* bei verschwindender *LM*-Konzentration bekannt sind, wurde vorausgesetzt, daß die Gl. [22] das Verhalten der *LM*-Moleküle im gesamten Konzentrationsbereich richtig wiedergibt. Unter dieser Voraussetzung wurde die Größe D_0 durch Iteration so bestimmt, daß eine Auftragung von $1/\log(D_s/D_0)$ als Funktion von $1/x_v$ im gesamten Konzentrationsbereich einen linearen Zusammenhang ergibt.

Diese Ergebnisse sind in der Abb. 8 und der Abb. 9 einmal für das System Benzol–PST und zum anderen für das System Cyclohexan–PST wiedergegeben. In diesen Abbildungen ist die Temperatur Parameter. Man erkennt deutlich, daß der Verlauf von

$1/\log(D_s/D_0)$ als Funktion von $1/x_v$ für den Bereich um 50 °C eine Besonderheit aufweist. Dieser Sachverhalt wird noch deutlicher in

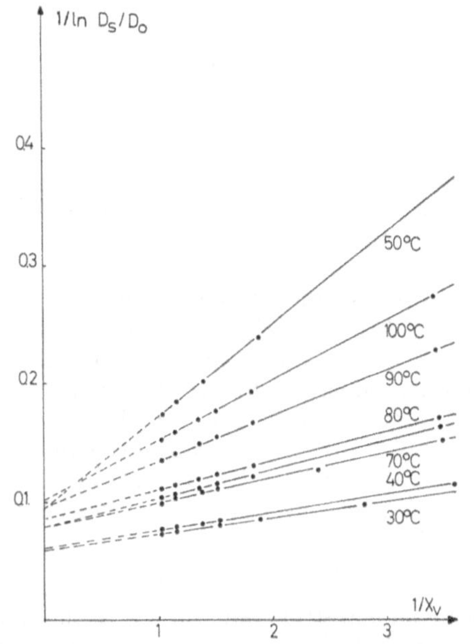

Abb. 8. Abhängigkeit der Größe $1/\log(D_S D_0)$ vom reziproken Volumenbruch $1/x_v$ beim System Benzol–PST. Parameter ist die Temperatur. D_0 ist der Grenzwert für den Selbstdiffusionskoeffizienten bei verschwindender Lösungsmittelkonzentration und wurde iterativ so bestimmt, daß Gl. [22] erfüllt wird

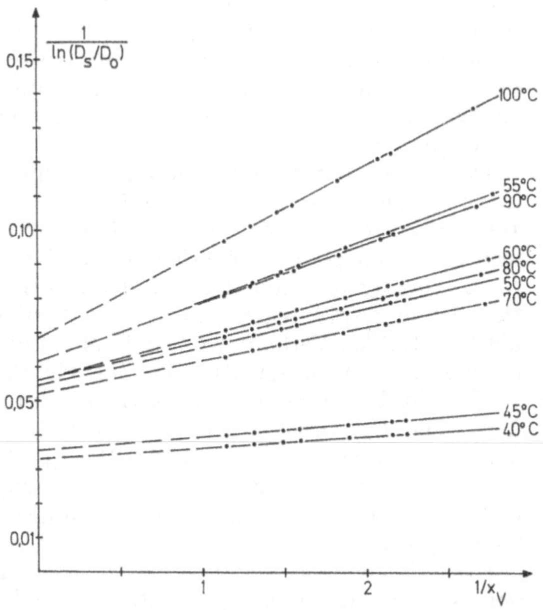

Abb. 9. Abhängigkeit der Größe $1/\log(D_S/D_0)$ in Abhängigkeit vom reziproken Volumenbruch $1/x_v$ beim System Cyclohexan–PST. Weitere Erklärungen siehe Abb. 8

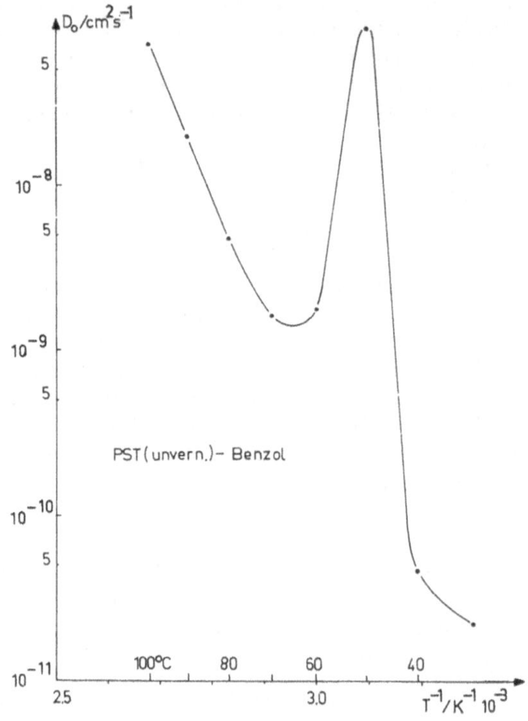

Abb. 10. Der Selbstdiffusionskoeffizient D_0 in Abhängigkeit von der reziproken Temperatur im System Benzol–PST

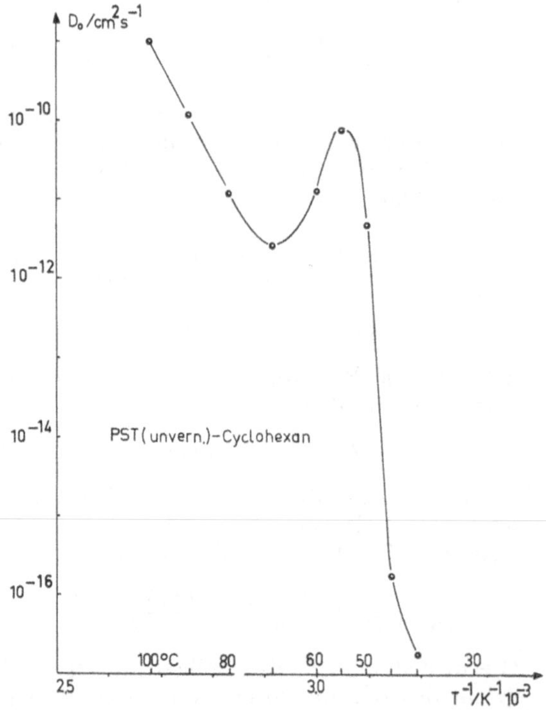

Abb. 11. Selbstdiffusionskoeffizient D_0 in Abhängigkeit von der reziproken Temperatur im System Cyclohexan–PST

den Abb. 10 und 11. Dort ist der Grenzwert D_0 des Selbstdiffusionskoeffizienten D_s sowohl für das System Benzol–PST (Abb. 10) als auch für das System Cyclohexan–PST (Abb. 11) jeweils als Funktion der reziproken absoluten Temperatur aufgetragen.

Die nach dem geschilderten Verfahren aufgrund der Gl. [22] und Gl. [24] bestimmten Freien Volumina des reinen PST $f(0, T)$ sind in der Abb. 12 in Abhängigkeit von der Temperatur dargestellt.

Nach der Theorie ist nun das Freie Volumen $f(0, T)$ charakteristisch für ein Polymer. Es ist aber unabhängig vom Molekulargewicht des betreffenden Polymeren, sofern

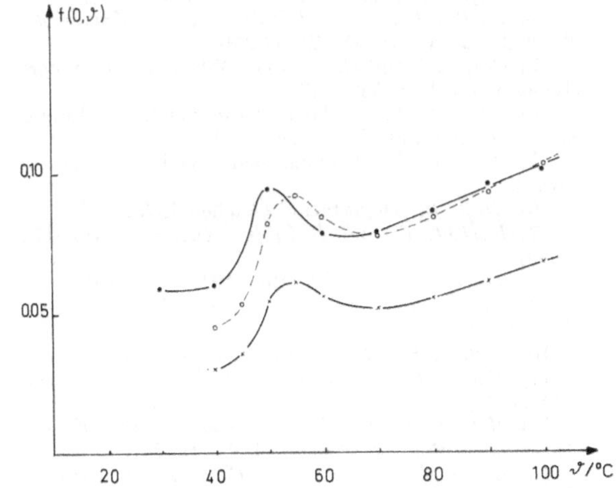

Abb. 12. Freies Volumen in Abhängigkeit von der Temperatur im System Benzol–PST (●) und im System Cyclohexan–PST (○). Die gestrichelte Kurve gibt das Freie Volumen im System Cyclohexan–PST unter Berücksichtigung der Volumenkorrektur für Cyclohexan in bezug auf Benzol wieder

der Polymerisationsgrad groß genug ist, so daß Einflüsse der Kettenenden vernachlässigt werden können. Messungen an PST mit unterschiedlichem Molekulargewicht haben diese Voraussetzung bestätigt (16).

Ebenso sollte das Freie Volumen $f(0, T)$ nicht vom Lösungsmittel abhängen. Unsere Messungen zeigen jedoch deutlich einen Lösungsmitteleffekt (s. Abb. 12). Oberhalb 70 °C unterscheiden sich die Freien Volumina, bestimmt aus den Messungen an Benzol-PST und Cyclohexan-PST, um einen Faktor 1,48 bis 1,51.

Es liegt nun nahe, diesen Unterschied auf das *Van-der-Waals*-Volumen der Lösungsmittelmoleküle zurückzuführen. Eine Berechnung ergibt für das Verhältnis der *Van-der-Waals*-Volumina von Cyclohexan und Benzol den Wert 1,51. Multipliziert man die aus den Messungen am System Cyclohexan–PST bestimmten Freien Volumina $f(0, T)$ mit diesem Faktor, so erhält man die in der Abb. 12 gestrichelt eingezeichnete Kurve. Trotz der hier benutzten Näherung unterscheiden sich die Freien Volumina oberhalb 70 °C um nicht mehr als 4%.

3.4. *Abschätzung der Größe B_l*

Die starke Konzentrations- und Temperaturabhängigkeit der Viskosität eines Polymer–Lösungsmittel-Systems wird vorwiegend durch die Beweglichkeit der Kettensegmente des Makromoleküls in der Lösung verursacht. *Fujita* u. *Kishimoto* (17) haben, ausgehend von dieser Voraussetzung, eine Beziehung für die Viskosität aufgestellt. Für den Grenzfall $x_v = 0$ erhalten sie die Beziehung:

$$\ln \frac{\eta(0, T)}{\eta(0, T_s)} = B_p \left[\frac{1}{f(0, T)} - \frac{1}{f(0, T_s)} \right]. \qquad [26]$$

Hierin ist T_s eine für jedes Polymersystem charakteristische Temperatur, die etwa 50 °C oberhalb der Glastemperatur T_g liegt. $f(0, T)$ hat die bereits bekannte Bedeutung.

Wird nun vorausgesetzt, daß $f(0, T)$ linear mit der Temperatur ansteigt, d. h. daß die Beziehung

$$f(0, T) = f(0, T_s) + \alpha_f (T - T_s) \qquad [27]$$

gültig ist, so erhält man aus der Gl. [26] die Beziehung

$$\ln \frac{\eta(0, T)}{\eta(0, T_s)} = - \frac{[B_p/f(0, T_s)]\,(T - T_s)}{f(0, T_s)/\alpha_f + (T - T_s)}. \qquad [28]$$

Diese Gleichung hat die gleiche Form wie die von *Williams*, *Landel* u. *Ferry* (18) aufgestellte Beziehung

$$\ln \frac{\eta(0, T)}{\eta(0, T_s)} = - \frac{20{,}40(T - T_s)}{101{,}6 + (T - T_s)}. \qquad [29]$$

Durch einen Koeffizientenvergleich werden aus den Gl. [28] und [29] erhalten:

$$f(0, T_s) = B_p \cdot 4{,}9 \cdot 10^{-2} \qquad [30a]$$

und

$$\alpha_f = B_p \cdot 4{,}82 \cdot 10^{-4}. \qquad [30b]$$

Wie bereits dargelegt, zeigen die aus den Selbstdiffusionsmessungen ermittelten Werte für das Freie Volumen $f(0, T)$ oberhalb 70 °C einen linearen Verlauf in ihrer Temperaturabhängigkeit. Aus den Steigungen können unter der Annahme $B_p = 1$ die entsprechenden Werte für die Größe B_l bestimmt werden. Man erhält für das System PST–Cyclohexan den Wert $B_l = 0{,}82$ und für das System PST–Benzol den Wert $B_l = 0{,}57$. Der minimale für einen Platzwechsel erforderliche

Raum ist demnach beim System PST–Cyclohexan um einen Faktor 1,44 größer als beim System PST–Benzol. Dieser aus dem Verhältnis der Steigungen ermittelte Wert stimmt recht gut mit dem aus dem Verhältnis der *Van der-Waals*schen Volumina errechneten Wert überein.

3.5. *Zur Phenylgruppenbeweglichkeit im PST*

Das Freie Volumen, das bis herab zu 70 °C linear mit sinkender Temperatur abnimmt, steigt bei weiterer Temperaturerniedrigung wieder an und zeigt im System PST–Benzol bei 55 °C und im System PST–Cyclohexan bei 50 °C ein ausgeprägtes Maximum. Unterhalb 40 °C fällt das Freie Volumen $f(0, T)$ wieder proportional zur Temperatur. Die relative Abnahme des Freien Volumens ist hier jedoch kleiner als im oberen linearen Bereich (Abb. 12).

Der iterativ ermittelte Selbstdiffusionskoeffizient D_0 des Lösungsmittels bei verschwindender Lösungsmittelkonzentration steigt unabhängig vom Lösungsmittel im Temperaturbereich um 55 °C um annähernd 2 Größenordnungen an (Abb. 10 u. 11).

Aufgrund der Temperaturabhängigkeit von D_0 und von $f(0, T)$ liegt es nahe, auf eine Zunahme der innermolekularen Beweglichkeit im PST zu schließen, die zu einer Änderung des Freien Volumens in diesem Temperaturbereich führt. Unter Bezug auf frühere Untersuchungen kann in diesem Temperaturbereich auf eine Umlagerung der Phenylkerne beim PST geschlossen werden (21, 22). Eine solche Umlagerung wurde aus dynamisch-mechanischen Untersuchungen (23–29) gefolgert und konnte auch aus Volumenmessungen entnommen werden (19, 20).

Der *Max-Buchner*-Forschungsstiftung, Frankfurt/Main, und der Deutschen Forschungsgemeinschaft, Bad Godesberg, danken wir für die großzügige Gewährung von Personal- und Sachmitteln.

Zusammenfassung

Über einen weiten Temperatur- und Konzentrationsbereich wurde der Selbstdiffusionskoeffizient für Benzol und Cyclohexan im PST untersucht. Die Messungen wurden mit Hilfe der Spin-Echo-Methode durchgeführt, wobei das Verfahren der zeitabhängigen und alternierenden Feldgradienten angewendet wurde.

Die aus den genannten Untersuchungen erhaltenen Daten wurden nach der Theorie des Freien Volumens ausgewertet. Das minimale Freie Volumen, das für einen Platzwechselprozeß notwendig ist, wurde aus den Meßergebnissen ermittelt. Das in der Temperaturabhängigkeit des Freien Volumens bei etwa 50 °C beobachtete ausgeprägte Maximum konnte auf die Umlagerung von Phenylkernen im PST zurückgeführt werden.

Summary

The self-diffusion coefficient of Benzene and Cyclohexane in Polystyrene (PST) was investigated over a wide temperature and concentration range. The measurements were carried out by the spin-echo-method applying the technique of time dependant and alternating field gradients.

The data provided by the mentioned investigations were calculated according to the theory of free volume. The minimum free volume, which is needed for a site changing process, was determined on the basis of these experimental results. The significant maximum of the temperature dependence of the free volume, observed at 50 °C, revealed to be due to displacements of Phenyl-groups in PST.

Literatur

1) *Fujita, H.*, Adv. Polymer Sci. **3**, 1 (1961).
2) *Fujita, H., A. Kishimoto*, and *K. Matsumoto*, Trans. Faraday Soc. **56**, 424 (1960).
3) *Crank, J.* and *G. S. Park*, Diffusion in Polymers (London and New York 1968).
4) *Egelstaff, P. A.*, An Introduction to the Liquid State (London and New York 1967).
5) *Kramer, R.*, Diplomarbeit (Aachen 1971) (in Vorb.).
6) *Groß, B.*, Dissertation (Aachen 1970).
7) *Kosfeld, R.* und *B. Groß*, Meßtechnik **7/8**, 171 (1969).
8) *Torrey, H. C.*, Phys. Rev. **104**, 563 (1956).
9) *Stejskal, E. O.* and *I. E. Tanner*, J. Chem. Phys. **42**, 288 (1965).
10) *Goffloo, K.*, Diplomarbeit (Aachen 1971).
11) *Moore, R. S.* and *J. D. Ferry*, J. Phys. Chem. **66**, 2699 (1962).
12) *McCall, D. C., D. C. Douglass*, and *E. W. Anderson*, J. Polymer Sci. **A1**, 1709 (1963).
13) *Hayes, M. J.* and *G. S. Park*, Trans. Faraday Soc. **51**, 1134 (1955).
14) *Kishimoto, A.*, J. Polymer Sci. **2**, 1421 (1964).
15) *Cohen M. H.* and *D. Turnbull*, J. Chem. Phys. **31**, 1164 (1959).
16) *Doolittle, A. K.*, J. Appl. Phys. **23**, 236 (1952).
17) *Fujita, H.* and *A. Kishimoto*, J. Chem. Phys. **34**, 393 (1961).
18) *Williams, M. L., R. F. Landel*, and *J. D. Ferry*, J. Amer. Chem. Soc. **77**, 3701 (1955).
19) *Goldbach, G.*, Dissertation (Aachen 1966).
20) *Rehage, G.*, Ber. Bunsenges. Phys. Chem. **74**, 796 (1970).
21) *Kosfeld, R.*, Kolloid-Z. **172**, 182 (1960).
22) *Kosfeld, R.* und *E. Jenckel*, Kolloid-Z. **165**, 136 (1959).
23) *Illers, K. H.* und *E. Jenckel*, Kolloid-Z. **165**, 73 (1959).
24) *Illers, K. H.* und *E. Jenckel*, Forschungsberichte d. Landes Nordrhein-Westfalen Nr. **753** (1959).
25) *Illers, K. H.* und *H. Breuer*, Kolloid-Z. **176**, 110 (1961).
26) *Illers, K. H.*, Dissertation (Aachen 1958).
27) *Adam, A.*, Diplomarbeit (Aachen 1958).
28) *Hemmer, E. A.*, Diplomarbeit (Aachen 1954).
29) *Schmieder, K. H.* und *K. Wolf*, Kolloid-Z. **134**, 157 (1953).

Anschrift der Verfasser:
Prof. Dr. *Robert Kosfeld* und *Karl Goffloo*
Abteilung für Physikalische Chemie der Kunststoffe
im Institut für Physikalische Chemie der RWTH Aachen
51 Aachen, Templergraben 59

Aus dem Physikalischen Institut der Universität Stuttgart

Kernmagnetische Relaxationsspektroskopie an Polyäthylenglykolen*)

Von G. Preißing und F. Noack

Mit 2 Abbildungen

Herrn Prof. Dr. H. O. Kneser zum 70. Geburtstag gewidmet

(Eingegangen am 21. Mai 1971)

1. Problemstellung

Obwohl sich die kernmagnetische Relaxationsspektroskopie (1), also die Untersuchung der Larmorfrequenz- bzw. Zeemanfeldabhängigkeit (Dispersion) der Kernspinrelaxationszeiten T_1 und T_2, in den letzten Jahren zunehmend auch zum Studium molekularer Polymereigenschaften durchsetzte (2–5), wurde sie bislang wegen experimenteller Schwierigkeiten nur in relativ engen Frequenzintervallen angewandt. Zwar gelang durch Einsatz der sog. „rotating frame" oder „$T_{1\varrho}$"-Technik im bis dahin unzugänglichen Tieffeldbereich ein entscheidender Fortschritt (6, 7), doch befriedigt diese Entwicklung in zweierlei Hinsicht nur bedingt: Einerseits gewährleistet das neue Verfahren keine lückenlose Erweiterung der konventionellen Zeemanfeldspektroskopie, zum andern ist die theoretische Behandlung, besonders im wichtigen Gebiet des $T_{1\varrho}$-Minimums in Funktion der Temperatur, noch recht unvollkommen.

Diesen Mängeln versuchen wir seit einiger Zeit durch Vervollkommnung der Relaxationsspektroskopie im Laborsystem auszuweichen (8). Mit Hilfe einer nach dem Gegenfeldprinzip arbeitenden Zweifeldermethode konnte kürzlich unser frequenzvariables Impulsspektrometer für schnelle Relaxationsexperimente (T_1, $T_2 \geqslant 5 \cdot 10^{-3}$ s) bis herab ins Erdfeld ausgebaut und dadurch für die Protonenspinresonanz auf den Bereich 3 kHz bis 120 MHz erweitert werden. Die genannten Zeitgrenzen bedeuten allerdings eine Beschränkung auf im wesentlichen Flüssigkeiten. Da molekulare Umlagerungen und Diffusionsprozesse jeweils dann zu einer Dispersion der Spinrelaxation führen (1), wenn die maßgeblichen Sprungzeiten τ in der Größenordnung der Larmorperiode $1/\nu = 2\pi/\omega$ oder darüber liegen, erschließt der verfügbare Frequenzbereich von nahezu 5 Dekaden die Analyse molekularer Bewegungen, wie man sie im flüssigen Zustand von Makromolekülen erwartet.

Über erste Meßergebnisse an Polymerschmelzen und -lösungen soll hier kurz berichtet werden. Als Startpunkt unserer Untersuchungen wählten wir Polyäthylenglykole $HOH_2C-(H_2C-O-CH_2)_n-CH_2OH$, deren mechanisches, dielektrisches und magnetisches Relaxationsverhalten in der Literatur (9–14) schon oft diskutiert wurde, weil ihnen als Modellsubstanz für Biopolymere eine besondere Bedeutung beigemessen wird.

2. Meßergebnisse

In Abb. 1 sind die in Polyäthylenglykol 30000 und in dem zugehörigen Monomer beobachteten Frequenzabhängigkeiten der longitudinalen Protonenspinrelaxationszeit T_1 gegenübergestellt, und zwar bei jeweils zwei Temperaturen oberhalb des Schmelzpunktes. Das auffallendste an diesem Diagramm ist der drastische Wechsel des Dispersionsverhaltens: Äthylenglykol (links) zeigt die typische $T_1(\omega)$-Abhängigkeit eines einzelnen Bewegungsprozesses, wie er in zahlreichen niedermolekularen, viskosen Flüssigkeiten beobachtet (15–17) und besonders ausführlich am Beispiel Glycerin (17) mittels des sogenannten Translationsmodells diskutiert wurde. Bei Polyäthylenglykol 30000 (rechts) überrascht ein für eine Flüssigkeit unerwartet ausgedehnter, wenig differenzierter $T_1(\omega)$-Anstieg, der schon bei den niedrigsten zugänglichen Larmorfrequenzen besteht und sich anhand der Tangente in zwei

*) Vorgetragen auf der Arbeitssitzung des Fachausschusses Physik der Hochpolymeren in der Frühjahrstagung Berlin 1971 vom 9. bis 13. März des Regionalverbandes Physikalische Gesellschaft zu Berlin.

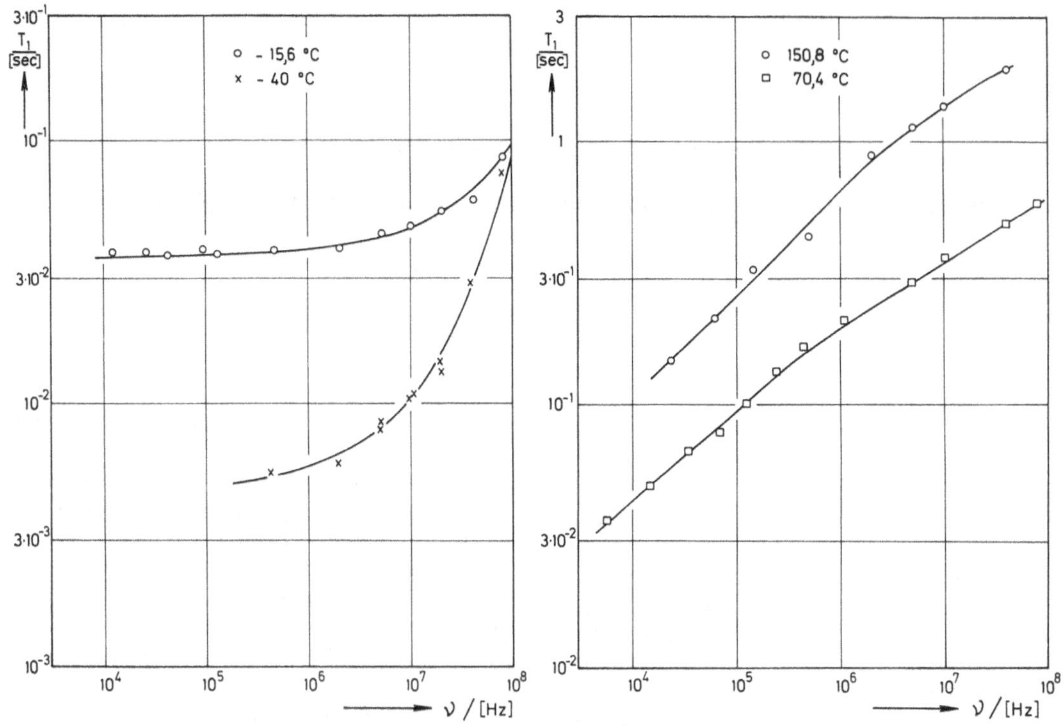

Abb. 1. Abhängigkeit der longitudinalen Protonenrelaxationszeit T_1 von der Larmorfrequenz ν in Äthylenglykol (links) und Polyäthylenglykol 30000 (rechts) bei verschiedenen Temperaturen. Hersteller des Polymers: Hoechst

Bereiche zerlegen läßt. Ein derartiges Verhalten scheint, wie Vergleichsmessungen an Polyisobutylen 200000 ergaben, charakteristisch für die magnetische Relaxation amorpher bzw. im Schmelzzustand befindlicher Polymere zu sein („Polymereffekt").

Bedauerlicherweise zeigt der Dispersionsverlauf in der Polymerschmelze nicht wie im zugehörigen Monomer den Einsatz zum Tieffeldplateau, einen entscheidenden Informationsträger der Relaxationsspektroskopie, da das übliche Vorgehen, dieses Bewegungscharakteristikum durch Temperaturvariation in den zugänglichen Frequenzbereich zu verschieben, ersichtlich nicht zum Ziel führt. Als Alternative bot sich der Übergang von der Schmelze zur Lösung in einem protonenfreien Lösungsmittel wie D_2O an, wodurch sich (Abb. 2) bei tieferen Temperaturen der erwünschte Effekt erreichen läßt; zugleich tritt jedoch im Tieffeldbereich mit steigender Temperatur eine zusätzliche Stufe im $T_1(\omega)$-Verlauf auf, was bisher in keinem anderen Relaxationsdiagramm (18, 19) beobachtet wurde.

3. Diskussion

Um die theoretische Beschreibung der Protonenspinrelaxation in Lösungen von Polyäthylenglykolen haben sich vor allem *Liu* u. *Ullman* (13, 14, 20) bemüht, die für die longitudinale Relaxationsrate durch rotatorische Kettensegmentumlagerungen die Beziehung

$$\frac{1}{T_1} = K_1 + K_2\left[\frac{\tau}{1+\omega^2\tau^2} + \frac{4\,\tau}{1+4\,\omega^2\tau^2}\right] \qquad [1]$$

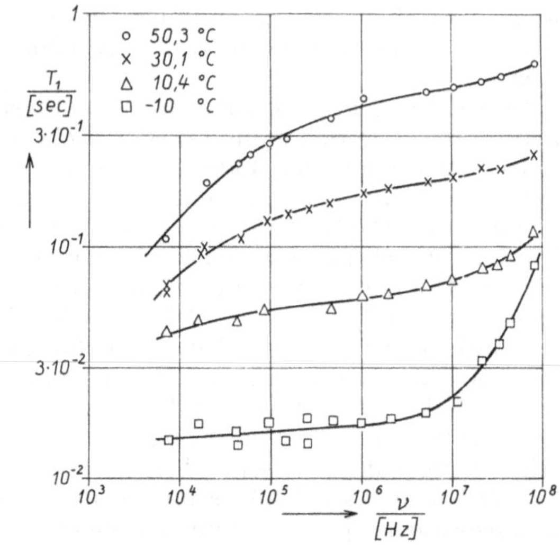

Abb. 2. Abhängigkeit der longitudinalen Protonenrelaxationszeit T_1 von der Larmorfrequenz ν in wäßriger (D_2O)-Lösung von Polyäthylenglykol 30000 bei verschiedenen Temperaturen. Konzentration 50 Gew.%

angeben; dabei bedeuten die Größen K_i, $i = 1$ bzw. 2, substanzabhängige Strukturparameter, $\omega = 2\pi\nu$ die Protonenlarmor(kreis)-frequenz und τ die mittlere Sprungzeit der Spins. Diese Theorie versagt bei der Deutung von Abb. 2 weitgehend, und zwar nicht nur hinsichtlich der Form der Dispersionsstufen, da der experimentell gefundene $T_1(\omega)$-Anstieg in beiden Fällen flacher als nach Gl. [1] erwartet verläuft, sondern auch bezüglich ihrer Zahl. Zu überprüfen bleibt allerdings, ob für weniger konzentrierte Lösungen, bei denen die von *Liu* gemachten theoretischen Näherungen eher zutreffen sollten, der experimentelle Nachweis der Kernsignale jedoch zunehmend schwieriger wird, eine bessere Übereinstimmung mit den Meßergebnissen auftritt.

Obwohl somit derzeit eine quantitative Analyse des Relaxationsdiagramms und damit verbunden die genaue Angabe der Protonensprungzeiten ebensowenig wie in der Schmelze gelingt, kann doch folgendes ausgesagt werden: Die gelösten Polyglykolketten führen zweierlei relaxationswirksame Bewegungen aus, nämlich eine langsame (bei 10 °C: $\tau > 10^{-4}$ s), die den T_1-Anstieg bei kleinen Larmorfrequenzen bewirkt, und eine schnellere (bei 10 °C: $\tau < 10^{-8}$ s), die für die Hochfelddispersion verantwortlich ist. Die von den Endgruppen ins freie Wasser überwechselnden Protonen dürften wegen ihrer geringen Anzahl für das Verhalten der Gesamtmagnetisierung ohne Belang sein. Da trotz verschiedener Diffusionsmechanismen nur ein einfach exponentieller Relaxationsabfall beobachtet wird, ist im Rahmen der Meßgenauigkeit gewährleistet, daß sämtliche Spins während eines Relaxationszyklus nacheinander beide Fluktuationen ausführen oder evtl. durch materiellen bzw. Spinaustausch magnetisch nicht unterscheidbar sind. Ganz ähnliche Eigenschaften wurden vor kurzem in wäßrigen Lösungen von Biopolymeren nachgewiesen (18, 19) und z. T. auf die unterschiedliche Protonenbeweglichkeit in den Helix- und Knäulbereichen der untersuchten Proteine zurückgeführt, was insofern bemerkenswert ist, als aufgrund von Ultraschall-Absorptionsexperimenten (10, 11) kooperative Phänomene in Polyäthylenglykollösungen umstritten sind.

Eine quantitative Deutung des „Polymereffekts" erhoffen wir uns im Rahmen der *Pechhold-Blasenbrey*schen Schmelztheorie (21).

Wir danken der Deutschen Forschungsgemeinschaft für die zur Verfügung gestellten Sach- und Personalmittel sowie unseren Kollegen für hilfreiche Diskussionen.

Zusammenfassung

Die Larmorfrequenzabhängigkeit der Protonenspinrelaxationszeit T_1 in wäßrigen (D_2O) Lösungen von Polyäthylenglykol 30000 zeigt im Bereich zwischen 3 kHz und 120 MHz, im Gegensatz zum zugehörigen Monomer, zwei getrennte Dispersionsstufen. Diese Beobachtung deutet, ähnlich wie es vor kurzem in Biopolymeren nachgewiesen wurde, auf zweierlei Bewegungsmechanismen hin.

Summary

The Larmor frequency dependence of the proton spin relaxation time in aqueous (D_2O) solutions of polyethylene glycol 30000 shows in the range between 3 kHz and 120 MHz, in contrast with the related monomer, two well-resolved dispersion steps. This observation indicates two motional mechanisms similarly as recently demonstrated in biopolymer solutions.

Literatur

1) *Noack, F.*, NMR – Basic Principles and Progress, Vol. 3, 83 (1971).
2) *Haeberlen, U.*, Kolloid-Z. u. Z. Polymere **225**, 15 (1965).
3) *Kienzle, U., F. Noack* und *J. von Schütz*, Kolloid-Z. u. Z. Polymere **236**, 129 (1970).
4) *Stohrer, M., F. Noack* und *J. von Schütz*, Kolloid-Z. u. Z. Polymere **241**, 937 (1970).
5) *Slonim, I* and *A. Lyubimov*, The NMR of Polymers (New York 1970).
6) *Douglass, D.* and *G. Jones*, J. Chem. Phys. **45**, 956 (1966).
7) *Connor, T.*, NMR – Basic Principles and Progress, Vol. 4, 247 (1971).
8) *Kimmich, R.* und *F. Noack*, Z. angew. Phys. **29**, 248 (1970).
9) *Liska, E.*, Dissertation Universität Stuttgart (1968).
10) *Hammes, G.* and *P. Roberts*, J. Chem. Phys. **52**, 5496 (1970).
11) *Hawley, S.* and *F. Dunn*, J. Chem. Phys. **52**, 5497 (1970).
12) *Davies, M., G. Williams* und *G. Loveluck*, Z. Elektrochemie **64**, 575 (1960).
13) *Liu, K.* and *R. Ullman*, J. Chem. Phys. **48**, 1158 (1968).
14) *Liu, K.* and *J. Anderson*, Macromolecules **3**, 163 (1970).
15) *Harmon, J.* and *B. Muller*, Phys. Rev. **182**, 400 (1969).
16) *Lenk, R.*, J. Phys. C Solid State Phys. **4**, 21 (1971).
17) *Preißing, G., F. Noack, R. Kosfeld* und *B. Groß*, Z. Phys. (im Druck).
18) *Kimmich, R.* und *F. Noack*, Z. Naturforschg. **25**a, 299 (1970).
19) *Kimmich, R.* und *F. Noack*, Ber. Bunsenges. phys. Chem. **75**, 269 (1971).
20) *Ullman, R.*, J. Chem. Phys. **43**, 3161 (1965).
21) *Blasenbrey, S.* und *W. Pechhold*, Ber. Bunsenges. phys. Chem. **74**, 784 (1970).

Anschrift der Verfasser:

Dr. *F. Noack* und Dipl.-Phys. *G. Preißing*
Physikalisches Institut der Universität Stuttgart
7000 Stuttgart-N, Wiederholdstraße 13

Aus dem Deutschen Kunststoff-Institut, Darmstadt und
aus dem Institut für physikalische Chemie der Universität Mainz, II. Ordinariat

Untersuchungen von teilkristallinem Polyäthylen mit Hilfe der hochauflösenden Kernresonanz*)

Von W. L. F. Gölz und H. G. Zachmann

Mit 9 Abbildungen

(Eingegangen am 8. April 1917)

A. Einleitung

Bei der Untersuchung der Breitlinien-Kernresonaz an teilkristallinem Polyäthylen moduliert man gewöhnlich das Magnetfeld mit einer Amplitude von etwa 1 Gauß. Dabei kann man die breite Komponente der Kernresonanzlinie mit ausreichender Genauigkeit registrieren (1–5). Es konnte ferner gezeigt werden, daß auch eine Komponente mittlerer Breite auftritt, die von behindert rotierenden CH_2-Gruppen herrührt (6).

Die schmale Komponente ist bei den üblichen Modulationsamplituden übermoduliert und daher verzerrt. Über ihre Form und Breite liegen daher nur sehr ungenaue Angaben vor. Wir haben uns aus diesem Grunde die Aufgabe gestellt, die Form der schmalen Komponente zu bestimmen.

Hierzu führten wir als erstes Messungen mit einer Breitlinien-Kernresonanzapparatur durch, wobei wir eine bedeutend geringere Modulationsamplitude als bisher üblich verwendeten, nämlich 5 mG. Abb. 1 zeigt die so gewonnene Kernresonanzlinie einer Hostalen-Probe bei 100 °C. Man sieht, daß lediglich eine schmale Linie auftritt mit einer Breite von etwa 40 mG. Das ist ein bedeutend geringerer Wert als üblicherweise angegeben. Die breite Komponente verschwindet bei dieser geringen Modulationsamplitude im Untergrund. Da sich so schmale Linien wegen der mangelhaften Magnetfeld-Stabilität mit der Breitlinientechnik nicht mit ausreichender Genauigkeit untersuchen lassen, sind wir dazu übergegangen, das Kernresonanzsignal des teilkristallinen Polyäthylens mit Hilfe eines hochauflösenden Spektrometers zu bestimmen. Dabei haben wir eine Anzahl neuartiger Ergebnisse erhalten, über die im folgenden berichtet werden soll.

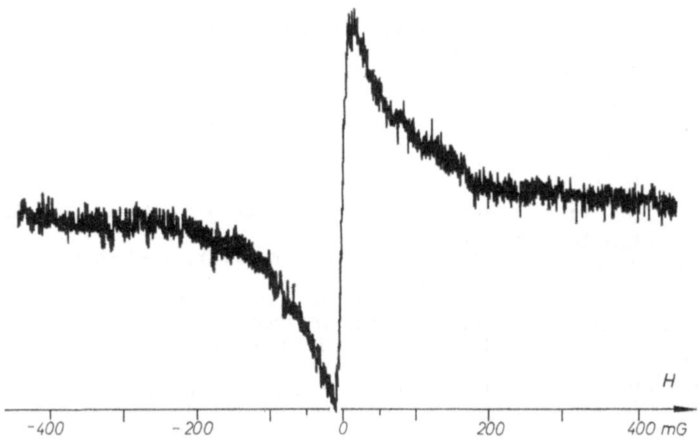

Abb. 1. Breitlinien-Kernresonanzspektrum bei 100 °C, aufgenommen mit einer Modulationsamplitude von 5 mG

B. Experimentelle Methode

Die Messungen wurden mit einem Spektrometer vom Typ Varian HA 100 durchgeführt. Als Untersuchungssubstanz wurde Hostalen GD 6250 der Farbwerke Hoechst AG verwendet. Die Proben wurden bei 150 °C etwa 15 min lang geschmolzen und anschließend blasenfrei in den inneren Zylinder eines koaxialen Röhrchens eingeführt. Danach wurden sie zwei Tage lang bei 115 °C getempert.

---

*) Vorgetragen auf der Arbeitssitzung des Fachausschusses Physik der Hochpolymeren in der Frühjahrstagung Berlin 1971 vom 9. bis 13. März des Regionalverbandes Physikalische Gesellschaft zu Berlin.

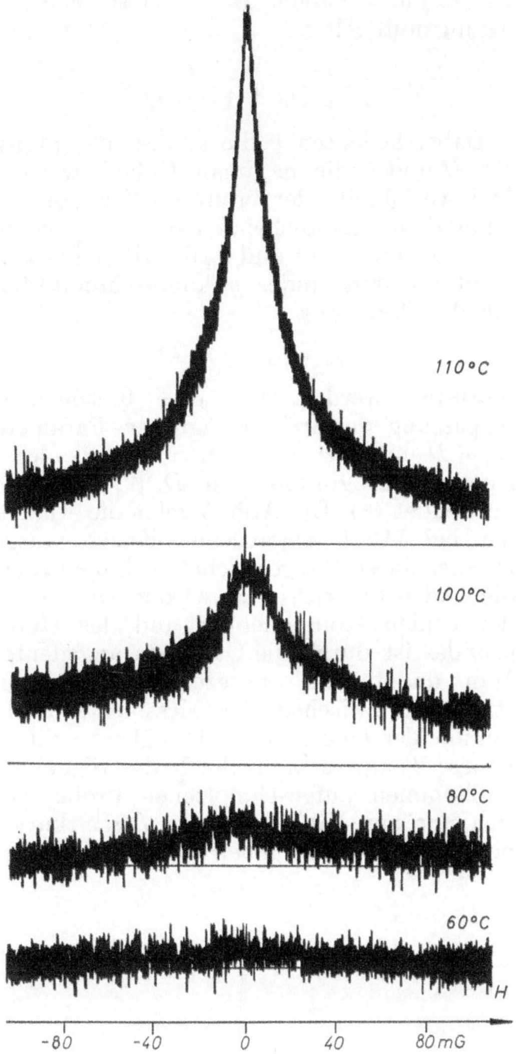

Abb. 2. Hochaufgelöste Kernresonanzspektren bei verschiedenen Temperaturen. Die horizontalen Geraden geben jeweils die Nullinie an

Zur Magnetfeldstabilisierung diente das Signal von Paradichlorbenzol, das in den Mantel des koaxialen Röhrchens eingebracht wurde. Paradichlorbenzol zeigt gegenüber Polyäthylen einen genügend großen Abstand in der chemischen Verschiebung und erlaubt dank des hohen Siedepunktes von 174 °C auch Messungen oberhalb des Schmelzbereichs von Polyäthylen.

C. Meßergebnisse

Abb. 2 zeigt die Kernresonanzlinien, die bei 60, 80, 100 und bei 110 °C erhalten wurden. Bei etwa 60 °C lassen sich erste Andeutungen eines Signals mit einer Halbwertsbreite von 40 mG erkennen, welches auf einem Untergrund aufsitzt. Dieser Untergrund macht sich als Differenz zwischen Kurvenausläufer und Nullinie bemerkbar. Er rührt von breiteren Komponenten her sowie von Einflüssen des Standards mit dem das Magnetfeld stabilisiert wird. Mit zunehmender Temperatur wird das Signal intensiver.

Eine Untersuchung der Form der erhaltenen Kernresonanzlinien ergab folgendes: Das Signal, das man bis zu etwa 100 °C erhält, läßt sich nach Abtrennung eines konstanten Untergrundes durch eine *Lorentz*linie darstellen. Als Beispiel zeigt Abb. 3 die Anpassung der Kurve bei 100 °C. Die durchgezogene Linie gibt die Meßkurve wieder; die gestrichelte Linie stellt den Untergrund dar und die Quadrate geben die angepaßte *Lorentz*kurve an. Bei einer Temperatur von 110 °C und darüber kann man dagegen das Signal nicht mehr durch eine *Lorentz*kurve beschreiben. Als Beispiel zeigt Abb. 4 die Meßkurve bei 110 °C (durchgezogene Kurve) sowie die bestmöglich angepaßte *Lorentz*kurve (Quadrate; strichpunktierte Linie). Man erkennt deutliche Abweichungen.

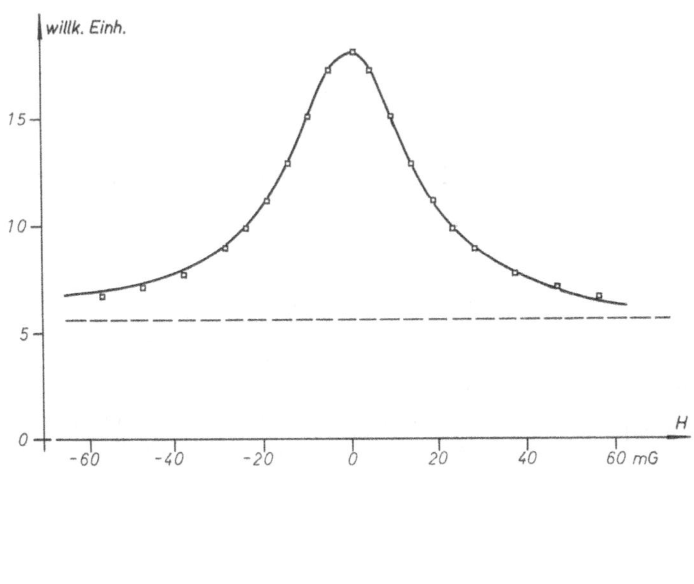

Abb. 3. Anpassung der Kurve bei 100 °C durch eine *Lorentz*linie.
——— Meßkurve,
□ berechnete Punkte der *Lorentz*kurve,
----- konstanter Untergrund

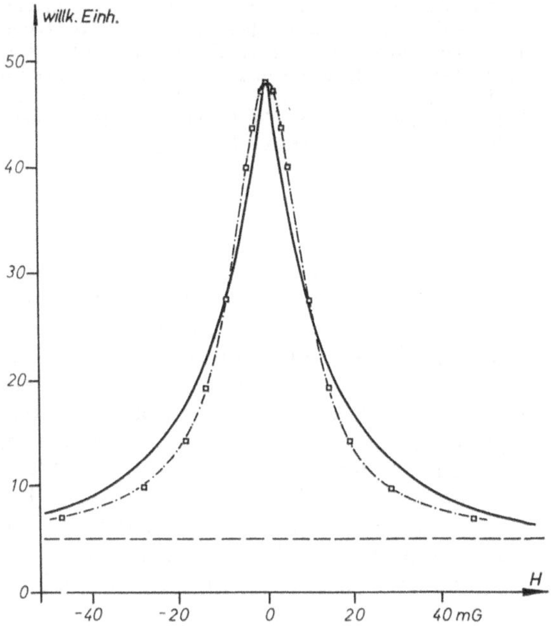

Abb. 4. Anpassung der Kurve bei 110 °C durch eine *Lorentz*linie. ——— Meßkurve, □ berechnete Punkte der *Lorentz*kurve, ----- konstanter Untergrund

Wir haben nun versucht, die bei Temperaturen von 110 °C und darüber erhaltenen Kernresonanzlinien in zwei Komponenten zu zerlegen, die jeweils die Form einer

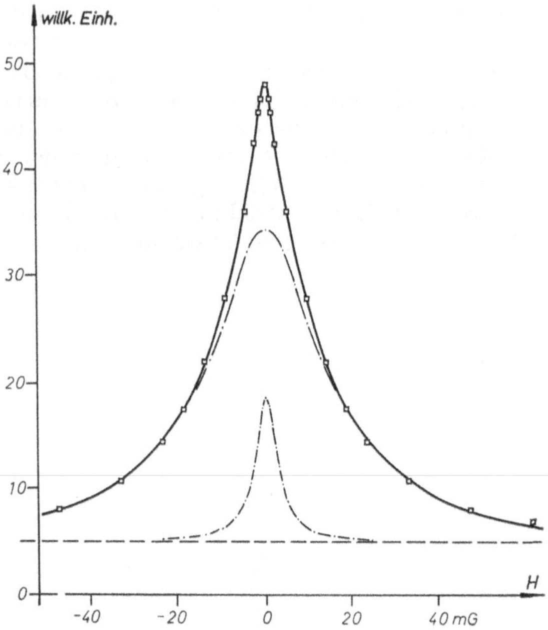

Abb. 5. Anpassung der Kurve bei 110 °C durch zwei *Lorentz*linien. ——— Meßkurve, ·—·— breitere Komponente, ·–·–·–· schmälere Komponente, ---- konstanter Untergrund, □ Summe der beiden Komponenten und Untergrund

*Lorentz*kurve haben. Bei einer solchen Zerlegung muß gelten:

$$y = \frac{H}{1 + (x/D)^2} + \frac{h}{1 + (x/d)^2} + y_0.$$

Dabei bedeuten y die gemessene Intensität, H und D die maximale Höhe bzw. halbe Halbwertsbreite der breiteren Komponente, h und d die entsprechenden Werte der schmäleren Komponente und y_0 die Höhe des konstanten Untergrundes. y_0 konnte unmittelbar aus der Beziehung

$$y_0 = y_{\max} - H - h$$

bestimmt werden. Um eine bestmögliche Anpassung der frei verfügbaren Parameter H, h, D und d zu erhalten, wurde das least-square-fit-Programm von *D. W. Marquardt* verwendet (8). Die Abb. 5 zeigt die Analyse der bei 110 °C gemessenen Kurve (ausgezogene Linie). Die gestrichelten Linien geben die beiden *Lorentz*kurven wieder. Die Summe der beiden Komponenten und des Untergrundes ist durch die Quadrate angedeutet. Man findet eine ausgezeichnete Übereinstimmung zwischen der Messung und der Summe der *Lorentz*linien. Das gleiche gilt für höhere Temperaturen. Auch das Signal der vollkommen aufgeschmolzenen Probe läßt sich nur mit Hilfe von zwei *Lorentz*kurven befriedigend wiedergeben (Abb. 6). Dagegen

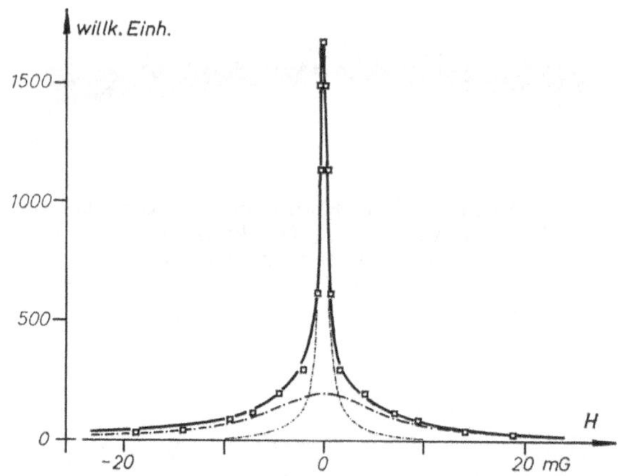

Abb. 6. Anpassung der Kurve bei 140 °C durch zwei *Lorentz*linien. ——— Meßkurve, ·—·—· breitere Komponente, ·–·–·–· schmälere Komponente, □ Summe der beiden Komponenten

erhält man bei der Aufnahme einer verdünnten Lösung der Probe in Tetrachloräthan eine einzige *Lorentz*kurve (Abb. 7).

Wir haben nun des weiteren noch die Flächenanteile und Halbwertsbreiten der einzelnen Komponenten als Funktion der

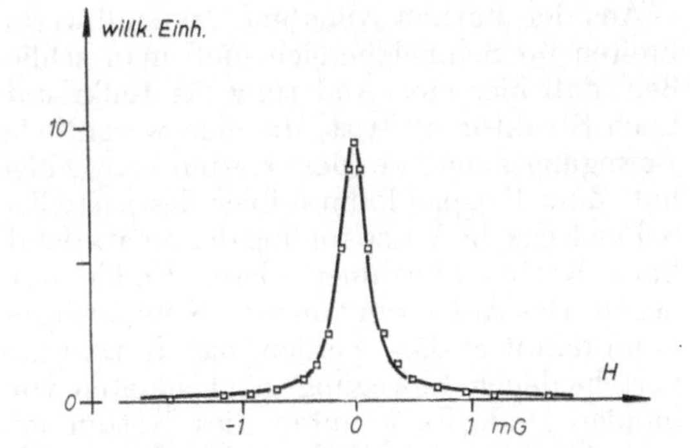

Abb. 7. Anpassung der an einer verdünnten Lösung gemessenen Kurve an eine *Lorentz*-Linie bei 120 °C. ——— Meßkurve, □ berechnete Punkte der *Lorentz*-kurve

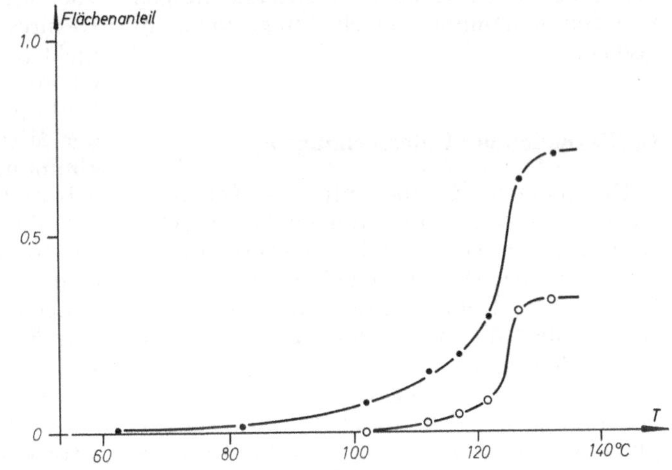

Abb. 8. Flächenanteile der einzelnen Komponenten bezogen auf die Gesamtfläche der Schmelze. ● breitere Komponente, ○ schmälere Komponente

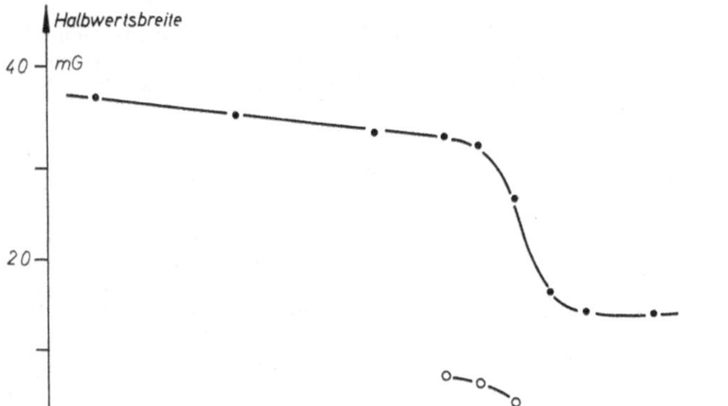

Abb. 9. Halbwertsbreiten der einzelnen Komponenten. ● breitere Komponente, ○ schmälere Komponente

Temperatur bestimmt. Die Abb. 8 zeigt die Flächenanteile der beiden Komponenten bezogen auf die Gesamtfläche des Signals am Ende des Schmelzbereichs, also in der Schmelze. Die vollen Punkte geben jeweils den Flächenanteil unter der breiteren Komponente wieder, die Kreise den unter der schmaleren. Man findet, daß beide Flächenanteile bis zum Schmelzende zunehmen. Auch im vollständig geschmolzenen Stoff sind noch beide Komponenten anwesend.

Die Abb. 9 zeigt die Halbwertsbreiten der angepaßten Komponenten als Funktion der Temperatur. Die vollen Punkte geben die Halbwertsbreiten der breiteren, die Kreise die der schmäleren Linie wieder. Im Schmelzbereich sinken die Halbwertsbreiten der beiden Komponenten mit zunehmender Temperatur rasch ab. In der Schmelze bleiben sie annähernd konstant. Die schmälere Komponente ist auch noch in der Schmelze etwa 5mal so breit wie in der Lösung.

D. Bemerkungen zum Trennverfahren in zwei Lorentzkurven

Wir haben bei der Auswertung der Spektren die Überlagerung zweier *Lorentz*linien zugrundegelegt, wobei beide Linien ihr Maximum an derselben Stelle haben ($x = 0$). Dies steht im Gegensatz zu gewissen theoretischen Überlegungen (9), denenzufolge eine Veränderung der Linienbreite von einer geringfügigen Verschiebung des Maximums begleitet wird. Auf Grund dieses Effektes hätten wir oberhalb von 110 °C jeweils Kurven mit zwei Maxima finden müssen. Daß dies nicht der Fall war, rührt vermutlich daher, daß die Verschiebung des einen Maximums durch eine entsprechende Phasendrehung zwischen U- und V-Mode kompensiert wurde.

Eine Abschätzung dieses Effektes hat ergeben, daß der dadurch bedingte Fehler in den Flächenanteilen und Halbwertsbreiten der Kurven vernachlässigbar sein dürfte. Wir haben daher bei unseren Untersuchungen von dem genannten Verschiebungseffekt abgesehen.

E. Diskussion der Untersuchungen

Die schmale Komponente des Kernresonanzsignals von teilkristallinem Polyäthylen rührt von den Ketten in den nichtkristallinen Bereichen her. Die Untersuchung der Linienform dieser Komponente gibt daher Aufschluß über die Anordnung der Ketten in diesen Bereichen.

Als erstes erhebt sich die Frage, ob das mit der hochauflösenden Kernresonanz erhaltene Signal die gesamte aus der Breitbandtechnik her bekannte „schmale Komponente" darstellt. Verschiedene Anzeichen sprechen dafür, daß dies nicht der Fall ist. Der konstante Untergrund in den hochaufgelösten Spektren z. B. (Abb. 3 und Abb. 4, gestrichelte Linien) könnte z. T. von breiteren Anteilen der „schmalen Komponente" herrühren. Ferner zeigt die mit der Breitbandtechnik erhaltene Linie bei 100 °C (Abb. 1) nicht die Form einer differenzierten *Lorentz*kurve. Beides stellt aber noch keinen Beweis für die Existenz weiterer Anteile der „schmalen Komponente" dar. Zu dem konstanten Untergrund tragen nämlich auch die breite Komponente bei sowie verschiedene Einflüsse, die wir z. Z. nicht exakt bestimmen können. Die Abweichungen von der *Lorentz*kurve bei den Breitlinienmessungen können auch von Feldinhomogenitäten verursacht sein. Wir wollen daher die Frage, ob weitere Anteile zur schmalen Komponente beitragen, offen lassen und hier allein die mit der hochaufgelösten Kernresonanz erhaltenen Resultate diskutieren.

Aus der starken Abnahme der Halbwertsbreiten im Schmelzbereich muß man schließen, daß hier eine Änderung der teilkristallinen Struktur auftritt, die eine wesentliche Bewegungszunahme der Ketten zur Folge hat. Zum Beispiel kann infolge des partiellen Schmelzens die Verspannung der nichtkristallinen Ketten abnehmen, deren Enden festliegen. Das Auftreten von zwei Komponenten kann damit erklärt werden, daß Ketten mit verschiedenen Bewegungsmöglichkeiten vorhanden sind. Es könnten dies Ketten mit zwei festliegenden Enden und Ketten mit einem festliegenden Ende sein, oder aber Schlaufen und Ketten, die zwei verschiedene Kristallite miteinander verbinden.

Man muß daneben auch beachten, daß die von uns vorgenommene Auftrennung des Kernresonanzsignals in zwei Komponenten nicht die einzig sinnvolle Auswertung ist. Es ist auch möglich, daß bei einer Kette mit festliegenden Enden die Beweglichkeit von der Mitte zu den Enden hin kontinuierlich abnimmt. Dies würde ebenfalls eine Linie ergeben, die nicht die Form einer *Lorentz*kurve hat. Zu präziseren Aussagen hierüber können wir erst dann kommen, wenn die zur Zeit im Gange befindlichen theoretischen Überlegungen über die Form der Kernresonanzlinie von Ketten mit festliegenden Enden abgeschlossen sind.

Des weiteren erwarten wir von unseren Untersuchungen aufschlußreiche Erkenntnisse über die Nahordnung der Moleküle im vollständig geschmolzenen Material.

Wir danken der Deutschen Forschungsgemeinschaft für die im Rahmen des Sonderforschungsbereichs Makromoleküle Mainz-Darmstadt bereitgestellten Mittel.

Zusammenfassung

Das Kernresonanzsignal von teilkristallinem Polyäthylen wurde mit Hilfe eines hochauflösenden Spektrometers untersucht. Bereits etwa bei 60 °C, also unterhalb des kalorimetrisch erfaßbaren Schmelzbereichs tritt eine sehr schmale Linie auf. Sie besitzt die Form einer *Lorentz*kurve und hat eine Halbwertsbreite von etwa 40 mG. Im Schmelzbereich und in der Schmelze erhält man ein Signal, das man als Überlagerung zweier *Lorentz*kurven beschreiben kann. Die Flächenanteile und Halbwertsbreiten dieser beiden Komponenten werden als Funktion der Temperatur bestimmt.

Summary

The high resolution nuclear magnetic resonance spectrum of bulk polyethylene was determined. At about 60 °C, below the melting range obtained calorimetrically, a very narrow line appears. It has the shape of a *Lorentz* curve and a half width of about 40 mG. In the melting range and above one obtains a signal which can be described by a superposition of two *Lorentz* curves. The areas and half widths of these two components are determined as function of temperature.

Literatur

1) *Wilson, C. W.* und *G. E. Pake*, J. Polymer Sci. **10**, 503 (1953).

2) *Rempel, R. C., H. E. Weaver, R. H. Sands,* and *R. L. Miller*, J. Appl. Phys. **28**, 1082 (1957).

3) *Slichter, W. P.* and *D. W. McCall*, J. Polymer Sci. **25**, 230 (1957).

4) *Herring, M. J.* and *J. A. Smith*, J. Chem. Soc. **1960**, 273.

5) *Odajima, A., J. A. Sauer,* and *A. E. Woodward*, J. Phys. Chem. **66**, 718 (1962).

6) *Bergmann, K.* und *K. Nawotki*, Kolloid-Z. u. Z. Polymere **219**, 132 (1967).

7) *Bergmann, K.*, Ber. Bunsen-Ges. **74**, 912 (1970).

8) *Marquardt, D. W.*, J. Soc. Industr. Appl. Math. **11**, 431 (1963).

9) *Alexandrow, I. W.*, Theorie der kernmagnetischen Resonanz, S. 29ff. (Leipzig 1966).

Anschriften der Verfasser:

W. L. F. Gölz
Deutsches Kunststoffinstitut
6100 Darmstadt, Schloßgartenstr. 6R

Prof. Dr. *H. G. Zachmann*
Institut f. physikal. Chemie
6500 Mainz, Jakob-Welder-Weg 15

Aus der Physikalischen Abteilung, Werk Uerdingen und dem wissenschaftlichen Hauptlaboratorium, Werk Leverkusen, der Farbenfabriken Bayer AG

Weitreichende Ordnungen der übermolekularen Strukturen in amorphen Butadien-Styrol-Blockcopolymeren*)

(Kurzfassung))**

Von G. Kämpf, H. Krömer und M. Hoffmann

Mit 3 Abbildungen und 1 Tabelle

(Eingegangen am 21. März 1971)

Bei Sequenzcopolymeren, z. B. Pfropfcopolymeren aus Butadien und Styrol, tritt bei der Eindampfung aus Lösung eine mehr oder weniger vollständige Phasentrennung durch Aggregierung gleichartiger Sequenzen ein; durch eine nachträgliche Temperung der Präparate können die Entmischung der Phasen und der Ordnungsgrad der sich ausbildenden Aggregate außerordentlich gefördert werden. Die Gleichgewichtsformen der Aggregate sind von der Molekülstruktur, insbesondere von den Knäuelradien der Sequenzen und den Volumenverhältnissen der Komponenten, abhängig und können kugel-, zylinder- oder lamellenförmige Gestalt annehmen (1).

Verschiedentlich wurde bei BS-Blockcopolymeren eine über begrenzte Probenbereiche sich erstreckende regelmäßige Anordnung der übermolekularen Strukturen gefunden. Neueren Datums ist die von *Keller* u. Mitarb. (2, 3) sowie von uns (1, 4, 5) gemachte Beobachtung, daß bei Präparaten mit besonders einheitlichen Sequenzmolgewichten, die nach besonderen Bedingungen angefertigt sowie thermisch nachbehandelt wurden, die kolloidalen Aggregate über große Probenbereiche sehr genaue Fernordnungen mit gitterähnlicher Struktur ausbilden können.

Als Beispiel zeigt Abb. 1 die elektronenmikroskopische Aufnahme eines Ultramikrotomschnittes eines Butadien-Styrol-Blockcopolymeren (68 Gew.% Block-Styrol), das stäbchenförmige Butadienaggregate (durch Behandlung mit OsO_4 kontrastiert) in Styrolmatrix enthält. Die Schnittrichtung ist genau senkrecht zu den Stäbchenachsen der Butadienaggregate, die ein makroskopisches Gitter mit weitreichender Ordnung aufbauen, geführt.

Je nach Herstellungsart können die Bereiche einheitlicher Fernordnung sehr verschieden groß werden:

Durch Extrusion und Temperung geeigneter Proben (2, 3) sowie durch andere spezielle Maßnahmen (DBP angemeldet) erreichen solche Bereiche Durchmesser der Größenordnung Zentimeter, so daß *Makrokristalle* entstehen können.

Dampft man dagegen Lösungen von BS-Blockcopolymeren ohne weitere Maßnahmen ein, so erhält man Proben, die in kleineren Bereichen eine hohe Ordnung der Aggregate aufweisen, wobei aber die Orientierung der Bereiche gegeneinander mehr oder weniger verkippt ist (sog. ,,Makro-Mosaikkristalle").

Über Untersuchungen an ,,Makrokristallen" haben *Keller* u. Mitarb. kürzlich berichtet (3); im folgenden soll daher näher auf die Charakterisierung von ,,Makro-Mosaikkristallen" eingegangen werden; dabei soll besonders die Ausbildung der Bereichsgrenzen diskutiert werden, außerdem sollen Analogiebetrachtungen zu bekannten anderen Stoffen, die ebenfalls eine gitterähnliche Anordnung von kolloidalen Bausteinen enthalten, angestellt werden.

Anfertigung der Präparate:

Die Proben wurden durch Copolymerisation von Butadien und Styrol mit Lithiumalkylen hergestellt; ihre Beschreibung sowie die Korrelation ihrer physikalischen Eigenschaften mit ihrem molekularen Aufbau wurde bereits anderweitig angegeben (6).

Von den aus verschiedenen Lösungsmitteln eingedampften und anschließend getemperten Präparaten wurden für die elektronenmikroskopischen Untersuchungen mit Hilfe eines Ultramikrotoms durchstrahlbare Schnitte angefertigt (bei Proben mit hohem Butadiengehalt wurde ein Tieftemperatur-Ultramikrotom eingesetzt). Mittels OsO_4 wurde die Butadienphase selektiv kontrastiert.

---

*) Vorgetragen auf der Arbeitssitzung des Fachausschusses Physik der Hochpolymeren in der Frühjahrstagung Berlin 1971 vom 9. bis 13. März des Regionalverbandes Physikalische Gesellschaft zu Berlin.

) Ausführliche Veröffentlichung erfolgt im J. Macromol. Sci.-Physics **B 6 (1), 167-190 (1972).

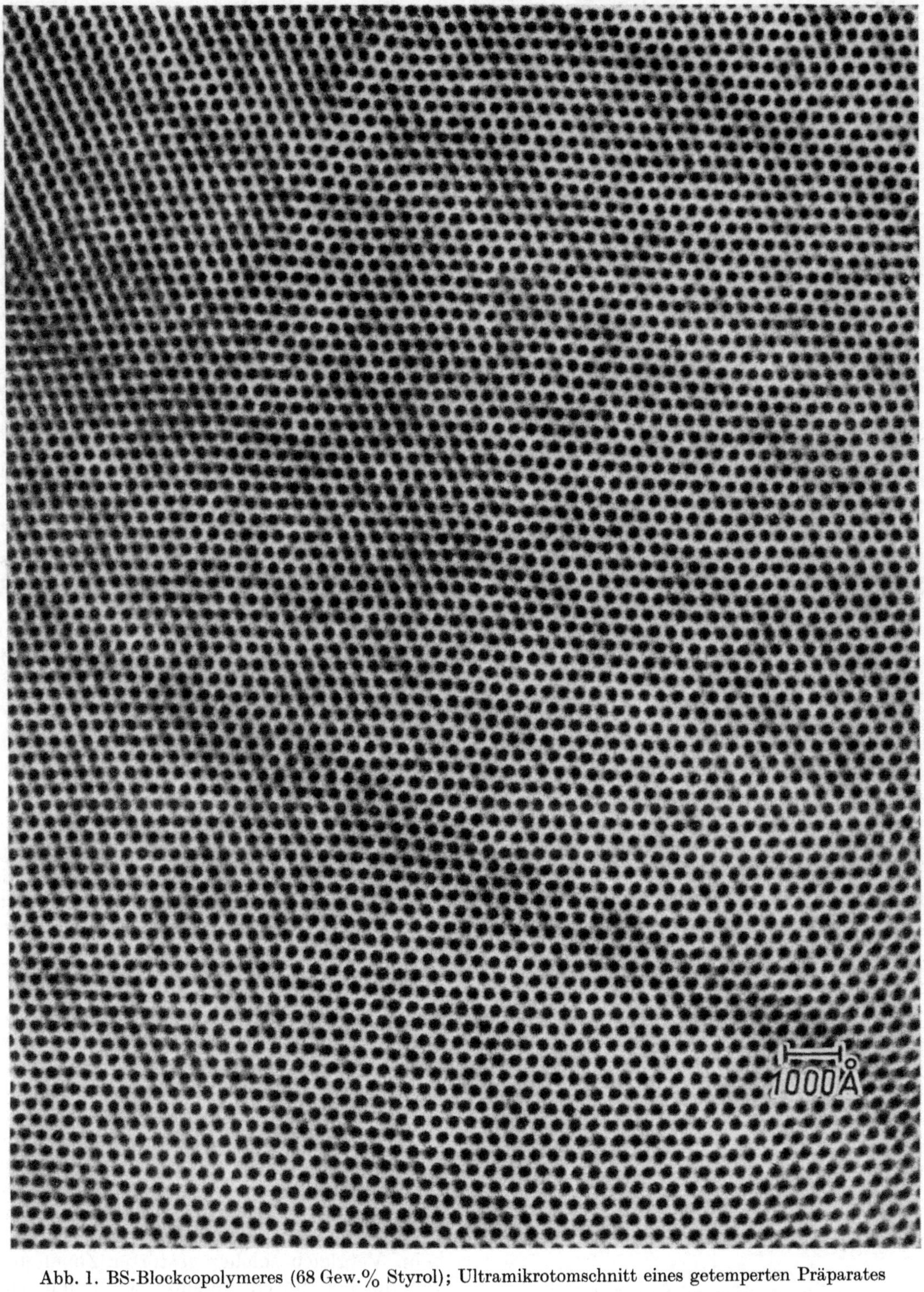

Abb. 1. BS-Blockcopolymeres (68 Gew.% Styrol); Ultramikrotomschnitt eines getemperten Präparates

Durchgeführte Messungen:

a) Statistische Auswertung der elektronenmikroskopischen Aufnahmen durch Ausmessen der Aggregatdurchmesser und -abstände, Aufstellen der entsprechenden Zahl-Häufigkeitsverteilungen, Errechnung der Mittelwerte und der zugehörigen Standardabweichungen. Aus diesen Werten wurden – zur Kontrolle – die Volumenbrüche der diskreten Phase berechnet und mit den jeweiligen Einsatzverhältnissen und den Ergebnissen der chemischen Abbauanalyse verglichen.

b) Anfertigung lichtoptischer Beugungsbilder der elektronenoptischen Negative: Diese Technik erlaubt neben der Gewinnung statistischer Kennzahlen eine direkte Korrelation zwischen den elektronenmikroskopisch beobachtbaren morphologischen Strukturen und der röntgenografisch relevanten Elektronendichteverteilung.

c) Elektronen-Kleinwinkelbeugung: Die für die Untersuchung periodischer Elektronendichteschwankungen bewährte Methode der Röntgenkleinwinkelstreuung läßt sich auch auf die Elektronenbeugung übertragen. Dabei können periodische Strukturen bis zu 1 μm erfaßt werden bei Präparatbereichen bis herunter zu $1 \times 1\ \mu m^2$.

d) Röntgenkleinwinkelstreuung: Benutzt wurde eine *Kiessig*-Kamera mit einer Grenzauflösung von ca. 600 Å.

1. Charakterisierung der Proben

Um die Übersichtlichkeit zu wahren, sollen im folgenden die Ausführungen auf die Beschreibung von BS-Zweiblockcopolymeren mit stäbchenförmigen Butadienaggregaten in Styrolmatrix, ähnlich wie in Abb. 1 gezeigt, beschränkt bleiben.

Die Zentren der in Abb. 1 erkennbaren Butadienaggregate nehmen Lagen wie in einer hexagonal dichtesten Packung von Zylindern ein. Die Aggregate berühren sich dabei nicht, da die zu jedem Butadienaggregat gehörenden Styrolsequenzen eine Hülle um das Aggregat bilden und so einen Mindestabstand erzwingen. Wegen ihrer sehr gleichmäßigen Form und Größe bauen die Aggregate ein makroskopisches Gitter mit weitreichender Ordnung auf. Aus der Zahl-Häufigkeitsverteilung errechnet sich der mittlere Aggregatdurchmesser $\bar{D}_{Z,Bu}$ zu 190 ± 10 Å, der mittlere Abstand (wegen evtl. Präparateverzerrungen über verschiedene Richtungen gemittelt) zu $\bar{A}_{Z,Bu} = 325$ Å. Diese Werte sind zusammen mit den Daten der lichtoptischen Beugungsmessungen sowie der Elektronen- und Röntgenkleinwinkelaufnahmen in Tab. 1 zusammengefaßt.

Tab. 1. BS-Blockcopolymere (68 Gew.-% Styrol): Zusammenstellung der nach verschiedenen Untersuchungs- und Auswertemöglichkeiten gewonnenen Werte für die mittleren Stäbchendurchmesser ($\bar{D}_{Z,Bu}$) und -abstände ($\bar{A}_{Z,Bu}$)

Methode	$\bar{D}_{Z,Bu}$	$\bar{A}_{Z,Bu}$
El. Mikr., Auszählung	190 Å	325 Å
El. Mikr., lichtopt. Beugung	—*)	312 Å
El.-Kleinwinkelbeugung	—*)	332 Å
Rö.-Kleinwinkelstreuung	180 Å	336 Å

*) Keine Aussage möglich.
$\bar{D}_{Z,Bu}$ = mittlerer Stäbchendurchmesser.
$\bar{A}_{Z,Bu}$ = mittlere Stäbchenabstände.

Neben ungestörten, streng periodischen Anordnungen der übermolekularen Strukturen können auch makroskopische Gitter mit Fehlstellen beobachtet werden. In Abb. 2 ist eine solche Präparatstelle dargestellt, die zahlreiche „Stufenversetzungen" aufweist.

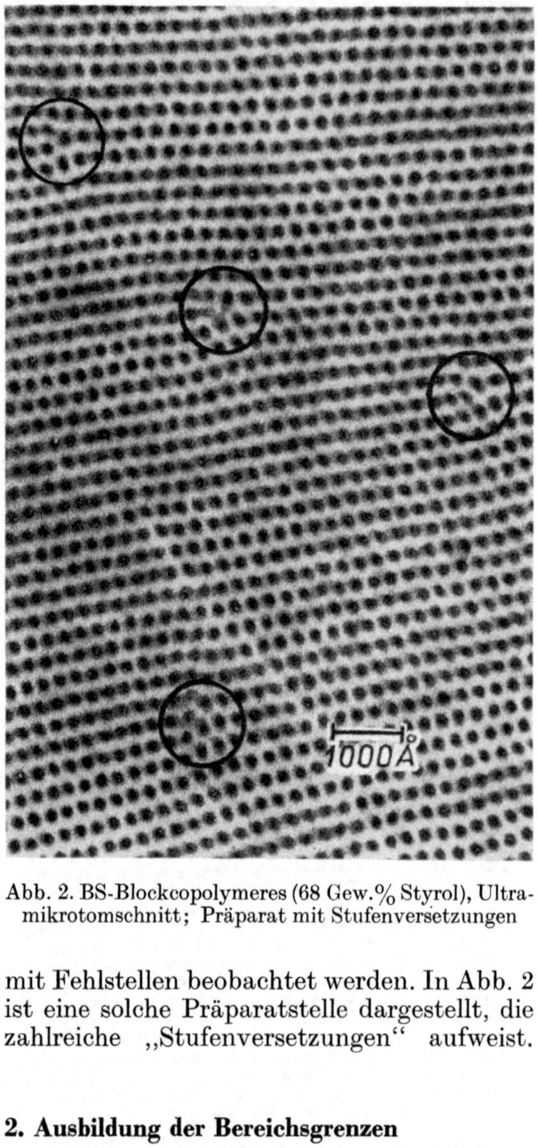

Abb. 2. BS-Blockcopolymeres (68 Gew.% Styrol), Ultramikrotomschnitt; Präparat mit Stufenversetzungen

2. Ausbildung der Bereichsgrenzen

Es muß erwartet werden, daß an den Grenzen von Bereichen einheitlicher, aber richtungsmäßig verschiedener Orientierung der Aggregate bzw. an den Grenzen von Bereichen mit unterschiedlicher Größe oder Form der Aggregate sich Störungszonen ausbilden, die – analog zu den Begriffen der Metallphysik – als Kleinwinkelkorngrenzen bzw. Korngrenzen beschrieben werden können. Diese Analogie ergibt sich zwangsläufig beim Vergleich solcher gestörter Zonen mit der im bekannten Seifenblasenmodell von Sir *L. Bragg* simulierten Korngrenze eines Mosaikkristalls (ohne Abbildung). Als Beispiel ist in Abb. 3 eine Übersichtsaufnahme, die mehrere solcher Störungszonen unterschiedlicher Art zeigt, wiedergegeben.

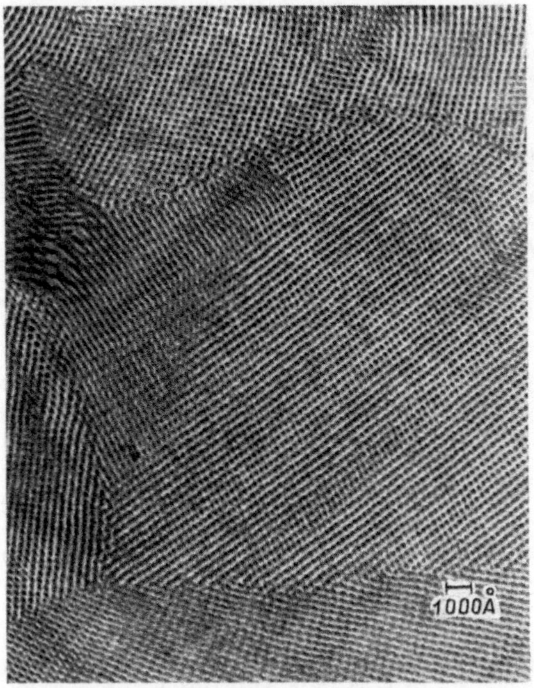

Abb. 3. BS-Blockcopolymeres (68 Gew.% Styrol) mit mehreren Bereichen unterschiedlicher Orientierung der stäbchenförmigen Butadienaggregate; Übersichtsaufnahme

Im allgemeinen können zwei Grenzfälle bei Bereichsgrenzen unterschieden werden: Stoßen zwei Bereiche mit unterschiedlicher Aggregatform oder verschiedener Volumenerfüllung der diskreten Phase aneinander, so tritt eine völlige Trennung der Bereiche ein. Ändert sich in benachbarten Bereichen bei gleicher Aggregatform und gleicher Volumenerfüllung nur die Orientierung der periodisch angeordneten übermolekularen Strukturen, so sind fließende Übergänge zu beobachten, die z. T. Spiegelebenen gleichen, wie sie bei Zwillingsbildungen in der Kristallographie bekannt sind.

3. Analogiebetrachtungen

Vor einigen Jahren hat bereits *Luck* (7) darauf hingewiesen, daß die Ausbildung makroskopischer Gitter – aufgebaut aus streng periodisch angeordneten übermolekularen Bausteinen einheitlicher Größe – keine Überraschung darstellt, da für die zwischen Kolloidteilchen herrschenden Kräfte die gleichen Potentialansätze gültig sind, wie sie in der Theorie des Kristallwachstums von *Stranski* und *Kossel* für atomare Bausteine eingeführt wurden. Als Beispiele für Stoffe mit gitterähnlicher Anordnung der kolloidalen Bausteine sei hier auf kubisch kristallisierende Viruskristalle (*Wykoff*, 1948), kubisch flächenzentrierte Gitter aus dicht gepackten SiO_2-Kugeln in Opalen (*Sanders*, 1964) sowie auf hexagonal sowie kubisch angeordnete Haufwerke aus Latices (*Bradford*, 1963; *Luck*, 1963) hingewiesen.

Besonders interessante Vergleiche der Strukturen von geordneten BS-Blockcopolymerproben ähnlich Abb. 1 lassen die in den letzten Jahren entdeckten metallischen Eutektika, die hexagonal angeordnete Fasern eines Metalls 1 bzw. einer Legierung 1 in einer Matrix der Legierung 2 enthalten, zu (8). Diese Eutektika besitzen eine große technische Bedeutung, da sie Stoffe mit hoher Anisotropie der verschiedenen physikalischen Eigenschaften darstellen. Es ist zu erwarten, daß sich auch für die wegen ihrer besonderen Eigenschaften als thermoplastische Elastomere wichtigen BS-Blockcopolymere in ihrer besonderen Form als *Makro-Kristalle* bzw. *Makro-Mosaikkristalle* interessante neue Anwendungsgebiete eröffnen werden.

Literatur

1) *Kämpf, G., M. Hoffmann* und *H. Krömer*, Ber. Bunsengesellschaft Phys. Chem. **74**, 851 (1970).

2) *Keller, A., E. Pedemonte* und *F. M. Willmouth*, Nature **225**, 538 (1970); Kolloid-Z. u. Z. Polymere **238**, 385 (1970).

3) *Dlugosz, J., A. Keller* und *E. Pedemonte*, Kolloid-Z. und Z. Polymere **242**, 1125 (1970).

4) *Hoffmann, M., G. Kämpf, H. Krömer*, and *G. Pampus*, Advances in Chemistry Series **99**, 351 (1971).

5) *Krömer, H., M. Hoffmann* und *G. Kämpf*, Ber. Bunsengesellschaft Phys. Chem. **74**, 859 (1970).

6) *Hoffmann, M., G. Pampus* und *G. Marwede*, Kautschuk- und Gummi-Kunststoffe **22**, 691 (1969).

7) *Luck, W. A. P.*, Phys. Blätter **23**, 304 (1967).

8) *Kraft, W.*, Sci. Amer. **216**, 86 (1967).

Anschrift der Verfasser:
Physikalische Abteilung
Werk Uerdingen
Farbenfabriken Bayer
415 Krefeld-Uerdingen

Aus dem Fritz-Haber-Institut der Max-Planck-Gesellschaft, Berlin-Dahlem und dem „Rudjer Bošković" Institut, Zagreb (Jugoslawien)

Superstrukturänderungen beim Tempern von linearem Polyäthylen*)

Von J. Loboda-Čačković, R. Hosemann und H. Čačković

Mit 8 Abbildungen und 1 Tabelle

(Eingegangen am 1. April 1971)

1. Einleitung

Es ist bekannt, daß lineares Polyäthylen beim Tempern seine Dichte und Langperiode in charakteristischer Weise ändert (1). Stets wächst in gewissen Zeitabschnitten des Temper-Vorganges die Langperiode und die Dichte monoton. Unterhalb 110 °C erreicht man nach etwa 10^3 min einen Gleichgewichtszustand für die Langperiode, indem nur noch die Dichte wächst. Oberhalb 110 °C bis dicht an den Schmelzpunkt heran erreicht man nach kurzer Zeit einen Zustand, in dem nur die Langperiode wächst, die Dichte aber konstant bleibt. Dieser Zustand währt nur wenige Minuten, oft sogar Bruchteile von Minuten nach Beginn der Temperung. Ein Ziel dieser Untersuchung ist es, die Vorgänge in diesem „Plateau" näher zu untersuchen. Dies geschieht einerseits mit einer zweidimensionalen Analyse der entsprechenden Röntgenkleinwinkel-Diagramme, die jeweils nach Abbrechen des Temper-Vorganges bei Zimmertemperatur aufgenommen wurden. Dasselbe gilt für die Dichtemessung. Andererseits wurden die mittels DS-Kalorimeter gemessenen Kurven diskutiert.

2. Experimentelles

Die Messungen wurden an linearem Polyäthylen Lupolen 6001 H durchgeführt [1]). Die als Ausgangsmaterial dienenden Polyäthylen-Stäbe wurden in einer Verstreckapparatur bei 80 °C 10fach mit einer Geschwindigkeit von 0,6 mm/min verstreckt (4). Die Temperung erfolgte durch schnelles Eintauchen der Probe in ein Glyzerinbad, welches auf ± 0,2 °C konstant gehalten wurde. Nach dem Tempern wurden die Proben in Eiswasser abgeschreckt. Die Kleinwinkel- und Dichte-Messungen bei Zimmertemperatur wurden auf dieselbe Art durchgeführt, wie schon früher berichtet wurde (1).

Die Messungen der Schmelzwärme wurden mit einem registrierenden Differential-Kalorimeter (DS-Kalorimeter) durchgeführt (Perkin Elmer). Die Proben (etwa 6 mg) wurden in Flüssigkeitspfannen eingeschlossen und mit einer Aufheizgeschwindigkeit von 4 °C/min gemessen. Die Messungen wurden mit und ohne Zusatz von Glyzerin in der Flüssigkeitspfanne durchgeführt. Dabei wurden mit Glyzerin dieselben Resultate für die Schmelzpunkte gewonnen wie beim Tempern und mit dem Schmelzpunktbestimmungsapparat nach *Grewe* [2]). Die Resultate ohne Glyzerin lagen etwa 3 °C höher und wurden in dieser Arbeit nicht verwendet.

3. Vergleiche mit DS-Kalorimeter-Messungen

Abb. 1 zeigt eine Schmelzkurve von zehnfach bei 80 °C verstrecktem linearen Polyäthylen. Unterhalb 110 °C wird noch keinerlei merkliche „Schmelzwärme" aufgenommen, obwohl sich in diesem Gebiet, wie man aus dem Bild oben links erkennt, gewisse Rekristallisationsvorgänge einstellen, die Langperiode aber immer einen Endwert erreicht (Gebiet *A*). Die Schmelzkurve wird mit einer Geschwindigkeit von 4 °C/min durchlaufen. Von 110–120 °C werden z. B. 2,5 min benötigt. Dies entspricht etwa auch der Zeit, in der eine bei 120 °C getemperte Probe den Anfang des Plateaus erreicht. Alle, auch die kürzeste Zeit getemperte Proben, zeigen im Gebiet *B* zwei Meridianmaxima, es ist deshalb in Abb. 1 das aus den früheren Kleinwinkeluntersuchungen (1) typische Diagramm mit zwei Meridianmaxima einge-

*) Vorgetragen auf der Arbeitssitzung des Fachausschusses Physik der Hochpolymeren in der Frühjahrstagung Berlin 1971 vom 9. bis 13. März des Regionalverbandes Physikalische Gesellschaft zu Berlin.

[1]) Der Badischen Anilin- und Soda-Fabrik, Ludwigshafen, danken wir für die Überlassung des Ausgangsmaterials.

[2]) Publikation in Vorbereitung.

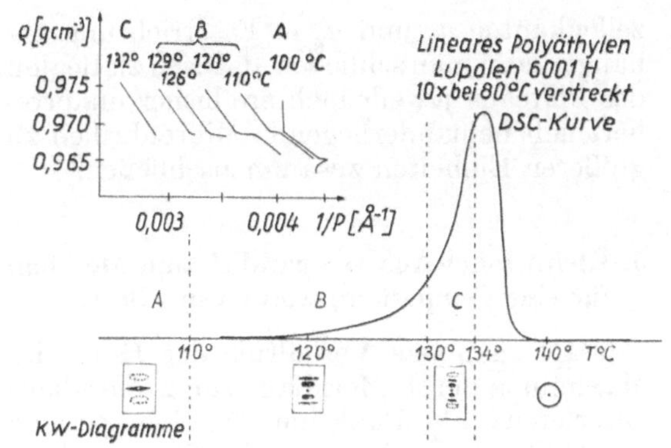

Abb. 1. DSC-Kurve für verstrecktes Polyäthylen. Vergleich mit Tempergebieten

zeichnet (Gebiet *B*). Bei einer Temperatur von 130 °C setzt das Plateau so schnell ein, daß es nicht mehr beobachtbar ist. Wir gelangen nun in das Gebiet *C*, in dem die Kleinwinkeldiagramme drei Maxima aufweisen. Es reicht bis etwa 134 °C. Bei 135 °C liegt das Maximum der DS-Kalorimeter-Kurve. In Ergänzung hierzu wurde das Präparat bei konstanter Temperatur getempert und auch visuell in einem Schmelzpunktbestimmungsapparat nach *Grewe* die Temperatur bestimmt, bei der sich die ersten Fließerscheinungen durch Abrundung von Kanten bemerkbar machten. Der so bestimmte Schmelzpunkt stimmt innerhalb ± 1 °C mit dem Maximum der DSC-Kurve überein. Beim Tempern bei 135 °C nimmt dann die Kleinwinkelstreuung die in Abb. 1 unten rechts gezeigte isotrope Gestalt an. Oberhalb des Schmelzpunktes wird immer noch ein gewisser Teil der Schmelzwärme (17 cal/g) verbraucht. Im Bereich *B* wird, wie wir später sehen werden, die smektische Lamellar-Struktur gebildet. Die in diesem Bereich aufgenommene Wärmeenergie bis zu 10 cal/g wird im wesentlichen dazu benötigt, Rotationsschwingungen in den Molekülketten anzuregen, durch die erst die Ausbildung der smektischen Struktur ermöglicht wird. Dieser Prozeß kann auch aus Kernresonanz-Messungen erschlossen werden, indem dort die Linienbreite der in den kristallinen Bereichen schwingenden Protonen stark verkleinert, ihre Beweglichkeit also zunehmend erhöht wird (2).

Im Bereich *C* werden zusätzlich etwa 28 cal/g von den Ketten aufgenommen, die dadurch die Möglichkeit haben, in die noch weiter verbesserte Superstruktur mit 3 Meridianmaximis überzugehen.

Die Langperiode wächst etwa proportional zum Logarithmus der Temperzeit in den Bereichen *B* und *C* (3).

Um in der Lage zu sein die Kleinwinkeldiagramme in den einzelnen Bereichen zu vergleichen und Rückschlüsse auf die Ordnung der Struktur zu ziehen, werden die Aufnahmen alle etwa gleich lang belichtet.

4. Kleinwinkel-Analyse parallel zum Äquator

In Abb. 2 ist die Kleinwinkel-Intensität, aufgenommen mit Punktkollimatoren, in den zwei Meridianmaximas parallel zum Äquator logarithmisch aufgetragen, nach Temperung über 10^4 min bei 120 °C. Beide Intensitätskurven laufen im äußeren Bereich parallel zueinander. Dies besagt, daß der Gitterfaktor Z des Supergitters hier seinen Endwert 1 erreicht hat. Die Steigung liefert also eine Information über den sogenannten Bausteinfaktor. Der Bausteinfaktor kennzeichnet die von einem einzelnen kristallinen Bereich gegebene Intensität. Er ist gegeben durch:

$$|f|^2 \simeq \left[\frac{J_1(2\pi R b_r)}{2\pi R b_r}\right]^2 \cdot \left[\frac{\sin(\pi H b_3)}{\pi H b_3}\right]^2, \quad b = \frac{s - s_0}{\lambda}. \quad [1]$$

b_r und b_3 sind Komponenten des reziproken Vektors b, und zwar in Äquator-Ebene und auf dem Meridian. R ist der Radius des Kristalliten in lateraler Richtung, H seine Länge in Faserrichtung. J_1 ist die *Bessel*-Funktion 1. Ordnung.

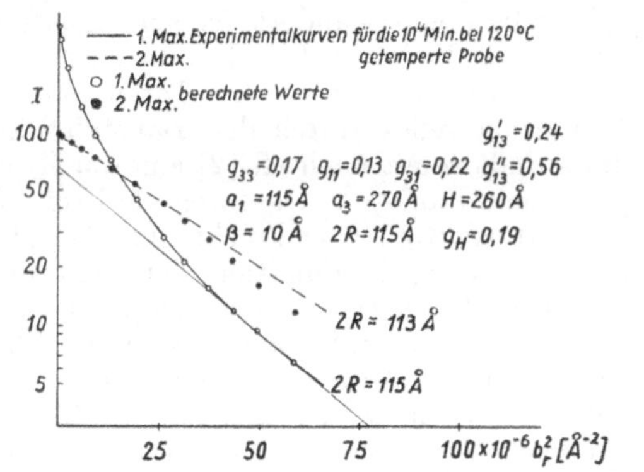

Abb. 2. Intensitätsverlauf am 1. und 2. Meridianmaximum in Richtung senkrecht zum Meridian

Aus der Neigung des rechten Teiles der Kurven in Abb. 2 errechnet sich ein Radius R von etwa 50 Å. Es ist bemerkenswert, daß der Durchmesser der einzelnen Mikro-Fibrillen, der also im Schnitt 100 Å beträgt, über den gesamten Temperatur-Bereich bis hinauf zu 130° innerhalb der Meßfehler konstant bleibt. Dieselbe Lamellen-Größe offenbart sich in Bereich *A* (Abb. 1), wo man neben dem Meridian-Reflex auch eine starke Äquator-Streuung beobachtet, die gleichfalls diese Größe von 100 Å verrät. Wenn in Abb. 2 die Intensität auf dem 1. Meridian-Reflex mit Annäherung an die Mitte des Reflexes steiler als linear zunimmt, so beweist dies, daß sich hier der Gitterfaktor Z der Superstruktur nun von 1 unterscheidet. Die Streuintensität ist gegeben durch:

$$I = \left[\overline{|f|^2} + |\bar{f}|^2 (Z - 1)\right] e^{-4\pi^2 \beta^2 b_3^2}. \qquad [2]$$

Die auftretende Größe Z ist also der Gitterfaktor des Supergitters, der nach der Theorie des Parakristalles (5) im zylindersymmetrischen Falle ausgedrückt werden kann durch:

$$Z = \overline{K_1 K_2} \cdot K_3;\; K_3 = \frac{1 - |F_3|^2}{(1 - |F_3|)^2 + 4|F_3| \sin^2(\pi a_3 b_3)},$$

$$K_1 = Re \frac{1 + F_1}{1 - F_1}\; K_2 = Re \frac{1 + F_2}{1 - F_2},$$

$$\overline{K_1 K_2} = \frac{1}{2\pi} \int_0^{2\pi} K_1 K_2 d/\varphi. \qquad [3]$$

Die hier auftretenden Größen, F_1, F_2, F_3 sind die *Fourier*-Transformierten der Abstandsstatistiken der Gitterzellen des Supergitters in lateraler Richtung (Index 1 und 2) und in Faserrichtung (Index 3). Diese Statistiken sind gekennzeichnet durch die relativen Schwankungen g_{ik} der Gitterzellenkanten i in Richtung k.

Der oben erwähnte steilere Anstieg des 1. Meridianreflexes ändert sich sprunghaft am Anfang des Plateaus. Um dies quantitativ zu fassen, dividiert man die Intensität am 1. Meridianreflex durch den Bausteinfaktor und erhält somit nach Gl. [2] eine zu Z proportionale Funktion. Die integrale Breite δb_z des Gitterfaktors Z senkrecht zum Meridian ist in Abb. 3 als Funktion der reziproken Langperiode für eine Tempertemperatur von 120 °C aufgetragen. Sie ändert sich gleichfalls sprunghaft am Anfang des Plateaus um etwa 15%, um dann wieder konstant zu bleiben. Da nach der Theorie diese Breite von der Richtungsschwankung g_{13} und g_{23} der Gitter-

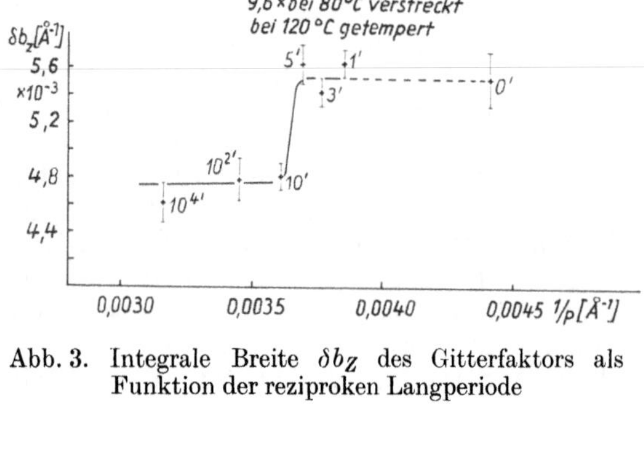

Abb. 3. Integrale Breite δb_Z des Gitterfaktors als Funktion der reziproken Langperiode

zellenkanten a_1 und a_2 in Faserrichtung abhängt, kann man schließen, daß sich zu Beginn des Plateaus jeweils mehrere bisher unkorreliert nebeneinanderliegende Mikrofibrillen zu größeren Einheiten zusammenschließen.

5. Kleinwinkel-Analyse parallel zum Meridian für eine Tempertemperatur von 120 °C

Trägt man das Verhältnis der Höhe des Maximums der 1. Meridian- zur 2. Meridian-Interferenz als Funktion der Langperiode auf (Abb. 4), so sieht man, daß am Anfang des Plateaus dieser Quotient sehr steil zunimmt, um am Ende des Plateaus seinen Maximalwert erreicht zu haben. Diese Änderung läßt sich rechnerisch erfassen durch den hinter der eckigen Klammer in Gl. [2] stehenden Faktor. Währenddem nach dem

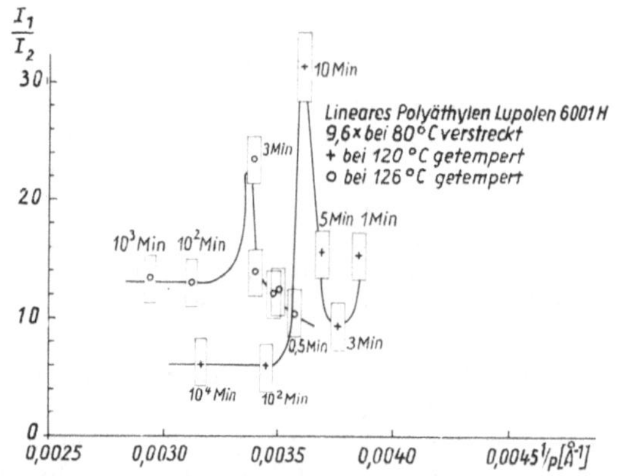

Abb. 4. Intensitätsverhältnis zwischen 1. und 2. Meridianmaximum als Funktion der reziproken Langperiode

Ansatz nach Gl. [1] bisher von kristallinen Bereichen und konstanten Dichten gesprochen wurde, wobei der Übergang zur amorphen Phase stufenförmig erfolgt, wird durch diesen Faktor in Gl. [2] der Übergang in Richtung der Faserachse b_3 verschmiert, wobei β ein Maß für die Breite dieser Verschmierung ist.

In Abb. 5 wird schematisch, aber in der richtigen Größenordnung, der Einfluß der Größe β auf eine ursprüngliche „Schwarz-weiß-Struktur" dargestellt. Die Abbildung muß verstanden werden als Projektion der Dichte-Verhältnisse zwischen kristallinen und amorphen Bereichen auf die Faserachse. Dies kann im Modell durch das stärkere oder schwächere Herausrutschen der Kettenrückfaltungen aus einer Ebene anschaulich gemacht werden. Ähnlich hat schon *Tsvankin* einen allmählichen nicht rechteckförmigen

Übergang der Elektronendichte zwischen der kristallinen und der der Zwischenschicht zwischen den Kristalliten angenommen (6). Am Ende des Plateaus nach 10 min Temperzeit bei 120 °C ist der Übergang zwischen beiden Phasen so verwischt, daß die Dichte-Projektion im amorphen Bereich derjenigen des kristallinen Bereiches sehr ähnlich ist. Ob diese Verschmierung in der Dichteprojektion

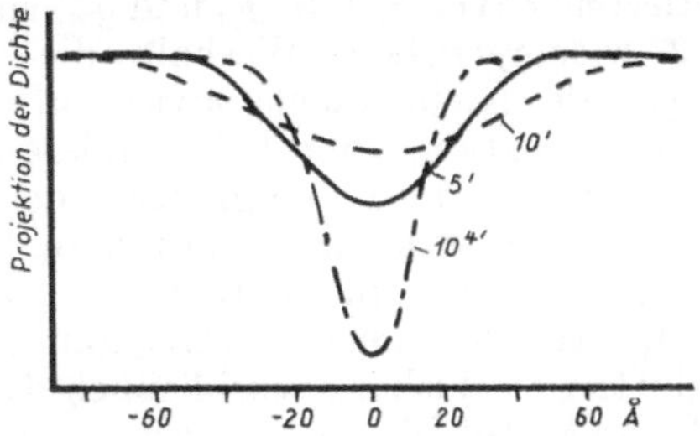

Abb. 5. Die Projektion der Dichte zwischen den Stirnflächen der Kristallite auf die Faserachse

dadurch zustande kommt, daß der Übergang kristallin-amorph über die ganze Fibrillenstirnfläche über 30 Å verschmiert ist, oder ob die Stirnfläche als solche innerhalb jeder Mikrofibrille stark gewellt und statistisch verkrümmt oder im Mittel schräg gestellt ist, läßt sich hier nicht entscheiden. Fest steht nur, daß β eine Information über die Phasengrenzfläche innerhalb einzelner Mikrofibrillen liefert. Es ist bemerkenswert, daß, wie groß β auch immer sei, die makroskopische Dichte sich durch diesen Verschmierungsprozeß nicht ändert. Dies ist auch in Abb. 1 zu erkennen: Alle Plateaus liegen, gleichgültig ob es sich um eine Temperatur von 110 oder 129 °C handelt, etwa bei derselben Dichte von 0,9685 g cm^{-3}. Die Erklärung hierfür liegt offensichtlich darin, daß der Umordnungsprozeß im Supergitter, der sich innerhalb des Plateaus vollzieht, erst dann einsetzen kann, wenn die Ordnung in molekularen Dimensionen einen etwa gleichen Stand erreicht hat. Bei 110 °C ist dieser Zustand nach etwa 100 min Temperzeit, bei 129 °C aber schon in der ersten Minute erreicht.

Kernresonanz-Messungen bestätigen diese Beobachtungen, indem nämlich das zweite Moment der Resonanz-Kurve, die den Protonen in den kristallinen Bereichen zugehört, bei Annäherung an das Plateau monoton zunimmt und bei Eintritt ins Plateau einen konstanten Endwert erreicht (7). Um dieses auf direkte Weise zu bestätigen, werden hier Weitwinkel-Profilanalysen durchgeführt. Ergebnisse liegen noch nicht vor.

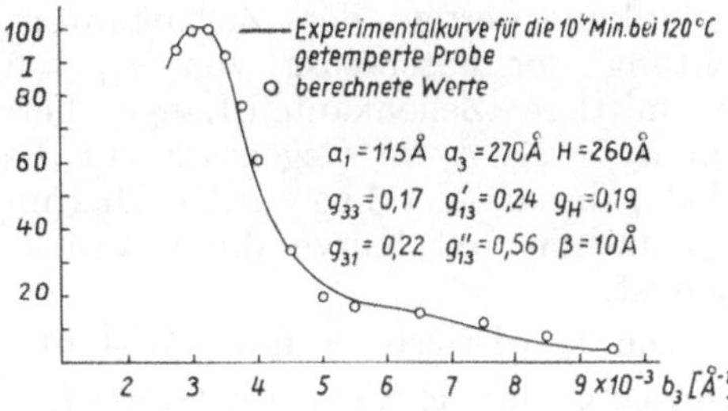

Abb. 6. Intensitätsverlauf längs des Meridians

In Abb. 6 ist die gemessene Kleinwinkel-Intensität nach 10^4 min Temperzeit parallel zum Meridian wiedergegeben. Um sie mit Gl. [2] zu berechnen, müssen folgende Maßnahmen ergriffen werden:

a) Das 2. bei $b_3 = 6{,}5 \cdot 10^{-3}$ Å^{-1} liegende Maximum kann in keinem Falle durch die zweite Ordnung eines durch Z produzierten Reflexes erklärt werden, sondern durch die erste sekundäre Interferenz des Bausteinfaktors nach Gl. [1] in Richtung b_3. Daraus ergeben sich dann schon Werte für die Länge H der kristallinen Bereiche in Faserrichtung (vgl. Gl. [1]).

Es ist bekannt, daß sich im Kleinwinkelgebiet über das *Bragg*sche Gesetz zwei verschiedene Langperioden ergeben, welche sich auch bei verschiedener Wärme-Behandlung unterschiedlich ändern (8, 9). Sehr wahrscheinlich sind zumindest mehrere von diesen in der Literatur zu findenden Messungen auf die obenerwähnte Weise erklärbar.

b) Die Größe $\overline{K_1K_2}$ läßt sich aus dem Verlauf der beiden Meridianreflexe parallel zum Äquator schrittweise errechnen (Abb. 2). Wie dies im einzelnen zu geschehen hat, wird an anderem Ort publiziert.

c) Die Lage des 2. Maximums liefert also den Wert von H. Der Verlauf dieses zweiten Maximums längs des Meridians, daß nämlich z. B. bei $b_3 = 5 \cdot 10^{-3}$ Å^{-1} kaum die Andeutung eines schwachen Minimums zu finden ist, liefert einen Hinweis auf die Uneinheitlichkeit der Kristallit-Längen H. Die zahlenmäßige statistische Abweichung vom Mittelwert beträgt $g_H = 0{,}19$. Wir haben mit einer *Gauß*verteilung der Kristallitlängen H gerechnet, während schon asymmetrische Lamellendickenverteilungen vorgeschlagen wurden (9).

d) Der Gitterfaktor K_3 ist dadurch bereits weitgehend festgelegt, daß er im Bereich des 2. Maximums seinen Endwert 1 erreicht hat. Eine Anpassung an die experimentelle Kurve ist nur möglich mit relativen

Schwankungswerten der Zellenkanten in Richtung der Faserachse von $g_{33} = 0{,}17$. Die mittlere Zellenkanten-Länge beträgt dann $a_3 = 270$ Å im Gegensatz zur Langperiode, die aus der Lage des 1. Maximums der entschmierten Kurve durch 285 Å gegeben ist.

e) Die schwierigste Aufgabe besteht nun darin, längs des Meridians die Größe $\overline{K_1 \cdot K_2}$ anzupassen. Es stellt sich heraus, daß dies nur dann möglich ist, wenn man die Statistik der Zellenkanten quer zum Meridian aus zwei Komponenten zusammensetzt mit unterschiedlichen g_{13}-Werten. Errechnet man nämlich aus $\overline{K_1 \cdot K_2}$ mittels Gl. [3] die Größe F_1 bzw. F_2 Punkt für Punkt, so erhält man einen Funktions-Verlauf wie er in Abb. 7 wiedergegeben ist. Dieser Verlauf wird am einfachsten durch Überlagerung von zwei *Gauß*-

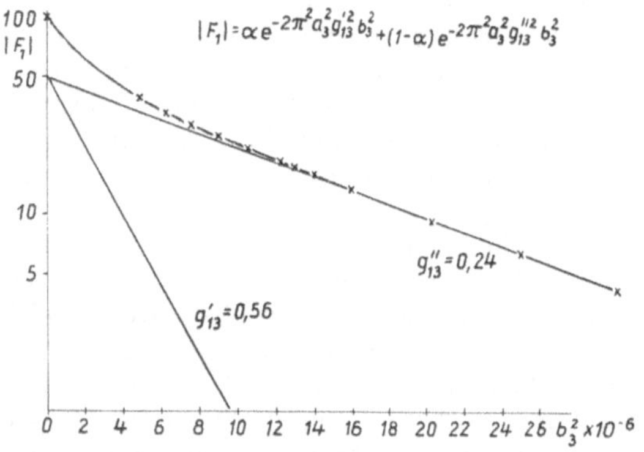

Abb. 7. Die *Fourier*-Transformierte der Koordinationsstatistik H_1 des Supergitters längs des Meridians

Termen dargestellt, die sich aus dem Logarithmus F_1 gegen $b_3{}^2$-Diagramm unschwer errechnen lassen. Beide Komponenten kommen mit etwa demselben Gewicht vor, die eine hat einen g_{13}-Wert von 0,24, die andere von 0,56. Es bedeutet dies, daß nach Durcheilen des Plateaus 50% benachbarter Ultrafibrillen sich lateral mit geringer Schwankung g_{13} zusammenlagern und auf diese Weise die oben beschriebenen, größeren Fibrillen-Einheiten bilden.

6. Vorgänge im Plateau

Wie man aus den Abb. 2 und 6 ersieht, ist die Übereinstimmung zwischen Experiment und Rechnung befriedigend. Die noch nicht diskutierten g-Werte, z. B. g_{11} und g_{31}, sind in Abb. 2 wiedergegeben. Weshalb die zweidimensionale Kleinwinkelanalyse auf diese Wert-Kombinationen und keine andere führt und wie groß die Fehlergrenzen der g_{ik}-Werte im einzelnen sind, soll an anderer Stelle diskutiert werden. Abb. 8 stellt schematisch die Superstruktur einer verstreckten Probe dar. Hatten wir bisher ausschließlich das bei 120 °C über 10^4 min getemperte Präparat behandelt, so sollen hier nur noch kurz die wesentlichen Ergebnisse der Temperung bei 120 °C am Anfang und am Ende des Plateaus wiedergegeben werden. Aus beigefügter Tabelle ersieht man, daß am Ende des Plateaus die zweite schmale g_{13}-Komponente plötzlich aufgetreten ist und über den weiteren Beobachtungsraum in gleicher Größe mit einem Anteil $\alpha = 0{,}5$ erhalten bleibt. Wie schon aus Abb. 5 ersichtlich, ist die Halbwertsbreite des amorphen Bereiches D bei 10^4 min Temperzeit etwa 25 Å. Am Ende des Plateaus (d. h. nach 10 min) wurde sie zu 70 Å gefunden, vor Eintritt ins Plateau (d. h. nach 5 min) betrug sie etwa 50 Å. Die großen g_{31}-Werte zeigen, daß die Mikro-Fibrillen keinesfalls von kristallinem zu kristallinem Bereich wie geordnete parallele Schnüre anzunehmen sind, sondern daß hier eine ganze Reihe Unregelmäßigkeiten vorkommen, wie sie schematisch in Abb. 8 dargestellt sind.

Die in Gl. [1] eingeführte Kristallitlänge H verliert ihren strengen Sinn, sobald die Verschmierungsgröße β nicht mehr klein ist

Tab. 1. Lineares Polyäthylen Lupolen 6001 H 9,6 mal bei 80 °C verstreckt

Probe	H (Å)	d (Å)	α *)	$g_{13} = \Delta x_{13}/a_3$	β (Å)	D (Å)	L (Å)
Am Anfang des Plateaus (5 min bei 120 °C getempert)	~200	~20	1	~0,5	~20	~50	~170
Am Ende des Plateaus (10 min bei 120 °C getempert)	213	~20	0,5 0,5	0,28 0,65	36	~70	~160
Lange nach dem Plateau (10^4 min bei 120 °C getempert)	260	10	0,5 0,5	0,24 0,56	10	~25	~245

*) Vergl. Beschreibung von Abb. 7.

Abb. 8. Modell einer Fibrillarstruktur, deren relative Abstandsschwankungen g_{13} und g_{31} von Null verschieden sind

gegenüber der Differenz $a_3 - H = d$ *). Und dies ist hier stets der Fall. Bei 10^4 min Temperzeit ist nach der Tabelle z. B. $\beta \sim 10$ Å und $d = 10$ Å, die Halbwertsbreite D der amorphen Schicht ergibt sich nach Faltung mit der *Fourier*transformierten von exp $(-2\pi^2 b_3{}^2 \beta^2)$, also entsprechend Abb. 5 zu 25 Å. In der Tabelle sind deshalb in der letzten Spalte die aus den Halbwertsbreiten errechneten mittleren Ausdehnungen L und D der Dichteprojektionen der kristallinen und amorphen Bereiche wiedergegeben.

Herrn Prof. Dr. *K. Ueberreiter* danken wir für die Hilfe bei den DS-kalorimetrischen Messungen und für anregende Diskussionen.

Der *Alexander von Humboldt*-Stiftung möchten wir hiermit unseren Dank für ihre großzügige Unterstützung aussprechen.

Zusammenfassung

Die zweidimensionale Analyse der Kleinwinkelstreuung von bei 80 °C 11fach verstrecktem und dann bei 120 °C getempertem linearen Polyäthylen Lupolen 6001 H läßt die g_{ik}-Tensoren des Supergitters errechnen. Das nach 5 min Temperzeit einsetzende Plateau im ϱ–$1/P$-Diagramm kennzeichnet einen nach Erreichung einer bestimmten Mindestdichte einsetzenden Umordnungsvorgang in molekularen und kolloiden Dimensionen. Auf Kosten der Regelmäßigkeit der Stirnflächen in den einzelnen Mikrofibrillen lagern sich innerhalb von 5 min statistisch etwa die Hälfte der Mikrofibrillen zu lateral besser geordneten Fibrilleneinheiten mit demnach smektischem Charakter zusammen. Nach 10^2 min ist auch die molekulare Regelmäßigkeit in den Stirnflächen aller Fibrillen wieder hergestellt, und die Halbwertsbreite der Dichteprojektion der amorphen Bereiche erreicht nach 10^4 min einen Kleinstwert von 25 Å. Die Gestalt der DSC-Kurve wird interpretiert durch zunehmende Molekülbeweglichkeit, durch die der Übergang der verschiedenen Typen der Superstruktur ermöglicht wird.

*) Wegen des Faltungsprozesses ist naturgemäß d des Zweiphasenmodells immer (z. T. erheblich) kleiner als die wahre Halbwertsbreite D.

Summary

A two dimensional analysis of the small angle scattering of hotstretched linear Polyethylene (Lupolen 6001 H, BASF, Germany) gives a detailed information of the g_{ik}-tensors of the paracrystalline superstructure. The samples were annealed at 120 °C for different times and then measured at room temperature. Between 5 and 10 min of annealing time the density is constant and half of the microfibrils aggregate in a smecticlike structure. In the density projection upon the fiber axis the boundary between crystalline and amorphous phases within the microfibriles then becomes quite smoothened. The half width of the amorphous phase increases to 70 Å. After 10^2 min it regenerates to a width of 25 Å indicating that here in molecular dimensions the boundaries are much better defined. The shape of the DSC-curve is explained by increasing rotation energies of the molecules, which permit the different changes of superstructure.

Literatur

1) *Loboda-Čačković, J., R. Hosemann* und *W. Wilke*, Kolloid-Z. u. Z. Polymere **235**, 1162 (1969).

2) *Bergmann, K.* und *K. Nawotki*, Kolloid-Z. u. Z. Polymere **219**, 132 (1967).

3) *Fischer, E. W.* und *G. F. Schmidt*, Angew. Chemie **74**, 551 (1962).

4) *Balta Calleja, F. J., H. Čačković, R. Hosemann* und *W. Wilke*, Kolloid-Z. u. Z. Polymere **206**, 118 (1965).

5) *Hosemann, R.* und *S. N. Bagchi*, Direct Analysis of Diffraction by Matter (Amsterdam 1962).

6) *Tsvankin, D. J.*, Vysokomol. Soed. **9** A, 2628 (1967).

7) *Loboda-Čačković, J., R. Hosemann* und *W. Wilke*, Kolloid-Z. u. Z. Polymere **235**, 1253 (1969).

8) *Hoffmann, J. D.* und *J. J. Weeks*, J. Chem. Phys. **42**, 4301 (1965).

9) *Reinhold, Chr., E. W. Fischer* und *A. Peterlin*, J. Appl. Phys. **35**, 71 (1964).

Anschrift der Verfasser:

Dr. *J. Loboda-Čačković* und Dr. *H. Čačković*
Institut "Rudjer Bošković", Zagreb (Jugoslawien)
z. Z. Fritz-Haber-Institut der Max-Planck-Gesellschaft,
1 Berlin 33, Faradayweg 4–6

Prof. Dr. *R. Hosemann*
Fritz-Haber-Institut der Max-Planck-Gesellschaft
1 Berlin 33, Faradayweg 4–6

Aus dem Fritz-Haber-Institut der Max-Planck-Gesellschaft, Berlin-Dahlem und dem „Rudjer Bošković" Institut, Zagreb (Jugoslawien)

Einfluß der mechanischen Vorbehandlung auf die Pfropfcopolymerisation von Styrol in festem linearem Polyäthylen*)

Von H. Čačković, R. Hosemann und J. Loboda-Čačković

Mit 8 Abbildungen und 1 Tabelle

(Eingegangen am 1. April 1971)

1. Einleitung

Die Vorgänge bei der Pfropfcopolymerisation sind bisher immer nur an schmelzkristallisiertem Material, insbesondere an Folien, durchgeführt worden. Da diese im allgemeinen nur sehr geringen Orientierungsgrad haben, kann man aus der Kleinwinkelstreuung keine eingehenderen Schlüsse ziehen, wo sich das Pfropfcopolymerisat eingelagert hat. Hier wird erstmalig heißverstrecktes Polyäthylen untersucht, das deshalb besonders übersichtliche Verhältnisse liefert, weil die Kettenmoleküle hoch orientiert sind und die Orientierung der Fibrillen zylindersymmetrisch ist. Da es bei der Röntgenweitwinkelstreuung besonders auf die Linienprofilanalyse der Reflexe ankommt, mußten von den verstreckten Proben etwa 100 μm dicke Plättchen hergestellt werden.

Je nachdem, ob die Plättchen quer oder längs der Faserachse abgeschnitten wurden, zeigten sich eine Reihe interessanter Effekte, die im folgenden beschrieben werden sollen.

2. Vorbehandlung der Probe

Lineares Polyäthylen Lupolen 6001 H (BASF) wurde aus Plattenmaterial in Streifen mit quadratischem Querschnitt von 4 mm Kantenlänge geschnitten und in einem speziellen, nur die Schulter erwärmenden Ofen bei 80 °C verstreckt (1). Die Verstreckungsgeschwindigkeit betrug etwa 0,6 mm pro Minute. Es ergab sich dabei ein Verstrekkungsgrad vom Faktor 11. Um für die folgende Behandlung mit Styrol eine genügend homogene Quellung zu sichern und um die Reflexprofile in einer *Guinier-Jagodzinski*-Streukammer mit der nötigen Genauigkeit zu bekommen, mußten die so erhaltenen, verstreckten Stäbchen noch in dünne Scheibchen von etwa 100 μm Stärke geschnitten werden. Dies geschah auf zweierlei Weise, senkrecht zur Faserachse oder parallel der Faserachse (Abb. 1). Das benutzte Mikrotom-Messer hatte einen Schneidewinkel von $\alpha \sim 30°$. Beim Schneiden quer zur Faserachse treten starke Spannungen parallel zu ihr auf, die ein Hochschieben einzelner Präparat-Bereiche Schicht für Schicht bewirken, wie es in Abb. 1 schematisch dargestellt ist.

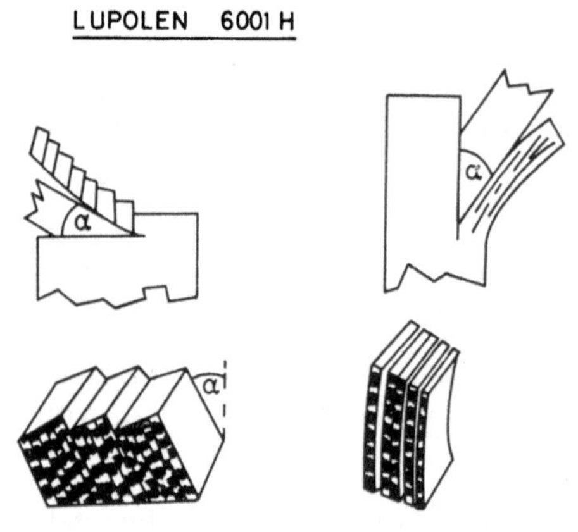

Abb. 1. Schematische Darstellung des Schneidevorganges an der verstreckten Probe. a) senkrecht, b) parallel zur Faserachse

Die einzelnen Schichtbreiten hatten einen Mittelwert von 20 μm und sind in Abb. 2 deutlich zu erkennen. Ganz anders sehen die Verhältnisse bei der parallel zur Faser geschnittenen Probe aus: Infolge der Fibrillär-Struktur läßt sich in diesem Falle das Abtrennen eines Scheibchens fast mühelos durchführen, denn es kommt nicht zur Ausbildung von merklichen Schubspannungen, sondern lediglich zu einem Aufsplittern des abgeschnittenen Scheibchens in eine Vielzahl sehr dünner Lamellen parallel zur Schneidefläche. Die so gewonnenen Präparate wurden bei 120 °C 100 min getempert. Aus früheren Untersuchungen (2) kann man schließen, daß in diesem Falle etwa durch den Schneidevorgang induzierte innere Spannungen völlig beseitigt sind und sich eine schon recht geordnete Laminar-Struktur ausgebildet hat. Die so erhaltenen Scheibchen wurden unter Luftabschluß zusammen mit Styrol verschieden langen Bestrahlungszeiten einer Kobalt-

*) Vorgetragen auf der Arbeitssitzung des Fachausschusses Physik der Hochpolymeren in der Frühjahrstagung Berlin 1971 vom 9. bis 13. März des Regionalverbandes Physikalische Gesellschaft zu Berlin.

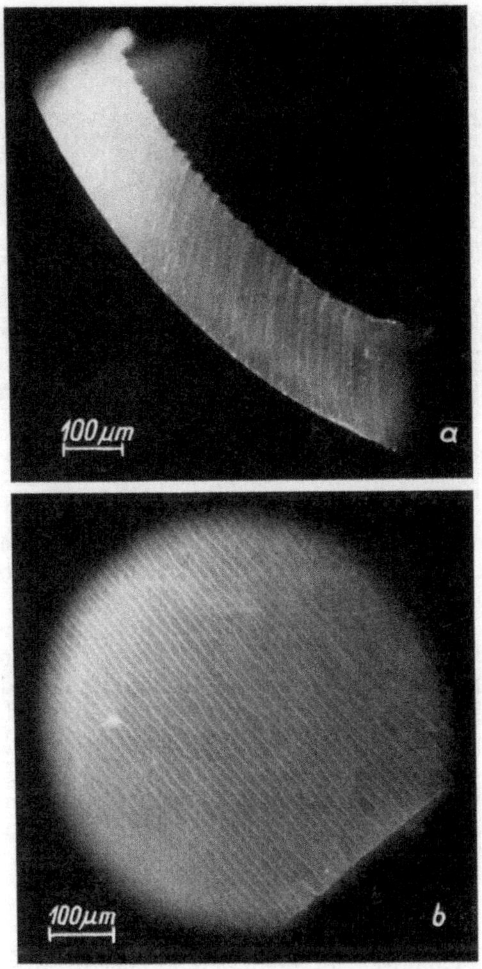

Abb. 2. Mikroskopische Aufnahme der quer zur Faserachse geschnittenen Probe. a) Seitenansicht, b) Aufsicht

60-Strahlungsquelle mit 3000 rad/h ausgesetzt. Sodann wurden sie in Benzol ausgewaschen und im Vacuum bei 40 °C über längere Zeit getrocknet [1]). Ihre Röntgenklein- und Weitwinkel-Diagramme wurden sodann aufgenommen. Die Proben wurden bei der erhöhten Temperatur von 125 °C über 1000 min abermals getempert und bei Raumtemperatur nochmals röntgenographisch untersucht.

3. Die röntgenographischen Ergebnisse

Die Röntgenkleinwinkel-Diagramme sind mit einer *Kiessig*-Kammer, die Röntgenweitwinkel-Diagramme mit einer Flach-Kammer aufgenommen und die in Abschnitt 5 mitgeteilten Reflexprofile mit einer *Guinier-Jagodzinski*-Kammer [2]) gemessen worden.

a) Abb. 3 zeigt ein Röntgenweitwinkel-Diagramm, Abb. 4 ein Röntgenkleinwinkel-Diagramm der quer zur Faser geschnittenen Probe. Beide zeigen den normalen Typus für wärmebehandeltes, lineares Polyäthylen. Es ist aber bemerkenswert, daß die Kettenrich-

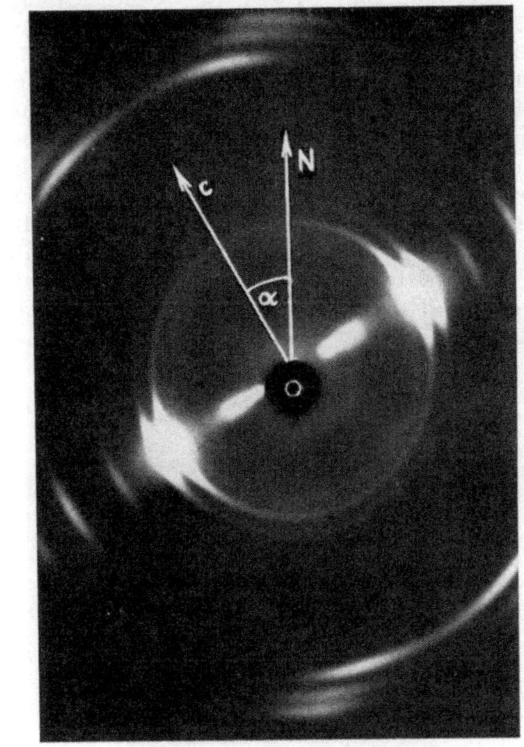

Abb. 3. Weitwinkelaufnahme der senkrecht zur Faserachse geschnittenen Probe. Eingezeichnet ist die Plättchennormale N und die Kettenrichtung c

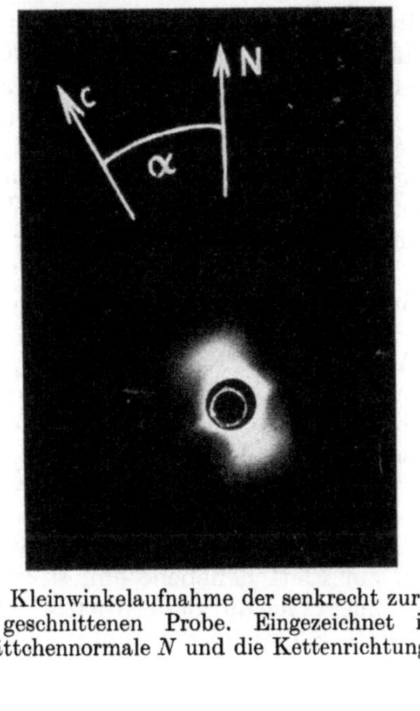

Abb. 4. Kleinwinkelaufnahme der senkrecht zur Faserachse geschnittenen Probe. Eingezeichnet ist die Plättchennormale N und die Kettenrichtung c

---

[1]) Herrn Dipl.-Chem. *M. Barić* vom Institut „Rudjer Bošković", Zagreb, danken wir für die Pfropfcopolymerisation der Proben.

[2]) Hersteller: AEG-Telefunken, Berlin.

tung c nun um 30° gegenüber der Normalen N der Plättchen-Ebene der abgeschnittenen Scheibchen verdreht ist. Die Erklärung hierfür gibt Abb. 1a direkt, denn wie oben schon bemerkt, ist der Schneidenwinkel des Mikrotom-Messers auch etwa 30°. Es wurde auch schon bemerkt, daß bei diesem Schneidevorgang stärkere Scherkräfte zu überwinden sind, die sich darin bemerkbar machen, daß die abgeschnittenen Scheibchen im Sinne der Abb. 1a gekrümmt sind. Entfernt man diese Krümmung, indem man die Scheibchen etwa zum Messen ihrer Dicke zwischen die Meßflächen eines Mikrometers legt, so zeigt das Röntgen-Diagramm einen scharfen Schwärzungsstrich parallel zur Plättchennormale (Abb. 5). Offensichtlich treten bei dem Glattdrücken des Schnitzels Haar-Risse parallel der Plättchen-Oberflächen in-

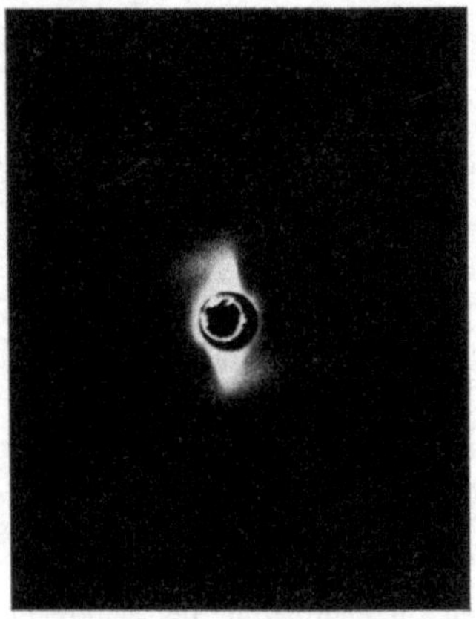

Abb. 5. Kleinwinkelaufnahme der senkrecht zur Faserachse geschnittenen Probe. Plättchen wurden flachgedrückt

nerhalb des Präparates auf. Die Intensität fällt längs dieser strichförmigen Erscheinungen mit einer Halbwertsbreite etwa in der Größe der Langperiode ab und beweist, daß sich bei dem Plattdrücken des Präparates längs gewisser parakristalliner, gekrümmter, innerer Lamellen-Oberflächen Spaltungen vollzogen haben. Aus der Breite der Linien ist zu entnehmen, daß diese Spaltflächen Ausdehnungen in Richtung der Lamellen-Ebene von 1000 Å und mehr haben.

b) Abb. 6 zeigt Kleinwinkel-Diagramme der parallel zur Faserachse geschnittenen Plättchen. Strahlt man senkrecht zur Faser und senkrecht zur Plättchen-Ebene ein, sieht man lediglich auf dem Meridian die bekannten Langperiodenreflexe. Strahlt man senkrecht zu den Kettenmolekülen, aber parallel zur Plättchenebene ein, so beobachtet man zusätzlich auf dem Äquator eine kontinuierliche Kleinwinkelstreuung (Abb. 6b).

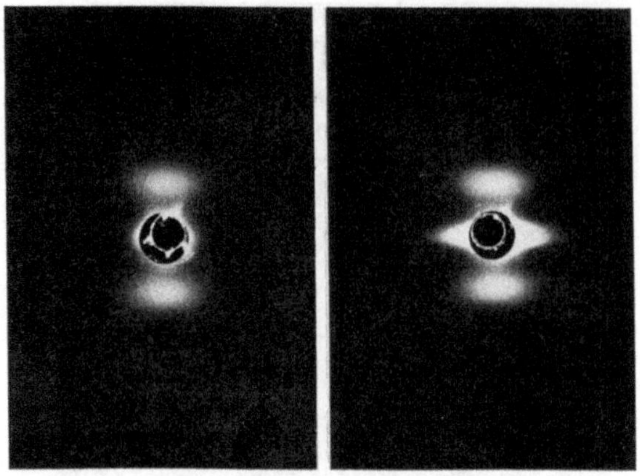

a b

Abb. 6. Kleinwinkelaufnahme der parallel zur Faserachse geschnittenen Probe. a) aufgenommen senkrecht zum Plättchen, b) parallel zum Plättchen

Sie entspricht in ihrer Struktur kaltverstreckten und genügend lang nachgetemperten Polyäthylen-Proben.

In vorliegendem Falle ist die Kleinwinkelstreuung allerdings nicht rotationssymmetrisch und beweist, daß nicht gegeneinander aufgespaltene Mikrofibrillen, sondern daß aufgesplitterte dünne und dünnste Lamellen parallel zur Plättchen-Oberfläche vorliegen. Die Weitwinkelstreuung unterscheidet sich in nichts von derjenigen der ungeschnittenen Probe.

4. Auswertung der Röntgen-Diagramme

Es wurde die Langperiode als Funktion des Gehaltes an Pfropfcopolymerisat untersucht. Dabei ist wie üblich die Langperiode einfach als Kehrwert der Lage des Maximums des Meridian-Reflexes im reziproken Raum definiert (in Wirklichkeit ist die Langperiode stets größer als dieser Kehrwert, teilweise bis zu 20% und mehr). In Abb. 7

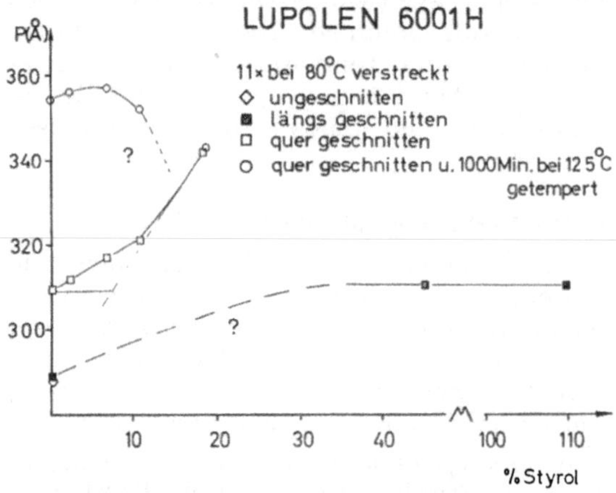

Abb. 7. Die Langperiode als Funktion des Styrolgehaltes und der nachträglichen Temperung

sind die entsprechenden Werte für beide Präparat-Arten wiedergegeben. Sie unterscheiden sich ganz beträchtlich.

a) Das quer zur Faser geschnittene Präparat

Währenddem bei einem ungeschnittenen Präparat von reinem Polyäthylen nach einer Temperzeit von 100 min bei 120 °C sich bei Raumtemperatur auch eine Langperiode von etwa 290 Å einstellt, ist sie bei dem quer zur Kettenrichtung geschnittenen und ebenfalls nicht pfropfcopolymerisierten Präparat um 20 Å länger. Mit zunehmendem Styrol-Gehalt wächst sie bis 10% Styrol etwa linear um 10 Å an. Gemessen wurden nur noch Werte bei 11% und 18,5%, die aber schon beweisen, daß oberhalb 12% die Periode beträchtlich schneller wächst. Die in Abb. 7 gestrichelt eingetragene Gerade wäre zu beobachten, wenn sich alles Pfropfcopolymerisat an den Stirnflächen zwischen benachbarten Kristalliten einlagern würde. Eine solche vollständige Einlagerung findet offensichtlich praktisch ab 12% Copolymerisat statt, währenddem unterhalb 12% das nur etwa halb so schnelle Anwachsen der Langperiode darauf hinweist, daß etwa die Hälfte des Pfropfcopolymerisats in den lateralen Korngrenzen zwischen benachbarten Mikrofibrillen eingelagert wird. Aus dem Schnittpunkt der errechneten gestrichelten Geraden mit der parallel zur Abszisse bei 309 Å gezogenen Linie ergibt sich, daß in den lateralen Korngrenzen etwa 7% Copolymerisat untergebracht sind. Bei dem obersten Meßwert von 18,5% sind also 11% in den Stirnflächen eingelagert. Wie weit sich dieser Prozeß mit zunehmendem Styrol-Gehalt noch in demselben Sinne fortsetzt, muß zunächst noch offen bleiben. Wird die Probe nachträglich bei 125 °C 1000 min getempert, wächst die Langperiode bis auf etwa 355 Å. Dies geschieht interessanterweise vorzüglich nur in dem Bereich, in dem Polystyrol noch teilweise in den lateralen Grenzflächen aufgenommen worden war. Bei einem Styrol-Gehalt von 18,5% war überhaupt kein Anwachsen der Langperiode mehr zu beobachten, bei 11% schon merklich weniger, nämlich nur noch auf 347 Å. Die punktierte, mit einem Fragezeichen versehene Linie deutet den mutmaßlichen weiteren Verlauf der Langperiode als Funktion des Styrol-Gehalts an.

b) Das längs der Faser geschnittene Präparat

Ohne Pfropfcopolymerisat hat das Polyäthylen eine Langperiode von etwa 290 Å, nachdem es nach dem Schneiden wiederum 100 min bei 120 °C getempert worden war. Wie man aus Abb. 7 ersieht, tritt diese Langperiode auch in einem nichtgeschnittenen Material auf und weist darauf hin, daß durch den Längsschnitt keine merklichen Einwirkungen auf das Gefüge ausgeübt worden sind. Im Gegensatz dazu hat, wie oben bemerkt, das Querschneiden zur Folge, daß die Langperiode im nicht copolymerisierten Präparat um 20 Å größer ist. Für das längsgeschnittene Präparat liegen lediglich Messungen bei 40% und 110% Styrol-Gehalt vor. Bei diesen hohen Konzentrationen hat die Langperiode einen Endwert von 310 Å erreicht, ist also im Gegensatz zum quergeschnittenen Präparat insgesamt nur um 20 Å angewachsen. Das pfropfcopolymerisierte Styrol hat sich jetzt also im Gegensatz zu den quergeschnittenen Proben nur noch in den lateralen Grenzflächen der Ultrafibrillen eingelagert. Durch den Schneidevorgang parallel zur Faser machen sich offensichtlich nun auch die lateralen Korngrenzen zwischen den Mikrofibrillen bemerkbar und werden der Einlagerung des Styrols zugänglich, währenddem an den Stirnflächen nichts mehr angelagert werden kann.

Warum ein solcher Grenzwert im quergeschnittenen Präparat nicht besteht, sondern dieses in dem bisher beobachteten Intervall mit stärkerem Styrol-Gehalt eine immer größere Langperiode aufweist, die amorphen Schichten also immer dicker werden können, muß weiteren Untersuchungen vorbehalten bleiben.

5. Zur parakristallinen Struktur

In Abb. 8 sind die integralen Linienbreiten der Reflexe 110, 220 bzw. 200, 400 als Funk-

Tab. 1. Lineares Polyäthylen Lupolen 6001 H, 11mal bei 80 °C verstreckt, quergeschnitten, 100 min bei 120 °C getempert. Pfropfcopolymerisiert mit Styrol

Probe	Styrol-Gehalt (%)	$\bar{D}_{110}$ (Å)	$\bar{D}_{200}$ (Å)	g_{100}	g_{200}	P (Å)
25_1	0	323	282	$3{,}1 \cdot 10^{-2}$	$3{,}7 \cdot 10^{-2}$	309
25_6	10,8	305	274	$3{,}2 \cdot 10^{-2}$	$3{,}8 \cdot 10^{-2}$	321
25_7	18,4	294	270	$3{,}2 \cdot 10^{-2}$	$3{,}9 \cdot 10^{-2}$	342

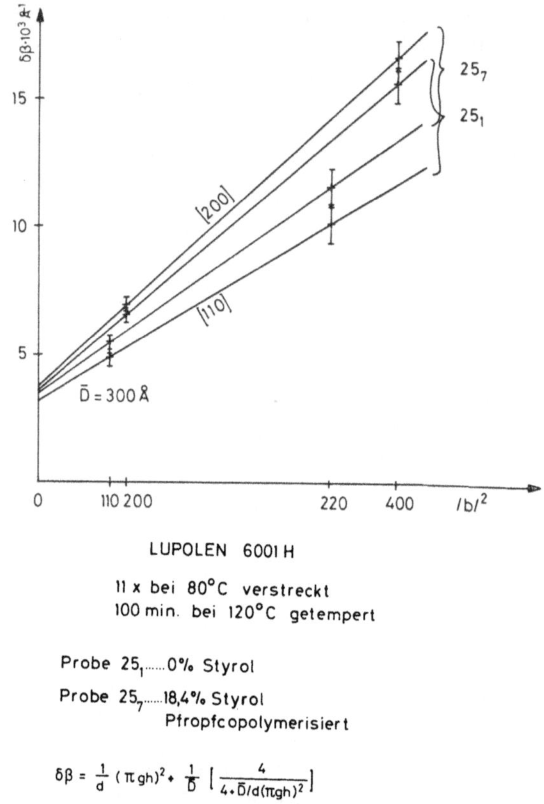

Abb. 8. Integrale Linienbreiten der Weitwinkelreflexe als Funktion von b^2 von quergeschnittenem Lupolen $b = 2 \sin \vartheta / \lambda$

tion der quadrierten Ordnung für zwei quergeschnittene Präparate aufgetragen. In der folgenden Tabelle sind die aus der Steigung der Geraden (3) errechneten parakristallinen Störungen g_{110} und g_{200} sowie die aus dem Schnittpunkt dieser Geraden mit der Ordinate errechneten lateralen mittleren Teilchenausdehnungen $\bar{D}_{110}$ und $\bar{D}_{200}$ eingetragen.

Zwischen 0 und 18,5% Styrol-Aufnahme besteht nur ein sehr geringer, aber immer noch innerhalb der Meßfehler liegender Effekt. Hieraus folgt offensichtlich, daß die Pfropfcopolymerisation praktisch keinen Einfluß auf die Gitterstörungen der parakristallinen Bereiche ausübt, woraus zu schließen ist, daß sie nur in den amorphen Bereichen an den Stirnflächen und auf den lateralen Störstellenflächen zwischen benachbarten Mikrofibrillen in den untersuchten Fällen stattgefunden hat.

Diese Arbeit wurde durch die *Alexander v. Humboldt*-Stiftung gefördert, und wir möchten dafür hier unseren Dank aussprechen.

Zusammenfassung

Lineares Polyäthylen Lupolen 6001 H wurde in einem speziellen Ofen bei 80 °C 11fach verstreckt, dann in etwa 100 μm dicke Scheibchen bzw. Streifen quer bzw. längs zur Kettenreichtung geschnitten und sodann bei 120 °C 100 min getempert. Diese Präparate wurden unter Luftabschluß mit einer Kobalt-Strahlenquelle mit 3000 rad/h zusammen mit Styrol verschieden lang bestrahlt, das nicht copolymerisierte Styrol ausgewaschen und die Proben über längere Zeit im Vacuum getrocknet. Es zeigten sich interessante Unterschiede in der Superstruktur der beiden Proben. Offensichtlich wird beim Schneiden praktisch nichts innerhalb der parakristallinen Gitterbereiche geändert. Beim Querschneiden werden größere, mikroskopisch sichtbare Blöcke durch das Mikrotom-Messer gegen die Plättchen-Oberfläche verdreht. Beim Längsschneiden bilden sich parallel zur Schneide des Mikrotoms aufgesplitterte Lamellen-Bündel. Die Langperiode wächst im ersten Falle ab 12% Styrol-Aufnahme so, als ob das gesamte Pfropfcopolymerisat in den Stirnflächen der Parakristalle eingebaut wird. In den lateralen Korngrenzen werden insgesamt 7 Gewichts-% Pfropfcopolymerisat eingelagert. Bei 18,5% Gesamt-Styrolgehalt befinden sich schließlich 11,5% Pfropfcopolymerisat zwischen den Stirnflächen der parakristallinen Bereiche. Beim längsgeschnittenen Präparat wächst im Gegensatz dazu, spätestens ab 40% des Pfropfcopolymerisats, die Langperiode nicht mehr, so daß hier also offensichtlich das Styrol nur noch in den lateralen Korngrenzen eingebaut wird. Insgesamt beträgt ihre Längenzunahme nur 20 Å.

Summary

Linear polyethylene (Lupolen 6001 H, BASF, Germany) was hotstretched 11 fold at 80 °C in a special oven. For line profil analysis of wide angle reflections 100 μm thick samples are necessary. Some of them were obtained by cutting across, some by cutting parallel to the fiber axes with a special microtome. The samples, then annealed at 120 °C for 100 min were irradiated together with styrene in an air-tight container with a Co 60 source during different times with dose rates of 3000 rad/h. The styrene not copolymerised was washed off, the sample dried at 40 °C under vacuum. The analysis of small angle scattering proved, that in the cross cut sample only 7 weight-% styrene copolymerise in the lateral bounderies between adjacent microfibrils, all other in the "amorphous phase". In the parallel cut samples on the other hand only at least from 40% styrene all is copolymerised in the lateral domains and the long period does not grow more than 20 Å.

Literatur

1) *Balta Calleja, F. J., H. Čačković, R. Hosemann* und *W. Wilke*, Kolloid-Z. u. Z. Polymere **206**, 118 (1965).

2) *Loboda-Čacković, J., R. Hosemann* und *W. Wilke*, Kolloid-Z. u. Z. Polymere **235**, 1162 (1969).

3) *Wilke, W.* und *R. Hosemann*, Faserforschg. u. Textiltechn. **15**, 54 (1967).

Anschriften der Verfasser:

Dr. *H. Čačković* und Dr. *J. Loboda-Čačković*
„Rudjer Bosković" Institut, Zagreb (Jugoslawien)
z. Z. Fritz-Haber-Institut der Max-Planck-Gesellschaft
1 Berlin 33, Faradayweg 4–6

Prof. Dr. *R. Hosemann*
Fritz-Haber-Institut der Max-Planck-Gesellschaft
1 Berlin 33, Faradayweg 4–6

Aus dem Forschungsinstitut Union Carbide European Research Associates, Brüssel (Belgien)

Eine verbesserte Auswertungsmethode für die Röntgenkleinwinkelstreuung von Hochpolymeren*)

Von R. Perret und W. Ruland

Mit 9 Abbildungen und 2 Tabellen

(Eingegangen am 8. April 1971)

1. Einführung

Die Röntgenkleinwinkelstreuung von partiell-kristallinen Polymersystemen ist seit den ersten Arbeiten von *Hess* u. *Kiessig* (1, 2) auf diesem Gebiet Gegenstand ausführlicher Untersuchungen (3–16). Die Untersuchungen haben sich im wesentlichen auf die Auswertung der auf die periodische Folge von kristallinen und amorphen Bereichen zurückzuführenden Interferenzerscheinungen beschränkt. In der vorliegenden Arbeit ist der Versuch unternommen, durch eine Auswertung des genauen Intensitätsverlaufes bei größeren Streuwinkeln zusätzliche Informationen zu erhalten, die die Ergebnisse der Auswertung der Interferenzmaxima der Langperiode ergänzen und die Wahl der möglichen Modellstrukturen weiter einschränken können.

2. Theoretische Grundlagen

Wir betrachten zunächst ein ideales Zweiphasensystem mit einem unendlich scharfen Dichtesprung an den Phasengrenzen und einer absolut konstanten Elektronendichte innerhalb der Phasen. (Unter „Phase" soll in dieser Arbeit die Gesamtheit aller Bereiche gleicher mittlerer Elektronendichte verstanden werden). Nach *Porod* (17, 18) kann man im Falle eines makroskopisch isotropen Präparats die Röntgenkleinwinkelstreuung durch die Beziehung

$$I(s) = Vc(1-c)\,(\varrho_1-\varrho_2)^2 F_3(\gamma(r)) \qquad [1]$$

ausdrücken, wobei I die Intensität in Elektroneneinheiten als Funktion des Absolutbetrages $s\,(= 2\sin\theta/\lambda)$ des Ortsvektors $\boldsymbol{s}$ des reziproken Raumes, V das durchstrahlte Volumen, c die Volumenkonzentration einer Phase, ϱ_1 und ϱ_2 die mittleren Elektronendichten von Phase 1 und Phase 2, F_3 die dreidimensionale Fouriertransformierte der Form

$$\int_v e^{2\pi i \boldsymbol{r}\boldsymbol{s}}\, dv_r$$

und γ die normierte ($\gamma(0) = 1$) Korrelationsfunktion des Zweiphasensystems als Funktion des Absolutwertes r des Ortsvektors $\boldsymbol{r}$ im physikalischen Raum ist. Der Proportionalitätsfaktor

$$k = Vc(1-c)\,(\varrho_1-\varrho_2)^2$$

zwischen I und $F(\gamma)$ wird auch als „Invariante" des Systems bezeichnet und kann durch Absolutmessungen der Gesamtstreuintensität bestimmt werden. Solche Messungen sind von *Fischer*, *Goddar* u. *Schmidt* (19, 20) zur Bestimmung der Dichtedifferenz $(\varrho_1-\varrho_2)$ zwischen kristallinen und amorphen Bereichen benutzt worden.

Wesentliches Kennzeichen eines idealen Zweiphasensystems ist es, daß die Korrelationsfunktion γ bei kleinen Werten von r einen linearen Abfall der Form

$$\gamma = 1 - \frac{r}{l_p} \qquad [2]$$

zeigt. Der Längenparameter l_p hängt mit den mittleren Durchschußlängen $\langle l_1\rangle$ und $\langle l_2\rangle$ der Phasen 1 und 2 über die Beziehungen

$$l_p = c_1\langle l_2\rangle = c_2\langle l_1\rangle,$$
$$l_p^{-1} = \langle l_1\rangle^{-1} + \langle l_2\rangle^{-1}$$

zusammen.

Weiterhin gilt die Beziehung

$$l_p = \frac{4c(1-c)\,V}{S}$$

für isotrope Systeme, wobei S die gesamte Phasengrenzfläche im durchstrahlten Volumen V darstellt.

Wie schon von *Porod* gezeigt wurde, folgt aus Gl. [2], daß sich die Intensitätsverteilung

*) Vorgetragen auf der Arbeitssitzung des Fachausschusses Physik der Hochpolymeren in der Frühjahrstagung Berlin 1971 vom 9. bis 13. März des Regionalverbandes Physikalische Gesellschaft zu Berlin.

bei größeren Winkeln der Beziehung

$$I(s) = \frac{k}{2\pi^3 l_p s^4} \qquad [3]$$

asymptotisch nähert.

Der Längenparameter l_p kann also ohne Absolutmessung mit Hilfe der Beziehung

$$l_p = \frac{4\pi \int_0^\infty s^2 I(s)\, ds}{\lim\limits_{s\to\infty} 2\pi^3 s^4 I(s)}$$

erhalten werden, da sich aus Gl. [1] und der Definition $\gamma(0) = 1$ die Beziehung

$$k = 4\pi \int_0^\infty s^2 I(s)\, ds$$

ergibt. Für spaltverschmierte Streukurven $J(s)$ gilt analog

$$l_p = \frac{2\pi \int_0^\infty s\, J(s)\, ds}{\lim\limits_{s\to\infty} 4\pi^2 s^3 J(s)}.$$

Im Falle eines realen Zweiphasensystems sind jedoch die Abweichungen von diesem asymptotischen Verhalten der Intensität bei größeren Winkeln (im weiteren *Porod*sches Gesetz genannt) zu erwarten, wie in einer kürzlich veröffentlichten Arbeit (21) diskutiert wurde. Es sind im wesentlichen zwei Störungen des Idealmodells zu betrachten: eine endliche Breite des Dichtesprunges an den Phasengrenzflächen und statistische Schwankungen um den Mittelwert der Elektronendichte innerhalb der Phasen.

Im Falle einer endlichen Breite des Dichtesprunges ist ein stärkerer Abfall der Intensität bei größeren Winkeln zu erwarten, der bei nicht zu großer Breite die Gl. [3] zu

$$I(s) = \frac{k}{2\pi^3 l_p s^4}(1 - 4\pi^2 \sigma^2 s^2)$$

modifiziert. Bei spaltverschmierten Streukurven findet man entsprechend

$$J(s) = \frac{k}{4\pi^2 l_p s^3}(1 - 8\pi^2 \sigma^2 s^2).$$

σ^2 ist das zweite Moment der Dichteverteilung, die die endliche Breite des Dichtesprunges bewirkt. Wie aus den Beziehungen ersichtlich, bewirkt ein endliches σ^2 eine lineare Beziehung mit negativer Steigung in einem $s^4 I - s^2$ bzw. $s^3 J(s) - s^2$ Diagramm, in dem l_p aus dem Ordinatenabschnitt und σ^2 aus der Steigung ermittelt werden kann.

Statistische Schwankungen der Elektronendichte innerhalb der Phasen verursachen eine zusätzliche Kleinwinkelstreuung. Anstelle der Gl. [1] erhält man

$$I(s) = k F_3[\gamma(r)] + V_1 \varrho_1 [Fl]_1 + V_2 \varrho_2 [Fl]_2, \qquad [4]$$

wobei V_1 V_2 und die Volumina und $[Fl]_1$ und $[Fl]_2$ die normalisierten Intensitätskomponenten der Dichteschwankungen der Phase 1 und 2 sind.

Bei den Dichteschwankungen können wir drei Grundtypen unterscheiden.

Im Falle einer dreidimensional homogenen Statistik der Dichteschwankungen ist die Intensitätskomponente $[Fl]$ gegeben durch den Ausdruck

$$[Fl] = Fl_3 = \frac{\langle N^2\rangle_v - N\rangle_v^2}{\langle N\rangle_v},$$

wobei N die Anzahl der Elektronen und $\langle\ \rangle_v$ die Mittelwertsbildung über ein im Verhältnis zur Reichweite der Wechselwirkungen zwischen den Atomen und Molekülen großes Volumen darstellt. Dichteschwankungen dieses Typs findet man in Flüssigkeiten (22) und Gasen, aber auch in amorphen Substanzen mit „eingefrorener" Flüssigkeitsstruktur und kristallinen Substanzen mit einer statistischen Verteilung von Fremdatomen oder Fehlstellen über das Kristallgitter.

Im Falle einer stark anisotropen Unordnung sind diese Dichteschwankungen inhomogen, und die zugehörigen Intensitätskomponenten $[Fl]$ werden dann zumindest bei größeren Winkeln Funktionen von s. Wenn die Unordnung sich im wesentlichen nur in einer Richtung ausbreitet, erhält man für $[Fl]$ den Ausdruck

$$[Fl] = \frac{\tau Fl_1}{2\pi s^2}.$$

Solche Dichteschwankungen sind in nichtgraphitischen Kohlenstoffen, insbesondere Kohlenstoff-Fasern, beobachtet worden (23, 24, 25) und sind immer dann zu erwarten, wenn Störungen in der Packung von starren Lamellen auftreten. τ ist dann die mittlere Elektronendichte pro Lamellenoberfläche und Fl_1 die statistische Schwankung in der Projektion der Dichte auf die Normale zu den Lamellenoberflächen.

In ähnlicher Weise sollte man eine Intensitätskomponente der Form

$$[Fl] = \frac{\xi Fl_2}{2s}$$

erwarten, wenn starre, eindimensionale Strukturen in imperfekter Parallelpackung auftreten. ξ ist die mittlere Elektronendichte pro Längeneinheit in diesen eindimensionalen Strukturen und Fl_2 die statistische Schwankung in der Projektion der Dichte auf die Ebene senkrecht zu den Hauptachsen dieser Struktur. Einen solchen Typ von Dichteschwankungen hat man, soweit uns bekannt, bisher noch nicht beobachtet.

Bei spaltverschmierten Intensitätskurven ergeben sich andere Ausdrücke für die Komponenten $[Fl]$; insbesondere muß im Falle der dreidimensionalen und der zweidimensionalen Statistik die endliche Ausdehnung des Spaltes berücksichtigt werden.

Die Trennung der $[Fl]$-Komponenten von der Streuung des idealen Zweiphasensystems erfolgt mit Hilfe einer $s^4I(s)$–z bzw. $s^3J(s)$–z' Auftragung. Die Parameter z und z' für die verschiedenen Fluktuationstypen sind in Tab. 1 aufgeführt.

Tab. 1. Parameter für $s^4I - z$ bzw. $s^3J - z'$ Diagramme. [$W(y)$ ist die Meßfunktion entlang des Spaltes]

$[Fl]$	z	z'
eindimensional	s^2	s^2
zweidimensional	s^3	$s^3 \int\limits_0^\infty \frac{W(y)}{\sqrt{s^2+y^2}}\, dy$
dreidimensional	s^4	s^3

Beobachtet man bei geeigneter Wahl des Parameters z bzw. z' eine lineare Beziehung für s^4I bzw. s^3J bei größeren Winkeln, so ist damit der Typ der Dichtefluktuation ermittelt, eine Trennung der Komponenten durchführbar und eine Bestimmung von l_p und einer mit $c\varrho$ gewichteten Summe der $[Fl]$-Werte möglich.

Für die Auswertung der Kleinwinkelstreuung von partiell-kristallinen Polymeren ist es von Interesse, den Wert von l_p mit dem aus den Interferenzmaxima gewonnenen Wert der Langperiode L zu vergleichen. Nimmt man an, daß die Langperiode von einer Folge von kristallinen und amorphen Schichten herrührt, deren seitliche Ausdehnung groß im Verhältnis zur Langperiode ist, so ergibt sich für die spezifische Oberfläche S_0/V der Phasengrenze ein Wert von

$$\frac{S_0}{V} = \frac{2}{L}$$

im Falle vollkommen ebener und paralleler Grenzflächen. Abweichungen von der Planarität bewirken eine Vergrößerung der spezifischen Oberfläche, und man findet

$$\frac{S}{V} = \frac{4c(1-c)}{l_p} > \frac{2}{L}.$$

Das Verhältnis

$$\frac{S}{S_0} = \frac{2Lc(1-c)}{l_p}$$

stellt ein Maß für die Unebenheit der Grenzfläche dar, das man auch als Mittelwert

$$\frac{S}{S_0} = \left\langle \frac{1}{\cos\alpha} \right\rangle_{S_0}$$

über die Kehrwerte des Kosinus des Winkels α zwischen der Normalen zu einem Element von S und der Normalen zu S_0 auffassen kann (s. Abb. 1).

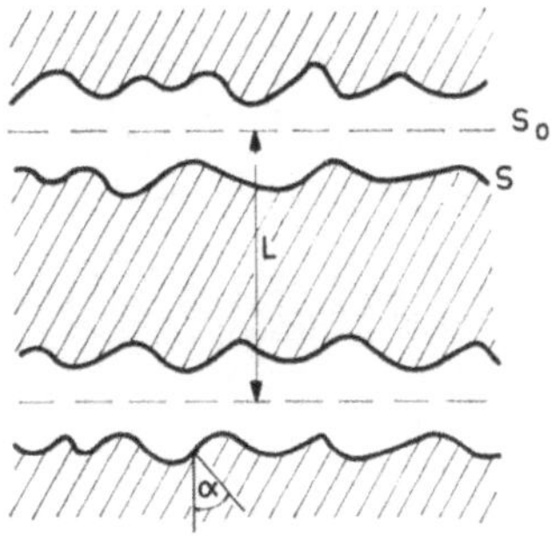

Abb. 1. Schematische Darstellung eines Lamellensystems mit unebenen Grenzflächen. L Langperiode, S_0 Oberfläche einer ebenen Grenzfläche, S wirkliche Oberfläche, α Winkel zwischen der Normalen zu S_0 und der Normalen eines Elements von S

3. Meßergebnisse

Die Messungen der Kleinwinkelstreuung wurden mit einer *Kratky*-Kamera unter Benutzung von CuK_α-Strahlung und einem Xenon-Proportionalzählrohr durchgeführt. Die Monochromatisierung erfolgte mit Hilfe eines Graphitmonochromators (UCAR) der Carbon Products Division, Union Carbide Corporation, der einen erheblichen Intensitätsgewinn gegenüber den gebräuchlichen Monochromatoren liefert. Die Harmonischen der CuK_α-Wellenlänge wurden durch Impulshöhendiskrimination entfernt. Eine effektive Monochromatisierung erwies sich sowohl für die Absolutmessungen (unter Benutzung von kalibrierten Filtern für die Intensitätsmessungen des Primärstrahls) als auch für die genauen Messungen des Intensitätsauslaufes bei größeren Winkeln als erforderlich. Da eine hohe Auflösung für den Zweck unserer Untersuchungen nicht notwendig war und die Intensitätsausbeute verringert hätte, begnügten wir uns mit einer Primärstrahlbreite von etwa 0,002 Å^{-1} in s.

Zur Überprüfung der Genauigkeit, mit der man die Fluktuationskomponente der Kleinwinkelstreuung messen kann, wurde die Streuung von Polystyrolpräparaten untersucht. Eine typische Streukurve in $s^3J(s) - z'$ Auftragung zeigt Abb. 2. Der Vergleich zwischen

$$z' = s^3, \quad z' = s^3 \int \frac{W(y)}{y^2+s^2}\, dy \quad \text{und} \quad z' = 10s^2$$

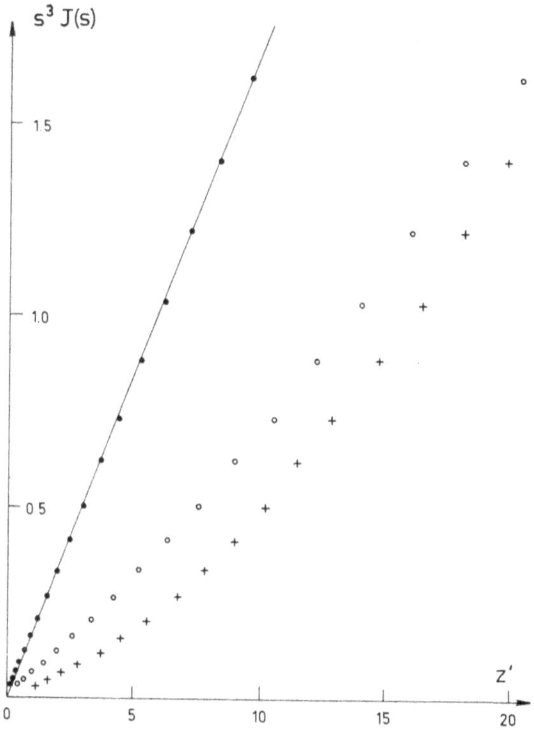

Abb. 2. Kleinwinkelstreuung eines Polystyrolpräparates in einer $s^3 J(s) - z'$ Auftragung.

● $z' = s^3$; ○ $z' = s^3 \int\limits_0^\infty \frac{W(y)}{\sqrt{y^2+s^2}}\, dy$; + $z' = s^2$

beweist klar das Vorliegen von dreidimensional homogenen Dichteschwankungen. Weiterhin weist die Tatsache, daß die Gerade in der $s^3 J(s) - s^3$ Auftragung durch den Ursprung geht, auf ein Einphasensystem hin.

Abb. 3 zeigt die Kleinwinkelstreuung eines aus Xylol bei 85 °C kristallisierten, linearen Polyäthylens (Marlex) in der $s^3 J(s) - s^3$ Auftragung. Der lineare Verlauf bei größeren Werten von s ist deutlich sichtbar und beweist die Existenz von dreidimensional homogenen Dichteschwankungen.

Abb. 4 zeigt die Kleinwinkelstreuung eines aus der Schmelze kristallisierten Polyäthylens (Hostalen GUR) in der gleichen Auftragung.

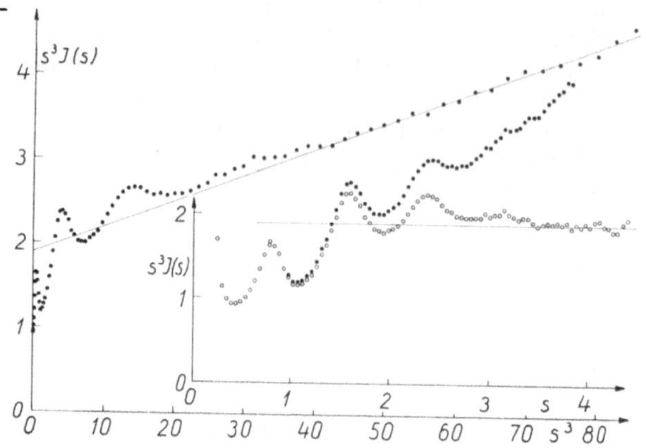

Abb. 3. Kleinwinkelstreuung von lösungskristallisiertem Polyäthylen in $s^3 J(s) - s^3$ und $s^3 J(s) - s$ Auftragung. ● mit Fluktuationsterm; ○ ohne Fluktuationsterm

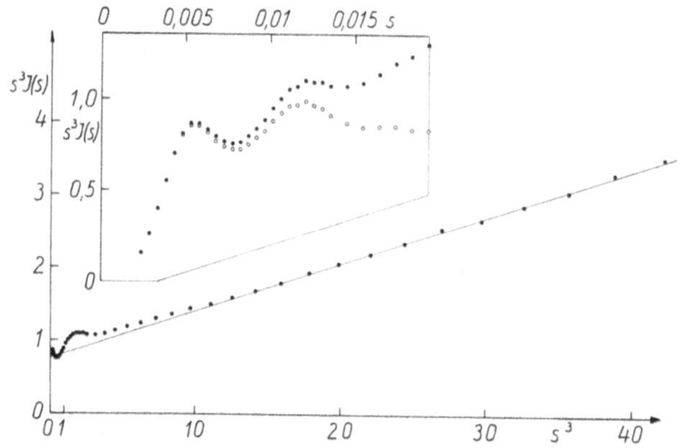

Abb. 4. Kleinwinkelstreuung von schmelzkristallisiertem Polyäthylen in $s^3 J(s) - s^3$ und $s^3 J(s) - s$ Auftragung. ● mit Fluktuationsterm; ○ ohne Fluktuationsterm

Es wird ebenfalls eine lineare Beziehung bei größeren Winkeln gefunden.

Die Ergebnisse der Auswertung sind in Tab. 2 zusammengefaßt.

Der Volumanteil c_{cr} der kristallinen Bereiche wurde aus der Weitwinkelstreuung unter Berücksichtigung der „Unordnungsfunktion“ (26) ermittelt. D_{cr} und D_{am} sind die mittleren Dicken der kristallinen bzw. amorphen Schichten, $\Delta\varrho_m$ ist die aus der Invarianten erhaltene Differenz zwischen der

Tab. 2. Meßergebnisse für Polyäthylen-Präparate

Präparat	l_p (Å)	L (Å)	c_{cr}	S/S_0	$\langle\alpha\rangle$	D_{cr} (Å)	D_{am} (Å)	$\Delta\varrho_m$ (g/cm³)	Fl_M
Aus der Lösung kristallisiert	37,7	125	0,81	1,018	11,0°	101	24	0,18	0,028
Aus der Schmelze kristallisiert	60,0	188	0,60	1,51	48,5°	113	75	0,143	0,058

Dichte (in g/cm^3) der kristallinen und der amorphen Bereiche, Fl_M ist die aus der Steigung in $s^3 J - s^3$ der normierten Streukurve ermittelte Dichtefluktuation bezogen auf eine Monomereinheit. Diese hängt mit der Schwankung Fl_3 der Elektronendichte N/V

$$Fl_3 = \frac{\langle N^2 \rangle - \langle N \rangle^2}{\langle N \rangle}$$

über die einfache Beziehung

$$Fl_M = \frac{Fl_3}{Z_M} = \frac{\langle n^2 \rangle - \langle n \rangle^2}{\langle n \rangle}$$

zusammen, bei der Z_M die Zahl der Elektronen pro Monomereinheit und $n = N/Z_M$ die Anzahl der in der Mittelung erfaßten Monomereinheiten darstellt.

Das Verhältnis S/S_0 für lösungskristallisiertes Polyäthylen ist sehr nahe an eins, die Grenzfläche ist also ziemlich eben. Da eine lineare Beziehung in $s^3 J - s^3$ bis zu ziemlich hohen s-Werten besteht, sollte der Dichtesprung ziemlich scharf sein.

Das schmelzkristallisierte Präparat weist einen deutlichen Unterschied zwischen S und S_0 auf. Akzeptiert man die Annahme einer Lamellenstruktur auch für dieses Präparat, so erhält man einen Wert für den mittleren Neigungswinkel $\langle \alpha \rangle$,

$$\langle \alpha \rangle = \arccos \left\langle \frac{1}{\cos \alpha} \right\rangle^{-1},$$

der Grenzflächenelemente, der physikalisch durchaus sinnvoll erscheint.

Für eine Diskussion der gefundenen Fl_M-Werte fehlt es z. Z. noch an Vergleichsmöglichkeiten. Es erscheint zumindest in erster Näherung annehmbar, die Hauptquelle der Dichtefluktuationen in den amorphen Bereichen zu suchen. Unter der Annahme, daß die Dichteschwankungen in den kristallinen Bereichen vernachlässigbar klein sind, ergeben sich als Maximalwerte für Fl_M in den amorphen Bereichen 0,147 für das lösungskristallisierte und 0,145 für das schmelzkristallisierte Polyäthylen. Ob der Übereinstimmung zwischen diesen Werten eine Bedeutung zukommt, muß in weiteren Arbeiten geklärt werden.

4. Entschmierungsverfahren

Die Meßergebnisse haben gezeigt, daß die Streukurven in eine konstante und eine mit s^{-3} abfallende Intensitätskomponente zerlegt werden können. Nur die letztere Komponente kommt für die Entschmierung in Betracht.

Bei der Anwendung einer Reihe von Entschmierungsverfahren auf diese Komponente mußten wir feststellen, daß es erhebliche Schwierigkeiten bereitet, das *Porod*sche Gesetz in der entschmierten Intensitätskurve wiederzufinden. Dies liegt daran, daß alle Entschmierungsverfahren einen Abbrucheffekt enthalten, der sich besonders stark bei größeren Werten von s bemerkbar macht. Diese Schwierigkeiten kann man überwinden, indem man die mit s^{-3} abfallende Intensitätskomponente $J(s)$ in eine mittlere Intensitätskurve $\bar{J}(s)$ und die Differenz

$$\Delta J(s) = J(s) - \bar{J}(s)$$

zerlegt. Als mittlere Intensitätskurve nimmt man zweckmäßigerweise eine Funktion der Form

$$\bar{J}(s) = k \frac{2\pi l_p^2}{(1 + 4\pi^2 l_p^2 s^2)^{3/2}},$$

die mit $J(s)$ die Gesamtintensität

$$2\pi \int_0^\infty s \bar{J}(s)\, ds = 2\pi \int_0^\infty s J(s)\, ds = k$$

und den Intensitätsverlauf bei großen Werten von s

$$\lim_{s \to \infty} 4\pi^2 s^3 \bar{J}(s) = \lim_{s \to \infty} 4\pi^2 s^3 J(s) = \frac{1}{l_p}$$

gemeinsam hat. Unter dieser Bedingung geht die Differenzfunktion $\Delta J(s)$ genügend schnell gegen Null, so daß der Abbrucheffekt einer nur auf $\Delta J(s)$ angewandten Entschmierungsoperation

$$\Delta J(s) \to \Delta I(s)$$

in der resultierenden Differenzfunktion $\Delta I(s)$ vernachlässigbar klein ist.

Die vollständig entschmierte Intensitätskurve $I(s)$ erhält man aus

$$I(s) = \bar{I}(s) + \Delta I(s),$$

wobei

$$\bar{I}(s) = k \frac{8\pi l_p^3}{(1 + 4\pi^2 l_p^2 s^2)^2}$$

die analytische Lösung der Entschmierung von $\bar{J}(s)$ ist, die den richtigen Intensitätsverlauf bei großem s-Wert sicherstellt.

In Abb. 5 ist eine gemessene und korrigierte $J(s)$-Kurve in einer $\log J - \log s$ Auftragung zusammen mit der dazugehörigen $\bar{J}(s)$-Kurve aufgetragen. Man sieht, daß die $\bar{J}(s)$-Kurve einen sehr guten Mittelwert darstellt.

Für den Fall einer Auswertung mit Hilfe von Fourier-Transformierten von $J(s)$ bzw. $I(s)$ ist von Interesse, daß in der entspre-

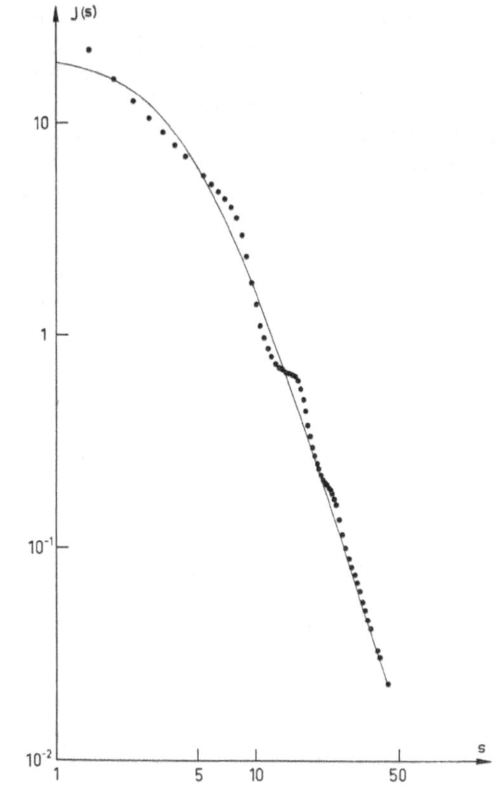

Abb. 5. Kleinwinkelstreuung von Polyäthylen in $\log J(s) - \log s$ Auftragung.
● gemessene Werte nach Abzug des Fluktuationsterms
- —— $\bar{J}(s) \propto (1 + 4\pi^2 l_p^2 s^2)^{-3/2}$

chenden Zerlegung von $\gamma(r)$,

$$\gamma(r) = \bar{\gamma}(r) + \Delta\gamma(r)\,,$$

die Funktion $\bar{\gamma}(r)$ von der Form

$$\bar{\gamma}(r) = e^{-\frac{r}{l_p}}$$

ist.

5. Diskussion

Die vorliegende Untersuchung zeigt, wie wichtig eine genaue Intensitätsbestimmung bei größeren Winkeln in der Kleinwinkelstreuung von Hochpolymeren für eine korrekte Auswertung der Strukturparameter ist. Dadurch werden zwar höhere Anforderungen an die Meßtechnik gestellt, die aber durch den Gewinn an Information gerechtfertigt sind. Es ist offensichtlich, daß eine Untersuchung der Interferenzfunktion, z. B. im Sinne des Ansatzes von *Vonk* u. *Kortleve* (14), durch die Abtrennung des Fluktuationsuntergrundes erheblich an Genauigkeit gewinnen wird.

Wenn höhere Anforderungen an die Genauigkeit der Messung gestellt werden, vermehren sich jedoch auch die Fehlermöglichkeiten.

Wie wir schon bei früheren Arbeiten (23) feststellten, ist eine erhebliche Mehrfachkleinwinkelstreuung bei Korngrößen im μ-Bereich zu erwarten. Der größte Teil der Intensität dieser Streuung liegt zwar bei sehr kleinen Winkeln, Intensitätsausläufer können jedoch erhebliche Beiträge zur Streuung bei größeren Winkeln liefern. Besonders nachteilig ist, daß das *Porod*sche Gesetz auch für die Mehrfachstreuung gilt, so daß durch

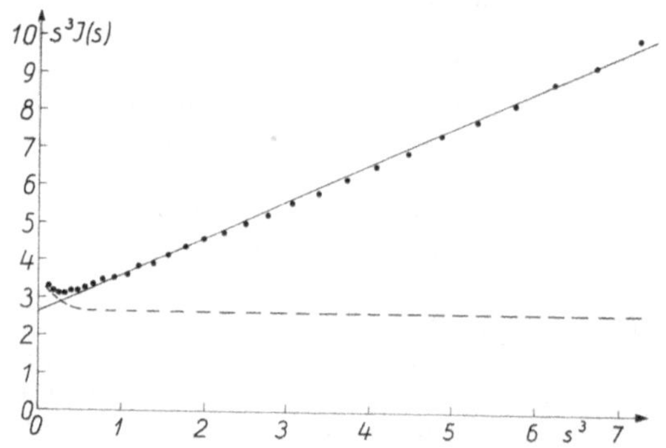

Abb. 6. Kleinwinkelstreuung eines feinkörnigen Polystyrolpräparates in $s^3 J(s) - s^3$. Gestrichelte Linie: Beitrag der Mehrfachstreuung der Körner

diesen Effekt ein Zweiphasensystem vorgetäuscht werden kann. Abb. 6 zeigt die Streukurve eines sehr feinkörnigen (5–20 μ) Polystyrolpräparates, bei der ein solcher Effekt festgestellt wurde. Zu beachten ist der Anstieg zu kleineren Winkeln, der deutlich auf Mehrfachstreuung hinweist und keine sinnvolle Bestimmung der Invarianten gestattet.

Bei unseren Messungen an lösungskristallisiertem Polyäthylen stellten wir ebenfalls einen erheblichen Beitrag der auf die Feinkörnigkeit des Präparates zurückzuführenden Mehrfachstreuung fest, der sich über den gesamten untersuchten Winkelbereich erstreckt. Zur Bestimmung dieses Beitrages wurde die Kleinwinkelstreuung des trockenen Präparates und eines mit wäßrigem Alkohol angerührten Präparates gemessen. Der korrekte Wert des Fluktuationsterms ergibt sich aus der Absolutintensität des trockenen Präparates, die korrekten Werte für l_p und $\Delta\varrho_m$ erhält man aus der Streuintensität des aufgeschlämmten Pulvers. Der Wert von $\Delta\varrho_m$ wird besonders stark von der Mehrfachstreuung verfälscht, und zwar in Richtung auf zu große Werte.

Eine weitere Fehlerquelle stellen die Ausläufer der Intensitätsverteilungen der ersten Interferenzmaxima der Weitwinkelstreuung, insbesondere der amorphen Bereiche, dar, die den Effekt der endlichen Breite des Dichtesprunges in einem begrenzten Winkelbereich kompensieren und damit einen schärferen Dichtesprung vortäuschen können.

Unberührt von diesen Überlegungen bleibt jedoch die Tatsache, daß in den untersuchten Präparaten immer eine dreidimensional homogene Dichtefluktuation gefunden wurde. In diesem Zusammenhang ist es interessant zu untersuchen, inwieweit das parakristalline Unordnungsmodell in der von *Hosemann* u. *Bagchi* (27) angegebenen mathematischen Form zu einer Deutung dieser Dichtefluktuation herangezogen werden kann. Der Vorläufer dieses Modells, das von *Zernike* u. *Prins* (28) entwickelte Modell einer eindimensional homogenen Nahordnung, besitzt eine Interferenzfunktion der Form

$$\frac{1}{N} I(s) = \frac{2\pi^2 \Delta^2 a\, s^2}{1 + 2\pi^2 \Delta^2 a s^2 + 2\pi \Delta a s \sin 2\pi a s - \cos 2\pi a s},$$

wenn man N, die Anzahl der Elementarzellen, gegen unendlich gehen läßt. Für kleine Werte von s nähert sich diese Funktion asymptotisch dem Wert

$$\lim_{s \to \infty} \frac{1}{N} I(s) = \frac{\Delta^2 a}{(a + \Delta a)^2},$$

wie in Abb. 7 zu sehen ist.

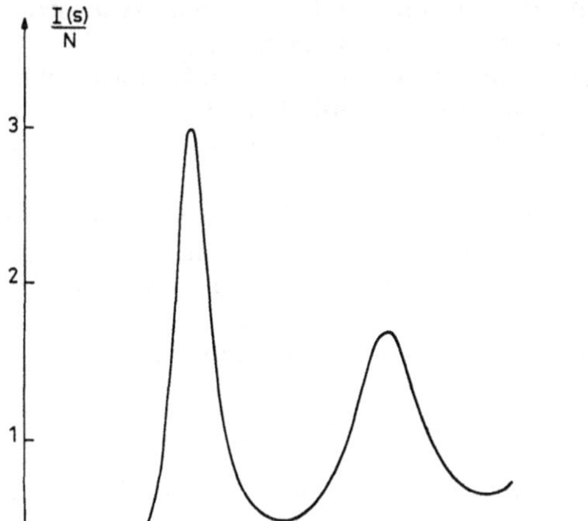

Abb. 7. Interferenzfunktion einer eindimensionalen Nahordnung nach *Zernike* u. *Prins* (28) für $(\overline{\Delta^2 a})^{1/2} = 0{,}25$ und $a + \Delta a = 1$

Da die Abstandsverteilung zum ersten Nachbarn in diesem Modell von der Form

$$h(r) = e^{-\frac{r-a}{\Delta a}}$$

ist, stellt $a + \Delta a$ die mittlere Ausdehnung $\bar{a}$ der eindimensionalen Elementarzelle dar. Wir erhalten also in diesem Fall die Beziehung

$$Fl_1 = \frac{\langle N^2 \rangle - \langle N \rangle^2}{\langle N \rangle} = \frac{\Delta^2 a}{\bar{a}^2}$$

in Übereinstimmung mit der dem Modell zugrunde liegenden Beschränkung auf Wechselwirkungen zwischen nächsten Nachbarn.

In Analogie hierzu sollte man für eine dreidimensional homogene Nahordnung dieses Typs erwarten, daß sich die Interferenzfunktion asymptotisch dem Wert

$$\lim_{s \to \infty} \frac{1}{N} I(s) = \frac{\overline{\Delta^2 v_0}}{\bar{v}_0^2} = Fl_3$$

nähert, wenn v_0 das Volumen der Elementarzelle ist.

Untersucht man die Interferenzfunktion eines idealen Parakristalls in der Nähe des Ursprungs des reziproken Raumes, so findet man nach Gl. IX, 98 der Referenz (27)

$$\lim_{\vec{s} \to 0} \frac{1}{N} I(\vec{s})$$
$$= \frac{\overline{\Delta^2 a}}{\bar{a}^2} \left(\delta(\bar{a} s_1)\delta(\bar{a} s_2) + \delta(\bar{a} s_1)\delta(\bar{a} s_3) + \delta(\bar{a} s_2)\delta(\bar{a} s_3)\right)$$
$$+ \left(\frac{\overline{\Delta^2 a}}{\bar{a}^2}\right)^2 \left(\delta(\bar{a} s_1) + \delta(\bar{a} s_2) + \delta(\bar{a} s_3)\right)$$
$$+ \left(\frac{\overline{\Delta^2 a}}{\bar{a}^2}\right)^3,$$

wenn man der Einfachheit halber ein kubisch primitives Gitter mit der Zellkante $\bar{a}$ und ein mittleres Schwankungsquadrat $\overline{\Delta^2 a}$ dieser Kante annimmt. δ ist die *Dirac*sche Delta-Funktion (Punktfunktion), und s_1, s_2 und s_3 sind die Komponenten von $\vec{s}$ in einem rechtwinkligen Koordinatensystem. Das Produkt

$$\delta(\bar{a} s_i)\delta(\bar{a} s_j)$$

stellt einen unendlich dünnen Stab mit dem Gewicht $1/\bar{a}^2$ pro Längeneinheit dar, der normal zur s_i—s_j-Fläche durch den Ursprung des reziproken Raumes geht. $\delta(\bar{a}\, s_i)$ ist eine unendlich dünne Scheibe mit dem Gewicht $1/\bar{a}$ pro Flächeneinheit, die senkrecht zu der Richtung von s_i durch den Ursprung des reziproken Raumes geht. Die Intensität ist also unendlich groß am Ursprung und entlang der Hauptachsen und der Hauptebenen. Sie ist endlich ($= (\overline{\Delta^2 a}/\bar{a}^2)^3$) in den Zwischenräumen.

Um einen sinnvollen Vergleich mit der Interferenzfunktion einer eindimensional homogenen Nahordnung durchzuführen, führen wir eine Mittelung über alle Raumrichtungen durch und erhalten

$$\lim_{s\to 0} \frac{1}{N} I(s) = \frac{3}{2\pi \bar{a}^2 s^2} \frac{\overline{\Delta^2 a}}{\bar{a}^2} + \frac{3}{2\bar{a}\, s} \left(\frac{\overline{\Delta^2 a}}{\bar{a}^2}\right)^2 + \left(\frac{\overline{\Delta^2 a}}{\bar{a}^2}\right)^3,$$

eine Gleichung, die schon in einer früheren Arbeit (29) angegeben wurde. Statt der geforderten asymptotischen Annäherung an den Wert

$$\frac{\overline{\Delta^2 v}}{\bar{v}^2} = 3\frac{\overline{\Delta^2 a}}{\bar{a}^2} + 3\left(\frac{\overline{\Delta^2 a}}{\bar{a}^2}\right)^2 + \left(\frac{\overline{\Delta^2 a}}{\bar{a}^2}\right)^3$$

findet man also einen steilen Anstieg mit abnehmenden s-Werten.

Für einen unendlich großen Parakristall geht dieser Anstieg nach unendlich, für einen endlichen Parakristall sind infolge der endlichen Dicke der Stäbe und Scheiben (s. Abb. 8) die Terme in $1/s^2$ und $1/s$ nur für s-Werte größer als $1/L$ gültig, wenn L die Kristalldimension entlang der Hauptachsen ist.

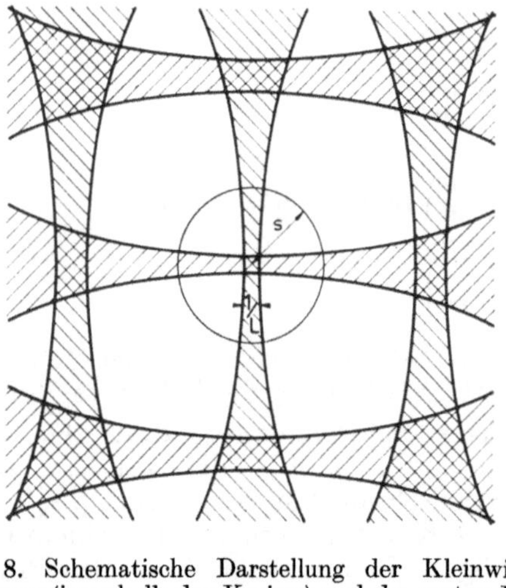

Abb. 8. Schematische Darstellung der Kleinwinkelstreuung (innerhalb des Kreises) und der ersten Interferenzmaxima der Weitwinkelstreuung eines idealen Parakristalls

Für kleinere Werte von s nähert sich die Intensität dem Wert

$$\lim_{s\to 0} \frac{1}{N} I(s) = 3\frac{L^2}{\bar{a}^2}\left(\frac{\overline{\Delta^2 a}}{\bar{a}^2}\right) + 3\frac{L}{\bar{a}}\left(\frac{\overline{\Delta^2 a}}{\bar{a}^2}\right)^2 + \left(\frac{\overline{\Delta^2 a}}{\bar{a}^2}\right)^3.$$

Dieser Ausdruck weist einige Ähnlichkeit mit dem oben angegebenen Ausdruck für $\overline{\Delta^2 v_0}/\bar{v}_0^2$ auf; der entscheidende Unterschied liegt jedoch in den Faktoren $(L/\bar{a})^2$ und $(L/\bar{a})$, die anzeigen, daß die Dichtefluktuation eines idealen Parakristalls von der Kristallgröße abhängt. Dies hängt offensichtlich damit zusammen, daß man beim idealen Parakristall drei voneinander unabhängige Schwankungen der *Zellkanten* annimmt, während für die dreidimensional homogene Nahordnung nur die Schwankungen des *Zellvolumens* als ganzes betrachtet werden.

In Abb. 9 ist die theoretische Klein- und Weitwinkelstreuung für ein isotropes, lückenloses Haufwerk von kubisch primitiven

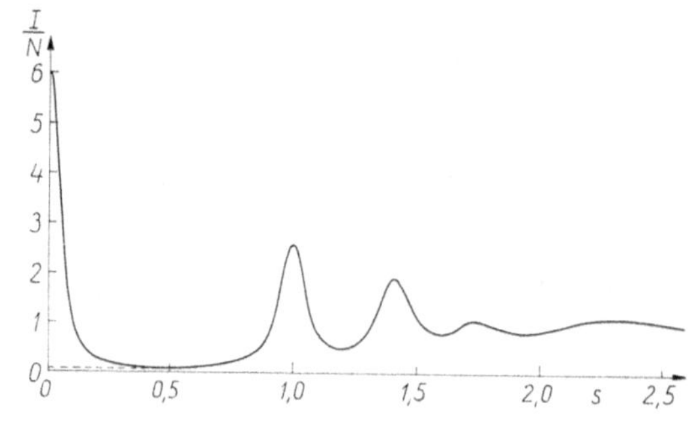

Abb. 9. Interferenzfunktion eines lückenlosen Haufwerks von endlichen Parakristallen. $\bar{a} = 1$, $L = 10\bar{a}$, $\overline{\Delta^2 a}/\bar{a}^2 = 0{,}02$. Durchbrochene Linie: dreidimensional homogene Statistik

Parakristallen mit der Dimension $L = 10\bar{a}$, der Zellkante $\bar{a} = 1$ und dem Schwankungsquadrat $\overline{\Delta^2 a}/\bar{a}^2 = 0{,}02$ als Funktion von s aufgetragen. Die gewählten Werte liegen in dem für flüssigkeitsähnliche Unordnungszustände zu erwartenden Bereich. Die sich für eine dreidimensional homogene Statistik ergebende Kleinwinkelstreuung ist als unterbrochene Linie eingezeichnet. Man erkennt deutlich den erheblichen Unterschied zwischen der Kleinwinkelstreuung der beiden Modelle.

Unsere experimentellen Ergebnisse schliessen eindeutig die Existenz eines Terms in $1/s^2$ aus und sind, auch im Absolutwert der Dichtefluktuation, von dem für das hier gewählte Beispiel sich ergebenden Wert von

$$\frac{1}{N} I(0) \simeq 3\left(\frac{L}{\bar{a}}\right)^2 \left(\frac{\overline{\Delta^2 a}}{\bar{a}^2}\right) = 6$$

weit entfernt. Dies bedeutet, daß das parakristalline Unordnungsmodell in seiner jetzigen Form zumindest für die Interpretation des Beitrages der Dichtefluktuation zur Kleinwinkelstreuung nicht geeignet ist. Inwieweit diese Diskrepanz auch die Weitwinkelstreuung berührt, kann man im Augenblick noch nicht sagen, doch sollten detaillierte Linienprofilanalysen hierüber Auskunft geben können.

Wir danken Herrn Dr. *H. Tompa* für das Programm zur Berechnung der in Abb. 9 wiedergegebenen Interferenzfunktion, Herrn Prof. Dr. *G. Rehage* für die Polystyrolpräparate und Herrn *J. P. Pauwels*, Herrn *J. Braibant* und dem Personal unseres Rechenzentrums für die Mitarbeit.

Zusammenfassung

Die theoretischen und experimentellen Bedingungen für eine verbesserte Auswertung der Röntgenkleinwinkelstreuung von Hochpolymeren werden untersucht. Es wird gezeigt, daß genaue Messungen des Intensitätsverlaufes bei größeren Winkeln die Trennung der Kleinwinkelstreuung in eine reine Grenzflächenstreuung und eine Komponente der Dichteschwankungen innerhalb der Phasen ermöglicht.

Diese Trennung erhöht die Genauigkeit der Bestimmung der Invarianten und gestattet die Berechnung der mittleren Durchschußlänge der kristallinen und amorphen Bereiche.

Ein Vergleich dieses Längenparameters mit der Langperiode führt bei Annahme einer Lamellenstruktur zu einer Aussage über die Unebenheit der Grenzflächen.

Der Absolutwert der Dichtefluktuation innerhalb der Phasen stellt einen zusätzlichen Strukturparameter dar, der besonders stark vom Unordnungsgrad der amorphen Bereiche abhängt.

Ein Vergleich der experimentellen Ergebnisse mit Intensitätsverteilungen im Kleinwinkelbereich, die sich aus der Theorie des Parakristalls ergeben, zeigt, daß es nicht möglich ist, diese Theorie mit den Resultaten der Messungen in Einklang zu bringen.

Summary

The theoretical and experimental conditions for an improved method of evaluating the X-ray small-angle scattering of polymers are studied. It is shown that accurate measurements of the intensity distribution at wide angles makes it possible to decompose the small-angle scattering into a component due to the phase boundaries only and a component related to the density fluctuations within the phases.

This separation increases the accuracy of the determination of the invariant and permits the calculation of the average length of segments of the crystalline and the amorphous regions.

Assuming a lamellar structure, a comparison of this length parameter with the "long period" can be used to assess the planarity of the boundaries. The absolute value of the density fluctuations within the phases represents a supplementary structural parameter which is largely determined by the degree of disorder in the amorphous regions.

A comparison of the experimental results with calculated intensity distributions in the small-angle region based on the theory of the paracrystal shows that it is impossible to bring this theory into agreement with the experimental results.

Literatur

1) *Hess, K.* und *H. Kiessig*, Z. physik. Chem. (A) **193**, 196 (1944).
2) *Hess, K.* und *H. Kiessig*, Kolloid-Z. **130**, 10 (1953).
3) *Fischer, E. W., H. Goddar* und *G. F. Schmidt*, Kolloid-Z. u. Z. Polymere **226**, 30 (1968).
4) *Hess, K., H. Mahl* und *E. Gütter*, Kolloid-Z. **155**, 1 (1957).
5) *Keller, A.* and *A. O'Connor*, Disc. Faraday Soc. **25**, 114 (1958).
6) *Hendus, H.*, Ergebn. exakt. Naturwiss. **31**, 331 (1959).
7) *Belbéoch, B.* und *A. Guinier*, Makromol. Chem. **31**, 1 (1959).
8) *Hess, K., H. Mahl* und *E. Gütter*, Kolloid-Z. **168**, 37 (1960).
9) *Statton, W. O.* and *D. H. Geil*, J. appl. Polymer Sci. **3**, 357 (1960).
10) *Posner, A. S., L. Mandelkern, C. R. Worthington* and *A. F. Diorio*, J. appl. Phys. **31**, 536 (1960).
11) *Hermans, P. H.* und *A. Weidinger*, Makromol. Chem. **39**, 67 (1960).
12) *Bonart, R.* und *R. Hosemann*, Makromol. Chem. **39**, 105 (1960).
13) *Fischer, E. W.*, Ann. N.Y. Acad. Sci. **89**, 620 (1961).
14) *Fischer, E. W.* und *G. F. Schmidt*, Angew. Chem. **74**, 551 (1962).
15) *Tsvankin, D. Ya.*, Vysokomol. soyed. **6**, 2073 (1964).
16) *Vonk, C. G.* und *G. Kortleve*, Kolloid-Z. u. Z. Polymere **220**, 19 (1967).
17) *Porod, G.*, Kolloid-Z. **124**, 83 (1951).
18) *Porod, G.*, Kolloid-Z. **125**, 51 (1952).
19) *Fischer, E. W., H. Goddar* und *G. F. Schmidt*, Makromol. Chem. **118**, 144 (1968).
20) *Fischer, E. W., H. Goddar*, and *G. F. Schmidt*, J. Polymer Sci. **7**, 37 (1969).
21) *Ruland, W. O.*, J. Appl. Cryst. 1971, **4**, 70 (1971).
22) *Levelut, A. M.* und *A. Guinier*, Bull. Soc. Minéral. Cristallogr. **40**, 445 (1967).
23) *Perret, R.* and *W. Ruland*, J. Appl. Cryst. **2**, 209 (1969).
24) *Perret, R.* and *W. Ruland*, J. Appl. Cryst. **3**, 525 (1970).
25) *Fourdeux, A., R. Perret*, and *W. Ruland*, International conference on Carbon Fibres, their Composites and Applications, London 1971, Paper No. 9.
26) *Ruland, W.*, Acta Cryst. **14**, 1180 (1961).
27) *Hosemann, R.* and *S. N. Bagchi*, Direct Analysis of Diffraction by Matter (Amsterdam 1962).
28) *Zernike, F.* und *J. A. Prins*, Z. Physik **41**, 184 (1927).
29) *Ruland, W.*, Pure & Appl. Chem. **18**, 489 (1969).

Anschrift der Verfasser:

Union Carbide, European Research Associates
Rue Gatti de Gamond, 95
B-1180 Bruxelles (Belgien)

Aus dem Wissenschaftlichen Laboratorium des Werkes Dormagen der Farbenfabriken Bayer AG

Zur Struktur verstreckter Folien und Fäden sowie aus verdünnten Lösungen hergestellter Einkristalle aus Polyacrylnitril*)

Von G. Hinrichsen und H. Orth

Mit 13 Abbildungen und 1 Tabelle

(Eingegangen am 6. April 1971)

I. Einleitung

Obwohl Polyacrylnitril eines der vier größten Produkte der Kunststoffaserindustrie ist, ist über den molekularen und übermolekularen Aufbau dieses Polymeren bisher recht wenig bekannt. Um den bisherigen Kenntnisstand kurz zu charakterisieren, sollen die wichtigsten Untersuchungsbefunde aufgezählt werden.

a) Bei der Röntgenweitwinkelstreuung beobachtet man im allgemeinen wenige, scharfe Äquatorreflexe und nur zwei stark verbreiterte Schichtlinienreflexe (1–10). Diese Beobachtung wird so interpretiert, daß eine Stäbchenpackung der Moleküle angenommen wird, wobei intermolekulare Kräfte, die zu einer Ausbildung einer dreidimensionalen Ordnung führen, fehlen. Der Stäbchencharakter der Moleküle soll durch die starken Dipolkräfte, die intra- sowie intermolekular wirken, hervorgerufen werden.

b) Bisher konnten bei der Röntgenkleinwinkelstreuung keine Intensitätsmaxima auf dem Meridian nachgewiesen werden, so daß eine homogene Phase, die im traditionellen Sinn weder als amorph noch kristallin bezeichnet werden konnte, angenommen wird (6, 11, 12).

c) Es bestehen wegen der Oxydation und der autokatalytischen Zyklisierung prinzipielle Schwierigkeiten, PAN in den geschmolzenen Zustand zu überführen (13–20).

II. Experimentelle Verfahren

1. *Herstellung der Folien*

Aus heißen konzentrierten Lösungen von Polyacrylnitril-Polymerisaten in Dimethylformamid wurden auf Glasplatten Folien mit einer Dicke von 1–2 mm hergestellt. Die Folien wurden in Silikonölbädern bei Temperaturen zwischen 90 und 140 °C auf das drei- bis zwanzigfache verstreckt. Zur Verstreckung diente eine manuell betriebene Eigenbau-Verstreckapparatur. An Ausgangssubstanzen standen uns homopolymeres Polyacrylnitril sowie Copolymere dieser Substanz mit einem Comonomergehalt von 5% zur Verfügung.

2. *Ausfällen der Einkristalle*

Zur Herstellung von aus verdünnten Lösungen gezogenen Einkristallen ist nur eine organische Flüssigkeit als geeignet bekannt, nämlich Propylenglykolcarbonat. Nach monatelangen Mißerfolgen gelang es, aus frischdestilliertem Propylenglykolcarbonat bei Temperaturen zwischen 90 und 100 °C aus 0,05%igen Lösungen Einkristalle auszufällen.

3. *Elektronenmikroskopische Beobachtungen*

Zur elektronenmikroskopischen Beobachtung und zur Elektronenbeugung diente uns ein EM 200 der Firma Philips. Die Strahlspannung betrug 80 kV. Die Folien wurden bis zu einer Stunde mit aktiviertem Sauerstoff in einer Hochfrequenzentladung ionengeätzt, anschließend mit Kohle direkt bedampft (schräg und senkrecht) und das Folienmaterial in heißem DMF abgelöst. Die Einkristallsuspensionen wurden auf Kohlefilm aufgetropft und nach Verdunsten des Propylenglykolcarbonats mit reinem Platin schrägbedampft.

4. *Röntgenweitwinkeluntersuchungen*

Die Röntgenweitwinkeluntersuchungen führten wir einerseits auf einem Interferenzgoniometer der Firma Siemens, andererseits auf fotografisch arbeitenden Flachkammern aus. Bei letzteren konnte der Abstand Präparat–Film wahlweise eingestellt werden.

5. *Röntgenkleinwinkelmessungen*

Zur Ermittlung der übermolekularen Struktur wurden Röntgenuntersuchungen im Kleinwinkelbereich ausgeführt, wozu uns eine *Kiessig*-Kammer (kreisförmiger Primärstrahl) und eine *Kratky*-Kammer (spaltförmiger Primärstrahl) zur Verfügung standen.

III. Ergebnisse und Diskussion

In einer kürzlich erschienenen Arbeit berichteten *Dunn* u. *Ennis* (19), daß es ihnen erstmalig gelungen sei, durch differentialkalorimetrische Messungen einen direkten

*) Vorgetragen auf der Arbeitssitzung des Fachausschusses Physik der Hochpolymeren in der Frühjahrstagung Berlin 1971 vom 9. bis 13. März des Regionalverbandes Physikalische Gesellschaft zu Berlin.

Nachweis für das Schmelzen des Polyacrylnitrils zu erbringen. Die genannten Autoren beobachteten, daß sich bei Anwendung hinreichend hoher Heizraten (> 40 °C/min) ein endothermes Maximum auf der Flanke des großen Exothermums in den DSC-Kurven ausbildete. Dieses endotherme Maximum wurde von *Dunn* u. *Ennis* dem Schmelzen des Polyacrylnitrils zugeordnet; die zugehörige Temperatur liegt bei 320–330 °C. Um noch höhere Aufheizgeschwindigkeiten zu erzielen, haben wir in unserem Labor Proben in flüssige Metallbäder kurze Zeit eingetaucht und anschließend in Eiswasser abgeschreckt. Durch dieses Verfahren gelingt es, Polyacrylnitril in die Schmelze zu überführen und den Schmelzpunkt zu bestimmen (21). Abb. 1 zeigt das Röntgenweitwinkeldiagramm einer auf die beschriebene Weise schmelzkristallisierten Probe. Das Schmelzen des Polyacrylnitrils liefert einen wichtigen Hinweis darauf, daß auch dieses Polymere im allgemeinen im teilkristallinen Zustand vorliegt. Röntgenkleinwinkelreflexe konnten bisher an betriebsmäßig hergestellten Präparaten, wie

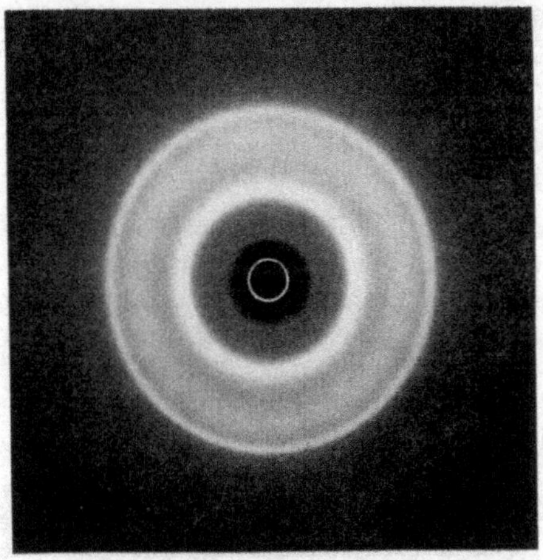

Abb. 1. Röntgenweitwinkeldiagramm von schmelzkristallisiertem Polyacrylnitril

Fäden und Fasern, nicht festgestellt werden, lediglich wurde ein kontinuierlicher Abfall der Streuintensität zu größeren Winkeln beobachtet und zur Bestimmung der inneren Oberfläche ausgewertet (11, 12). Abb. 2 gibt drei Röntgenkleinwinkeldiagramme von heißverstreckten Polyacrylnitril-Folien wieder, die mit einer *Kiessig*-Kammer angefertigt wurden. Sowohl bei den Folien aus reinem Polyacrylnitril als auch dessen Copolymeren (s. Abb. 2) konnten deutliche Kleinwinkelreflexe nachgewiesen werden (22). Die Berechnung der Langperiode entsprechend der *Bragg*schen Gleichung führt zu einem Wert von rund 100 Å. Die Periodizität konnte von uns auch elektronenmikroskopisch nachgewiesen werden. Auf den Abb. 3a und 3b sind Lamellenpakete zu erkennen, wobei die einzelnen Lamellen einen gegenseitigen Abstand besitzen, der mit der röntgenografisch ermittelten Langperiode in bester Übereinstimmung steht. Untersuchungen über den Zusammenhang von Langperiode und Verstrecktemperatur bzw. Tempertemperatur sind von uns nur sehr unvollständig durchgeführt. Wie die Abb. 4 zeigt, nimmt nach den ersten orientierenden Messungen diese Größe zu, wenn die Verstreck- oder Tempertemperatur erhöht wird, ein bei allen Hochpolymeren mit Kolloidstruktur bekanntes Phänomen.

Da sich die verstreckten Folien ausgezeichnet spalten lassen, gelingt es, dünne durchstrahlbare Fibrillen abzutrennen und in das Elektronenmikroskop zu bringen. Abb. 5 zeigt ein Elektronenbeugungsbild einer solchen Fibrille, auf dem die beiden intensitätsstärksten Reflexe gut auszumachen sind.

Aus den Röntgenkleinwinkeluntersuchungen und den vergleichenden elektronenmikroskopischen Befunden wird für die Kolloidstruktur des Polyacrylnitrils ein Modell

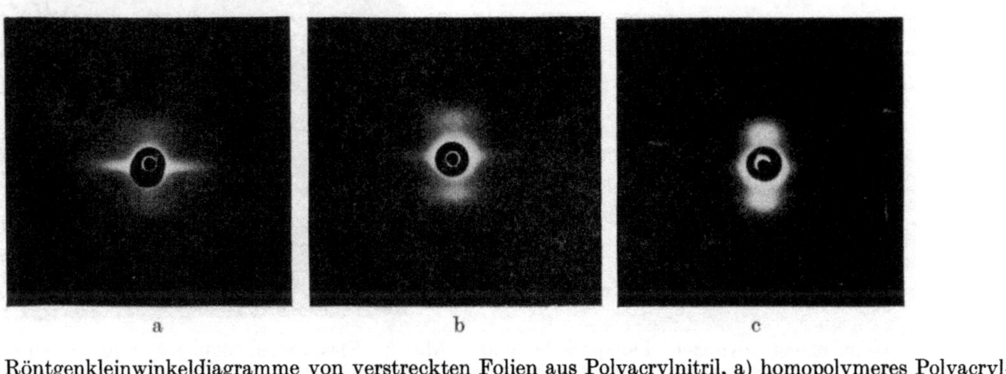

a b c

Abb. 2. Röntgenkleinwinkeldiagramme von verstreckten Folien aus Polyacrylnitril, a) homopolymeres Polyacrylnitril, b) und c) Copolymere des Polyacrylnitrils (5% Comonomergehalt)

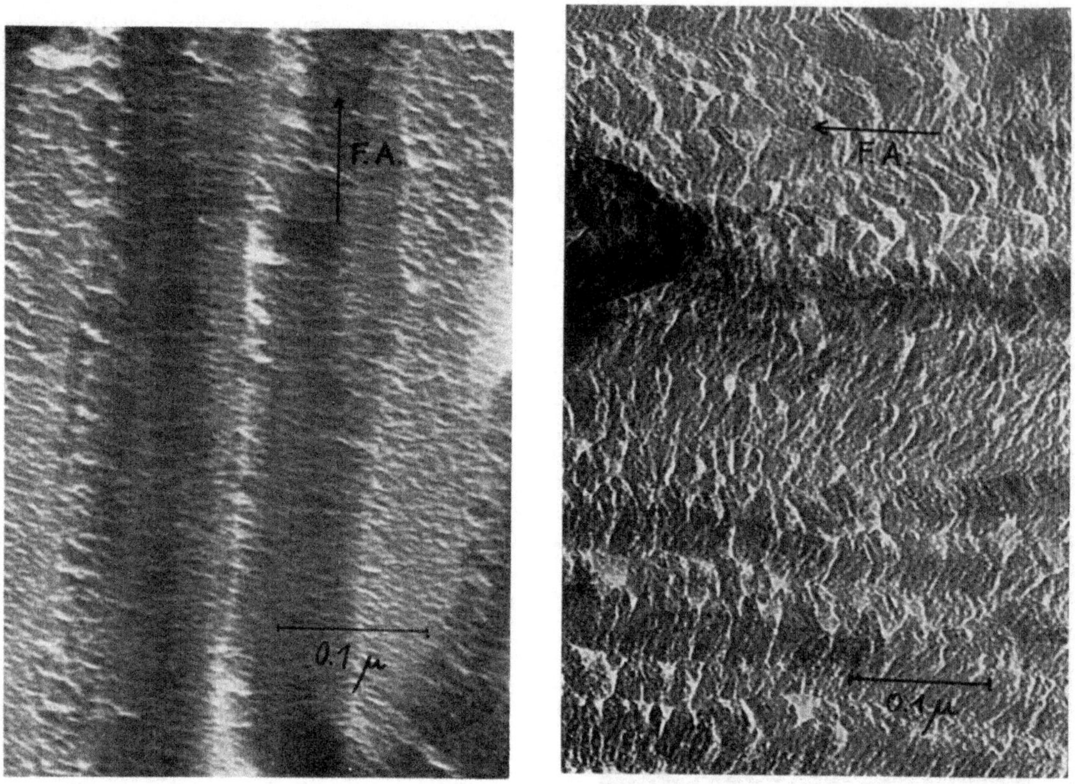

Abb. 3. Elektronenmikroskopische Aufnahme von ionengeätzten Oberflächen von verstreckten Polyacrylnitril-Folien, a) homopolymeres Polyacrylnitril, b) copolymeres Polyacrylnitril

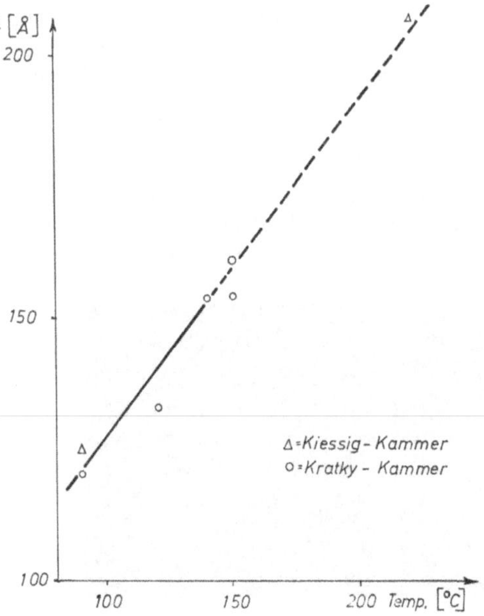

Abb. 4. Zusammenhang zwischen Langperiode und Verstreck- bzw. Tempertemperatur bei Folien aus Polyacrylnitril

vorgeschlagen, das dadurch ausgezeichnet ist, daß es neben den gut geordneten, kristallähnlichen Bereichen auch solche gibt, in denen die gegenseitige laterale Anordnung der Ketten stark gestört ist. Gut geordnete und amorphe Bereiche wechseln einander in periodischer Folge in Verstreckrichtung ab.

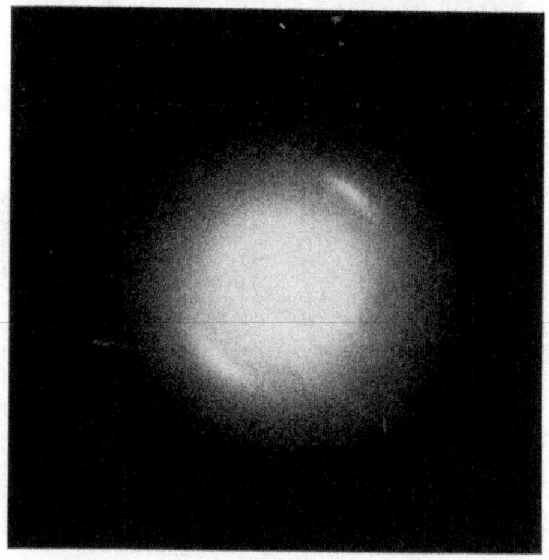

Abb. 5. Elektronenbeugungsdiagramm einer dünnen, durchstrahlbaren Fibrille von verstrecktem Polyacrylnitril

Vergleichende Messungen zur Kolloidstruktur führten wir an aus verdünnten Lösungen in Propylenglykolcarbonat hergestellten Einkristallen durch, da bei diesen als sicher angenommen werden kann, daß ein Zwei-Phasen-Modell Gültigkeit hat. Abb. 6 stellt eine elektronenmikroskopische Aufnahme eines Einkristallaggregates dar. Polyacrylnitril-Einkristalle scheinen die Tendenz zur Zwillingsbildung unter einem Winkel von 60° zu besitzen (23, 24). Auf die Einzelheiten bei Kristallisation und elektronenmikroskopischer Beobachtung soll hier jedoch nicht näher eingegangen werden (25). Ein Röntgenkleinwinkeldiagramm eines Einkristall-Cakes gibt die Abb. 7 wieder. Aus dem Durchmesser der sichelförmigen Reflexe kann ein Lamellenabstand von 90 Å berechnet werden. Ein Elektronenbeugungsbild eines solchen Lamellenaggregates, abgebildet in der Abb. 8, liefert nur wenige Reflexe, die zu Sicheln ausgeartet sind. Beugung an einer einzelnen Lamelle ist zum gegenwärtigen Zeitpunkt noch nicht gelungen. Genaue Betrachtung von Abb. 8 zeigt, daß der innerste intensivste Reflex radial in zwei aufgespalten ist, die von Netzebenen mit dem Abstand von 5,3 bzw. 5,1 Å herrühren. Die auf der Abb. 8 erkenntlichen 6 Doppelreflexe rühren von Zwillingskristallen her, wie im folgenden Abschnitt noch erläutert wird. Auch auf den Röntgenweitwinkeldiagrammen der Einkristalle ist, wie die Abb. 9 zeigt, der Doppelreflex zu erkennen.

Abb. 6. Elektronenmikroskopische Aufnahme eines Aggregates aus Polyacrylnitril-Einkristallen

Abb. 7. Röntgenkleinwinkeldiagramm von sedimentierten Polyacrylnitril-Einkristallamellen. Richtung des Röntgenstrahls parallel zur Deckfläche der Lamellen

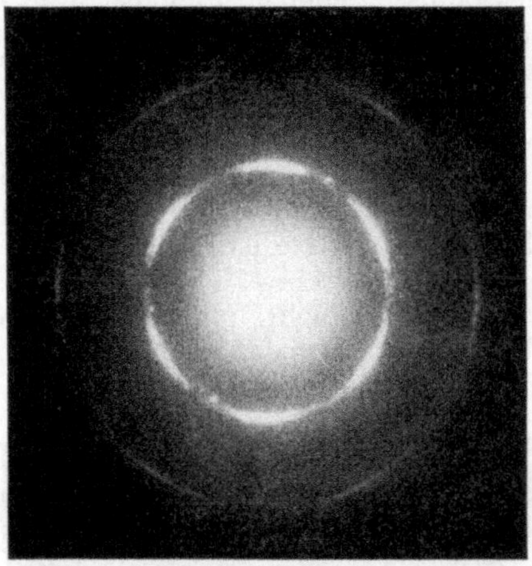

Abb. 8. Elektronenbeugungsdiagramm von Polyacrylnitril-Einkristallamellen, die aus verdünnter Lösung hergestellt wurden

Wenn eine Zwei-Phasen-Struktur für verstrecktes Polyacrylnitril und aus verdünnten Lösungen hergestellte Einkristalle gültig ist, stellt sich die Frage nach der Anordnung der Ketten in den kristallähnlichen und den amor-

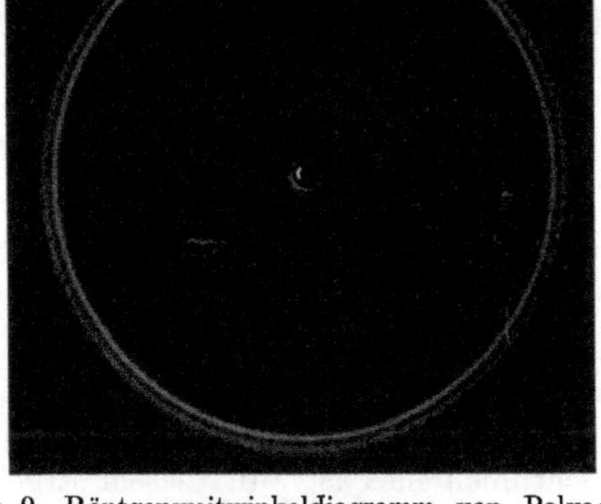

Abb. 9. Röntgenweitwinkeldiagramm von Polyacrylnitril-Einkristallen. Strahlrichtung senkrecht zur Deckfläche der Kristalle

phen Bereichen. Über letztere kann an dieser Stelle noch gar nichts ausgesagt werden; selbst bei intensiv untersuchten und gut definierten Polymeren, wie Polyäthylen, Polyamid und Polyäthylenterephthalat, sind die Aussagen noch sehr ungenau. Über die molekulare Struktur der gut geordneten Bereiche im Polyacrylnitril lassen sich aus unseren röntgenografischen Beobachtungen weitgehende Schlüsse ziehen. Durch geeignete Temperbehandlung (kurze Zeiten wenige Grade unterhalb des Schmelzpunktes) läßt sich die Anzahl der im allgemeinen beobachteten Äquatorreflexe von 10 auf etwa 15 steigern (s. Abb. 10), so daß der Versuch der Indizierung der $(h\,k\,0)$-Ebenen unternommen werden kann. Zusätzlich aber ist auf den Diagrammen der Abb. 10 zu erkennen, daß die vorhandenen nichtäquatorischen Reflexe erheblich intensitätsstärker sind als die in der Literatur beschriebenen.

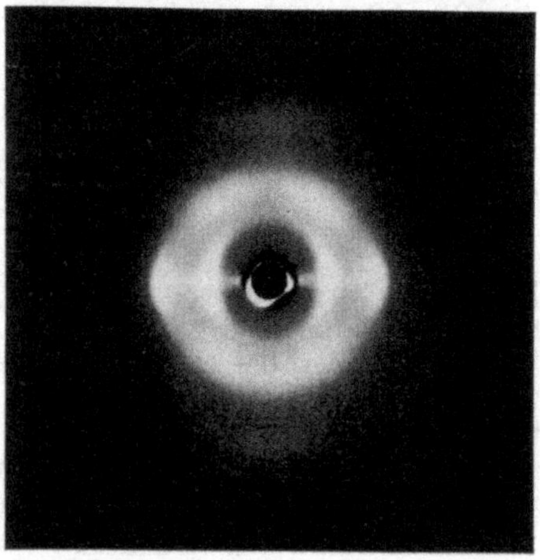

Abb. 10. Röntgenweitwinkeldiagramm von hochgetemperten verstreckten Polyacrylnitril-Fäden

Zur Bestimmung der nichtäquatorialen Reflexe wurden Untersuchungen mit einem Interferenzgoniometer ausgeführt. Eine Meridiankurve ist in Abb. 11 abgebildet. Überraschenderweise erkennt man auf der Goniometerkurve mehr Reflexe als auf den fotografischen Diagrammen; insbesondere zeigt es sich, daß zwischen $\theta = 17°$ und $\theta = 20°$ statt des erwarteten einen Reflexes deren zwei liegen. Fährt man die Reflexe azimutal ab, so erhält man die in Abb. 12 dargestellten Intensitätsprofile. Es stellt sich heraus, daß der bei $\theta = 17{,}8°$ gelegene Reflex ein Meridian-, der bei $\theta = 19{,}5°$ gelegene dagegen ein Schichtlinienreflex ist. Mit diesem Ergebnis ist die Intensitätsverteilung der nichtäquatorialen Reflexe interpretierbar. Drei der Re-

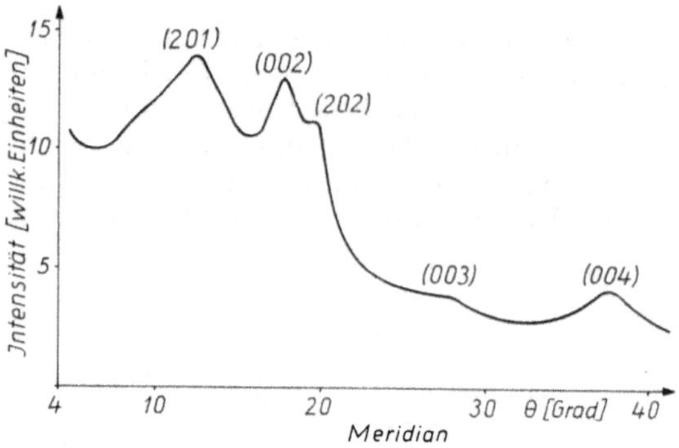

Abb. 11. Meridionaler Intensitätsverlauf der Röntgenweitwinkelstreuung von verstreckten, ungetemperten Polyacrylnitrilfäden

flexe lassen sich als 2., 3. und 4. Ordnung des (ausgelöschten) (001)-Reflexes, der der c-Periode des Gitters, und da die Kettenrichtung mit der c-Richtung übereinstimmt, der

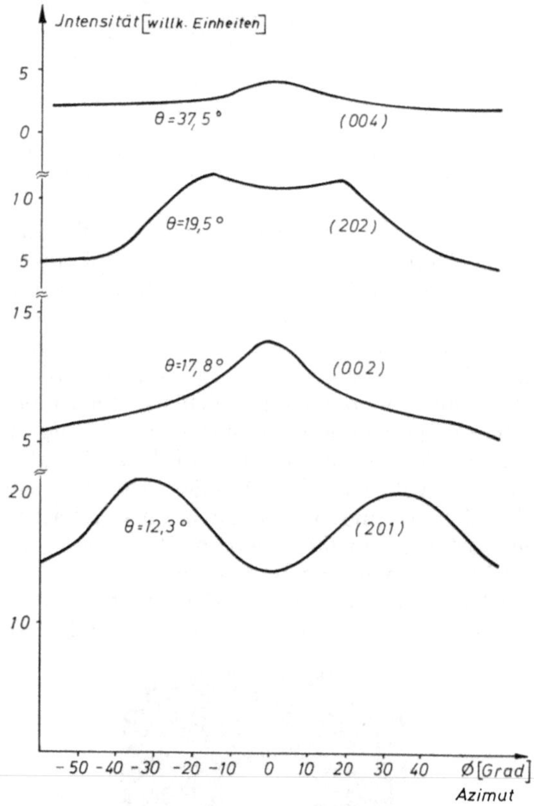

Abb. 12. Azimutale Intensitätsverteilung der nichtäquatorialen Röntgenweitwinkelreflexe von verstreckten, ungetemperten Polyacrylnitrilfäden

Identitätsperiode der Polyacrylnitrilkette erklären. Die 3. Ordnung des Reflexes ist entsprechend den Auslöschungsregeln sehr intensitätsarm. Die c-Periode beträgt nach unseren

Messungen 5,04 Å, was in totaler Übereinstimmung mit der doppelten Länge der Identitätsperiode beim Polyäthylen steht. Eine solche Periode kann nur dadurch erreicht werden, daß die Kohlenstoffkette (back-bone) eine Zick-Zack-Konfiguration einnimmt. Auf der anderen Seite kann aus sterischen Gründen eine ebene Zick-Zack-Kette nur dann erreicht werden, wenn das Polyacrylnitril in syndiotaktischer Form vorliegt. Unsere röntgenografischen Beobachtungen sagen also aus, daß in den besser geordneten Bereichen eine freilich gestörte (man denke an die geringe Zahl der nichtäquatorialen Reflexe sowie deren Verschmierung), letzlich aber doch dreidimensionale Ordnung vorliegt, wobei syndiotaktische Sequenzen bevorzugt diesen Bereichen angehören. Daß die kristallähnlichen Bereiche stark gestört sind, liegt allein schon daran, daß die syndiotaktischen Sequenzen eine Längenverteilung besitzen, so daß Sequenzen anderer Taktizität als Störstellen in das Gitter eingebaut werden (26). Abb. 13 zeigt zur Veranschaulichung eine Fotografie einer Polyacrylnitrilkette aus *Stuart*-Kalotten in syndiotaktischer Konfiguration.

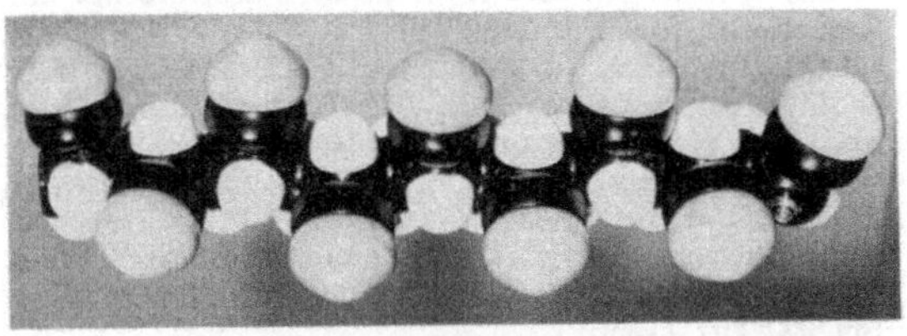

Abb. 13. *Stuart*-Kalotten-Modell einer syndiotaktischen Polyacrylnitrilkette

Aufgrund der zahlreichen visuell beobachtbaren ($h\,k\,0$)-Reflexe wurde der Versuch der Bestimmung der Basis der Elementarzelle von Polyacrylnitril unternommen. Es konnten mehrere Gitter konstruiert werden, die die gemessenen Reflexe hinreichend genau enthielten. Unter den ermittelten Gittern wurde jedoch dasjenige herausgesucht, das zusätzlich noch den Winkelbeziehungen zwischen den Reflexen, die aus der Elektronenbeugungsaufnahme ermittelt wurden, berücksichtigt. So liegen zwischen den Reflexen, die den Netzebenenabständen von 5,3 Å und 5,1 Å entsprechen, 60 oder 150°, zwischen denen, die 5,3 Å und 3,05 Å entsprechen, 30 oder 120°. Das ermittelte Gitter ist orthorhombisch mit den Gitterkonstanten

$$a = 10{,}6\ \text{Å},\quad b = 11{,}6\ \text{Å},\quad c = 5{,}04\ \text{Å}.$$

In der Tab. 1 sind die gemessenen sowie die aufgrund des Gittermodells berechneten Netzebenenabstände zusammengestellt. Wie die Messungen an den Einkristallen ergeben haben, ist der intensitätsstärkste Reflex (Netzebenenabstand 5,30 Å), der an verstreckten Fäden und Folien als Einzelreflex gemessen wird, in Wirklichkeit ein Doppelreflex. Es ist möglich, daß durch stärkere Gitterstörungen im verstreckten Material die beiden Reflexe sich so überlappen, daß resultierend nur ein Reflex beobachtet wird.

Tab. 1. Zusammenstellung von gemessenen und berechneten Netzebenenabständen ($a = 10{,}6$ Å; $b = 11{,}6$ Å; $c = 5{,}04$ Å; orthorhombisches Gitter)

Einkristalle	Verstrecktes Polyacrylnitril	Berechnete Netzebenenabstände	Indizierung $h\,k\,l$	Intensität
7,65	7,50	7,84	110	*ss*
5,78	5,79	5,80	020	*s*
5,30	5,25	5,30	200	*sst*
5,08	5,25	5,09	120	*sst*
3,65	—	3,63	130	*s*
—	3,54	3,53	300	*ss*
—	3,37	3,38	310	*s*
3,14	—	3,12	230	*ss*
3,05	3,04	3,02	320	*st*
2,92	—	2,90	040	*ss*
2,84	2,82	2,80	140	*ss*
2,65	2,64	2,65	400	*ss*
2,55	2,56	2,58	410	*ss*
2,23	2,20	2,19	430	*ss*
2,01	2,01	1,99	520	*ss*
—	1,90	1,90	160	*ss*
—	1,72	1,71	540	*ss*
—	3,63	3,65	201	*m*
—	2,52	2,52	002	*m*
—	2,31	2,28	202	*m*
—	1,67	1,68	003	*ss*
—	1,26	1,26	004	*s*

ss = sehr schwach; *s* = schwach; *m* = mittelstark; *st* = stark; *sst* = sehr stark.

Aufgrund der Übereinstimmung in den Netzebenenabständen scheint es uns jedoch grundsätzlich richtig, für verstrecktes Polyacrylnitril wie für Einkristalle dieses Polymeren dasselbe Kristallgitter anzunehmen. Das bisher für Einkristalle vorgeschlagene orthorhombische Gitter (23, 24) ($a = 21{,}2$ Å, $b = 11{,}6$ Å) ist in der a-Achse doppelt so groß wie das von uns vorgeschlagene Gitter. Alle bekannten Reflexe mit Ausnahme eines einzigen in der Arbeit von *Klement* u. *Geil* (23) berichteten, der einem Netzebenenabstand von 10,1 Å entspricht, lassen sich in diesem Gitter beschreiben. Wie unsere Untersuchungen ergeben haben, beobachtet man tatsächlich bei $\theta = 4{,}4°$ auf den fotografischen

Diagrammen ein Schwärzungsmaximum, das seiner verwaschenen Form nach jedoch nicht als Weitwinkelreflex angesprochen werden kann. Die kristalline Dichte ϱ_c stellt sich bei der vorgeschlagenen Elementarzelle auf ϱ_c = 1,17 g/cm³ bei 23 °C. Dieser Wert liegt in brauchbarer Übereinstimmung mit experimentell gefundenen Dichtewerten von 1,14–1,18 g/cm³. Da die meisten technisch hergestellten Produkte von der Polymerisation herrührende Verunreinigungen besitzen, stellt sich die Frage nach der Gültigkeit der Dichtemessungen. Sollten beobachtete Dichtewerte von 1,18 g/cm³ richtig sein, so könnte dies nur so erklärt werden, daß die nichtkristallinen Bereiche eine höhere Dichte aufweisen als die kristallinen. Da, wie wir gezeigt haben, die nichtkristallinen Bereiche die nichtsyndiotaktischen Kettensequenzen in angereicherter Form enthalten, ist eine solche Anomalie vorstellbar. Untersuchungen, bei denen die amorphen Bereiche durch Schwermetallsalze kontrastiert werden sollen, sind in Vorbereitung.

Für die Hilfe bei den experimentellen Arbeiten danken die Verfasser Fräulein *M. Collatz* und den Herren *E. Vey* und *H. Gladbach.*

Zusammenfassung

Kolloid- und Kristallstruktur von verstreckten Folien und Fäden und aus verdünnten Lösungen hergestellten Einkristallen von Polyacrylnitril wurden mit Hilfe von Röntgenklein- und -weitwinkeluntersuchungen, Elektronenbeugung und Elektronenmikroskopie untersucht. Es kann gezeigt werden, daß entgegen den bisher publizierten Ergebnissen bei dem verstreckten Polyacrylnitril eine periodische Abfolge von besser und schlechter geordneten Bereichen erzielt werden kann, die sich in dem Auftreten einer röntgenografisch erfaßbaren Langperiode äußert und, wie die vergleichenden Untersuchungen an Einkristallen zeigen, durch eine Zwei-Phasen-Struktur beschrieben werden kann. Innerhalb der besser geordneten Bereiche ordnen sich die Ketten, indem ein zwar stark gestörtes, aber dreidimensionales Gitter mit der orthorhombischen Elementarzelle a = 10,6 Å, b = 11,6 Å, c = 5,04 Å aufgebaut wird. „Kristallisationsfähig" sind nur die syndiotaktischen Kettensequenzen des Polyacrylnitrils.

Summary

Colloidal and crystallographic structure of drawn films and solution grown single crystals of polyacrylonitrile were investigated by small and wide angle X-ray scattering, electron scattering and electron microscopical observations. In contrast to the published results it is shown that in the case of drawn polyacrylonitrile there exists a periodical arrangement of more and less ordered regions which manifests in the appearance of a so called long period and which – as shown by comparative investigations on single crystals – can be described by a two-phase-model. Within the ordered regions chains are arranged building up a strongly disturbed but three-dimensional crystal lattice. The orthorhombic unit cell has the dimension a = 10,6 Å, b = 11,6 Å, c = 5,04 Å. Only the syndiotactic chain sequences are able to "crystallize".

Literatur

1) *Houtz, R. C.*, Text. Res. J. **20**, 786 (1950).
2) *Katayama, M.*, Sen'i Gakkai Shi **19,** 7 (1954).
3) *Prietzschk, A.*, In: *H. A. Stuart*, Die Physik der Hochpolymeren III (Berlin 1955).
4) *Miencik, Z.*, Vysokomol. Soed. **2**, 635 (1960).
5) *Stefani, R., M. Chevreton, M. Garnier* et *C. Eyraud*, Compt. rend. **251**, 2174 (1960).
6) *Bohn, C. R., Schaefgen, J. R.*, and *W. O. Statton*, J. Polymer Sci. **55**, 531 (1961).
7) *Urbanczyk, G. W.*, Zeszyty Naukowe Politechniki Lodzkiej **45**, 79 (1962).
8) *Urbanczyk, G. W.*, Faserforschg. und Textiltechnik. **18**, 198 (1967).
9) *Griffith, R. K.* and *R. Zorska*, J. Appl. Polymer Sci. **13**, 1159 (1969).
10) *Imai, Y., S. Minami, T. Yoshihara, Y. Joh*, and *H. Sato*, J. Polymer Sci. **B8**, 281 (1970).
11) *Takahashi, M.* and *Y. Nukushina*, J. Polymer Sci. **56**, 19 (1962).
12) *Ruscher, C.* und *E. Walenta*, Faserforschg. und Textiltechn. **18**, 178 (1967).
13) *Hay, J. N.*, J. Polymer Sci. **A1, 6**, 2127 (1968).
14) *Friedlander, H. N., L. H. Peebles, J. Brandrup*, and *J. R. Kirby*, Macromolecules **1**, 79 (1968).
15) *Schwenker, R. F.* and *L. R. Beck*, Text. Res. J. **30**, 624 (1960).
16) *Thomson, E. V.*, J. Polymer Sci. **B4**, 361 (1966).
17) *Krigbaum, W. R.* and *N. Tokita*, J. Polymer Sci. **43**, 467 (1960).
18) *Slade, P. E.*, zitiert nach 19).
19) *Dunn, P.* and *B. C. Ennis*, J. Appl. Polymer Sci. **14**, 1795 (1970).
20) *Chiang, R.*, J. Polymer Sci. **A3**, 2019 (1965).
21) *Hinrichsen, G.*, eingesandt an Angew. Makromol. Chemie.
22) *Hinrichsen, G.* und *H. Orth*, J. Polymer Sci. (in press).
23) *Klement, J. J.* and *P. H. Geil*, J. Polymer Sci. **A2, 6**, 1381 (1968).
24) *Patel, G. N.* and *R. D. Patel*, J. Polymer Sci. **A2, 8**, 47 (1970).
25) *Orth, H.*, in Vorb.
26) *Lindenmeyer, P. H.* and *R. Hosemann*, J. Appl. Phys. **34**, 42 (1963).

Anschrift der Verfasser:
Dr. *G. Hinrichsen* und Dr. *H. Orth*
Wissenschaftliches Laboratorium
Farbenfabriken Bayer, Werk Dormagen
4047 Dormagen

Aus dem Institut für physikalische Chemie der Universität Mainz, II. Ordinariat, Mainz

Untersuchungen der Absolutintensität der Röntgenkleinwinkelstreuung an Polyäthylenterephthalat in Abhängigkeit von den Kristallisationsbedingungen*)

Von G. Konrad und H. G. Zachmann

Mit 11 Abbildungen

(Eingegangen am 29. April 1971)

1. Einleitung

Amorphes Polyäthylenterephthalat kann durch Tempern bei Temperaturen zwischen 100 und 260 °C kristallisiert werden. Die am Ende der Kristallisation bei einer bestimmten Temperatur T_k erhaltene Dichte ist um so größer, je höher T_k ist. Man nimmt gewöhnlich an, daß die kristallisierte Probe aus kristallinen Bereichen mit der Dichte ϱ_k und aus nicht kristallinen Bereichen mit der Dichte ϱ_a besteht. Der Volumenanteil der kristallinen Bereiche α' wird dann aus der gemessenen Dichte ϱ mit Hilfe der bekannten Gleichung

$$\alpha' = \frac{\varrho - \varrho_a}{\varrho_k - \varrho_a} \qquad [1]$$

berechnet. Im allgemeinen setzt man dabei voraus, daß die Werte von ϱ_k und ϱ_a für alle Proben gleich sind, daß sich die Proben also nur in ihren kristallinen Anteilen unterscheiden. Für ϱ_k nimmt man den Wert 1,455 g/cm³ an, der aus den Abmessungen der kristallographischen Einheitszelle einer verstreckten, bestmöglich kristallisierten Probe erhalten wurde (1). Für ϱ_a verwendet man den Wert 1,333 g/cm³, der an einer völlig amorphen Probe gemessen wurde (2). Diese beiden angegebenen Werte wollen wir im folgenden ,,konventionelle Werte" nennen.

Die Annahme, daß ϱ_k und ϱ_a unabhängig von der Kristallisationstemperatur sind, ist nun äußerst problematisch. Eine Änderung von ϱ_k mit T_k wurde bereits bei Polyäthylen von *Davis*, *Eby* u. *Martin* (3) nachgewiesen. Auch bei Polyäthylenterephthalat verschieben sich die Kristallreflexe mit der Kristallisationstemperatur (4); die Berechnung (5) von ϱ_k als Funktion von T_k läßt sich aber bei diesem Stoff nicht mit einer solchen Genauigkeit wie bei Polyäthylen durchführen, weil die Verschiebung zum Teil eine Folge der Überlagerung der relativ breiten Kristallreflexe mit dem amorphen Halo sein könnte. Eine Änderung von ϱ_a mit T_k wurde bereits bei verstrecktem Polyäthylen nachgewiesen (6) und ist auch bei Polyäthylenterephthalat nicht auszuschließen. Die nicht kristallinen Bereiche bestehen nämlich im allgemeinen aus kurzen Kettenstücken mit einem oder zwei festliegenden Enden. Es ist naheliegend anzunehmen, daß diese Bereiche nicht die gleiche Dichte wie der völlig amorphe Stoff besitzen.

Eine brauchbare Möglichkeit, weitere Informationen über ϱ_k, ϱ_a und α' zu erhalten, bietet die Messung der Absolutintensität der Röntgenkleinwinkelstreuung (6). Diese ist ein Maß für das mittlere Schwankungsquadrat der Dichtefluktuation $\overline{\Delta\varrho^2}$ zwischen den kristallinen und nicht kristallinen Bereichen. Es gilt (7)

$$\overline{\Delta\varrho^2} = c \cdot \int_0^\infty \tilde{J}(b) \cdot b \cdot db\,. \qquad [2]$$

Dabei ist $\tilde{J}(b)$ die in absoluten Einheiten gemessene spaltverschmierte Streuintensität und c eine durch die experimentellen Gegebenheiten bestimmte Konstante, die z. B. die Primärstrahlintensität und die Präparatdicke enthält. Andererseits kann $\overline{\Delta\varrho^2}$ aus ϱ_k, ϱ_a und dem über Gl. [1] aus der Dichte bestimmten kristallinen Anteil α' berechnet werden:

$$\overline{\Delta\varrho^2} = (\varrho_k - \varrho_a)^2 \cdot \alpha' \cdot (1 - \alpha')\,. \qquad [3]$$

Durch Kombination der Gl. [2] und [3] ergibt sich

$$\varrho_k - \varrho_a = \sqrt{\frac{c \cdot \int_0^\infty \tilde{J}(b) \cdot b \cdot db}{\alpha' \cdot (1 - \alpha')}}\,. \qquad [4]$$

Bei unseren Untersuchungen werden zwei Größen gemessen, die Dichte ϱ und das Inte-

*) Vorgetragen auf der Arbeitssitzung des Fachausschusses Physik der Hochpolymeren in der Frühjahrstagung Berlin 1971 vom 9. bis 13. März des Regionalverbandes Physikalische Gesellschaft zu Berlin.

gral $\int_0^\infty J(b) \cdot b \cdot db$. Es treten drei Unbekannte ϱ_k, ϱ_a und α' auf, zu deren Bestimmung uns nur die beiden Gl. [1] und [4] zur Verfügung stehen. Es ist also nicht möglich, die Unbekannten voraussetzungsfrei zu ermitteln. Wir werden daher im folgenden zunächst prüfen, ob die Gl. [1] und [4] durch die konventionellen Werte $\varrho_k = 1{,}455$ g/cm^3 und $\varrho_a = 1{,}333$ g/cm^3 erfüllt werden. Es wird sich zeigen, daß das nicht der Fall ist. Aus diesem Grunde werden wir dann anschließend versuchen, mit Hilfe von möglichst wenig zusätzlichen Annahmen zu Aussagen über ϱ_k, ϱ_a und α' zu kommen.

2. Untersuchtes Material

Das von uns untersuchte Material bestand aus 200 μ dicken amorphen Polyäthylenterephthalat-Folien von der Fa. Kalle A.G., Wiesbaden. Die amorphen Folien wurden bei einer Temperatur unterhalb der Einfriertemperatur getrocknet und anschließend im Vakuum getempert. Ein Teil der Folien wurde dabei langsam auf die Kristallisationstemperatur erhitzt, ca. 5 Std. getempert und anschließend wieder langsam abgekühlt. Diese Proben nennen wir *l, l*-Proben. Ein anderer Teil wurde rasch auf die Kristallisationstemperatur gebracht, ca. 5 Std. getempert und anschließend auf Raumtemperatur abgeschreckt. Diese Proben nennen wir *r, r*-Proben. Außerdem haben wir Proben hergestellt, die rasch aufgeheizt und langsam abgekühlt wurden (*r, l*-Proben). Diese sind im folgenden nicht gesondert aufgeführt, da sie sich wie die *r, r*-Proben verhalten.

3. Experimentelle Ergebnisse

Abb. 1 zeigt eine gemessene Röntgenstreukurve nach Abzug der Apparatestreuung. Man sieht, daß die Intensität innerhalb eines endlichen Winkelbereiches nicht auf Null abfällt. Dies ist dem störenden Einfluß von Dichteschwankungen innerhalb der nicht kristallinen Bereiche zuzuschreiben. Um diesen Einfluß auszuschalten, wurden die Streukurven nach einem von *Ruland* (8) angegebenen Verfahren korrigiert. Dieses besteht darin, daß man die mit b^3 multiplizierte Intensität J gegen b^3 aufträgt. Dabei ergibt sich für jede Probe bei großen Werten von b^3 eine Gerade (s. Abb. 2), was unmittelbar

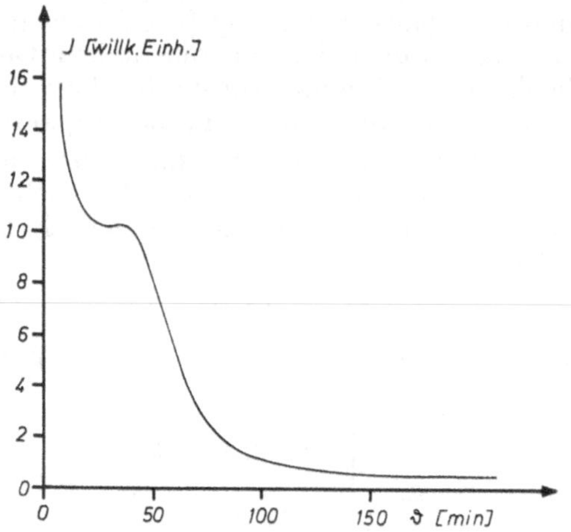

Abb. 1. Röntgenkleinwinkelstreukurve einer bei 220 °C *r, r* kristallisierten Probe nach Abtrennung der Apparatestreuung

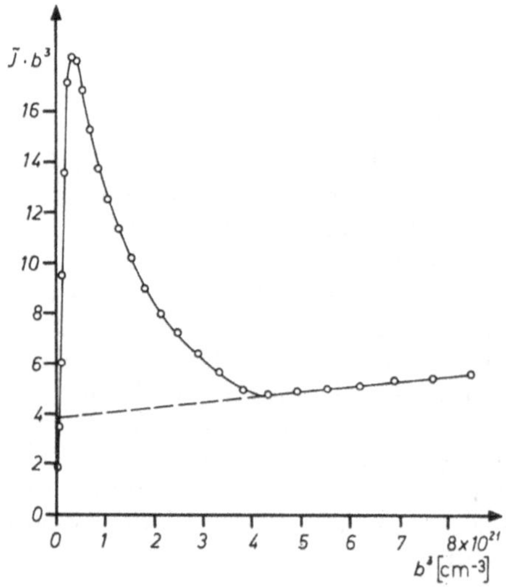

Abb. 2. Zur Abtrennung der von Dichteschwankungen in kleinen Bereichen stammenden Flüssigkeitsstreuung

daraufhin deutet, daß scharfe Phasengrenzen zwischen den kristallinen und nicht kristallinen Bereichen vorliegen. Die Steigung der Geraden gibt den Beitrag zur Streuintensität an, der von Dichteschwankungen innerhalb der nicht kristallinen Bereiche herrührt. Er wurde von der gesamten Streukurve subtrahiert.

Aus dem so erhaltenen Kurvenverlauf wurde nach Gl. [2] für die einzelnen Proben das mittlere Schwankungsquadrat der Dichtefluktuation, das wir mit $\overline{\Delta\varrho^2_R}$ bezeichnen, bestimmt. Des weiteren wurde das mittlere Schwankungsquadrat über die Gl. [3] und [1] aus der gemessenen Dichte ϱ mit Hilfe der konventionellen Werte von ϱ_k und ϱ_a berechnet und mit $\overline{\Delta\varrho^2_{KD}}$ bezeichnet. Das Verhältnis $\sqrt{\overline{\Delta\varrho^2_R}/\overline{\Delta\varrho^2_{KD}}}$ ist in Abb. 3 in Abhängigkeit von der Kristallisationstemperatur aufgetragen. Trifft das Zweiphasenmodell mit den konventionellen Werten von ϱ_k und ϱ_a zu, so muß sich für das Verhältnis 1 ergeben. Wie man Abb. 3 entnehmen kann, ist dies besonders bei hohen Kristallisationstemperaturen nicht der Fall. Das beweist, daß

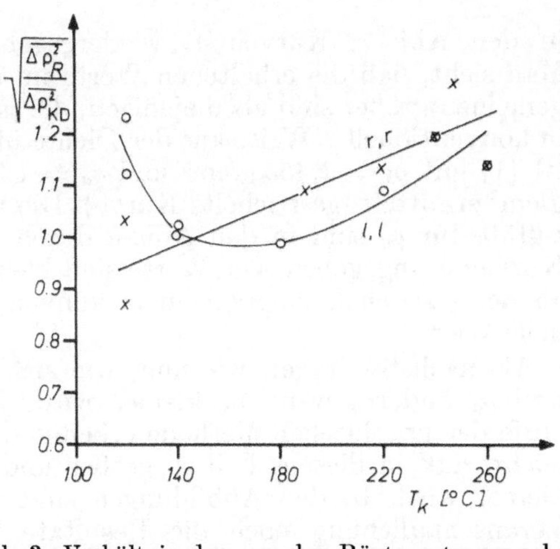

Abb. 3. Verhältnis des aus der Röntgenstreuung bestimmten mittleren Schwankungsquadrates der Dichtefluktuation $\overline{\Delta\varrho^2}_R$ zu dem aus der Dichte bestimmten $\overline{\Delta\varrho^2}_{KD}$ in Abhängigkeit von der Kristallisationstemperatur T_c

die konventionellen Werte von ϱ_k und ϱ_a nicht richtig sind.

Um zu erkennen, ob die Abweichungen evtl. durch größere Hohlräume verursacht sind, wurde außer bei Raumtemperatur noch bei einer Temperatur von -40 °C die Streuintensität gemessen. *Fischer* und *Kloos* (9) haben festgestellt, daß bei Vorliegen von Hohlräumen das Verhältnis der bei verschiedenen Temperaturen bestimmten Intensitäten nicht über den gesamten Winkelbereich konstant sein kann. Unsere Messungen ergaben nun für dieses Verhältnis einen konstanten Wert im gesamten Winkelbereich. Wir können daher das Vorhandensein von Hohlräumen mit Durchmessern zwischen 20 und 1000 Å in unseren Proben ausschließen.

Es wäre nun von größtem Interesse, die richtigen Werte von ϱ_k, ϱ_a und α' auszurechnen. Wie in der Einleitung erwähnt, ist dies jedoch nicht möglich, da für die drei Unbekannten nur die beiden Gl. [1] und [4] zur Verfügung stehen. Wir wollen nun im folgenden untersuchen, welche Schlüsse man über ϱ_k, ϱ_a und α' ziehen kann, wenn man so wenig Annahmen wie nur möglich macht.

4. Auswertungen der Messungen

a) Voraussetzungsfreie Bestimmung einer unteren Grenze von $\varrho_k - \varrho_a$

In Gl. [4] steht im Nenner unter der Wurzel die Größe $c \cdot \int_0^\infty \tilde{J}(b) \cdot b \cdot db$, deren Zahlenwert für jede einzelne Probe aus der Röntgenstreuung bestimmt wird. Man kann daher für jede Probe $\varrho_k - \varrho_a$ als Funktion von α' auftragen. Dabei ergibt sich eine Kurve der Form, wie sie in Abb. 4 dargestellt ist. Man erkennt aus dieser Kurve, daß $\varrho_k - \varrho_a$ für einen bestimmten Wert von $c \cdot \int_0^\infty \tilde{J}(b) \cdot b \cdot db$ eine bestimmte Grenze nicht unterschreiten kann, ganz gleich, welchen Wert α' besitzt. Diese untere Grenze $(\varrho_k - \varrho_a)_{\min}$ haben wir für

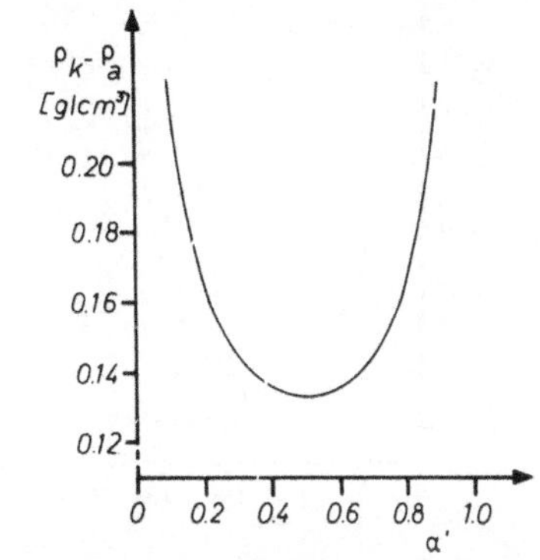

Abb. 4. $\varrho_k - \varrho_a$ als Funktion von α' für eine bei 190 °C *l, l* kristallisierte Probe berechnet aus dem Integral der Röntgenkleinwinkelstreuung

alle Proben bestimmt und in der Abb. 5 in Abhängigkeit von der Kristallisationstemperatur aufgetragen. Man sieht, daß $(\varrho_k - \varrho_a)_{\min}$ für höhere Temperaturen über dem mit den konventionellen Dichten ϱ_k und ϱ_a bestimmten Wert liegt.

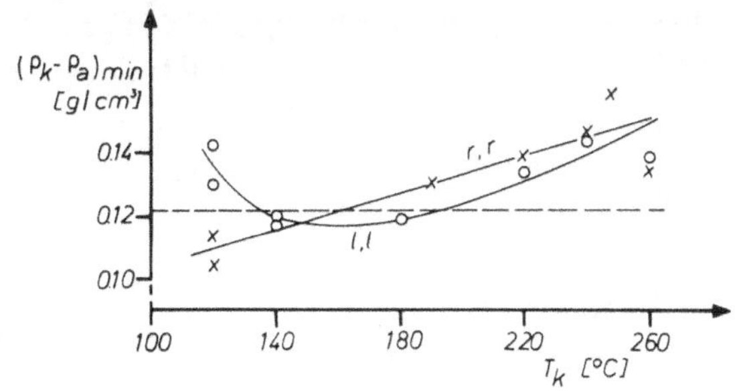

Abb. 5. Untere Grenze $(\varrho_k - \varrho_a)_{\min}$ für den Dichteunterschied zwischen kristallinen und nicht kristallinen Bereichen als Funktion der Kristallisationstemperatur. Zum Vergleich ist auch die aus den konventionellen Werten gebildete Differenz gestrichelt eingezeichnet

b) Abschätzung von α' und ϱ_a unter der Annahme einer oberen Grenze für ϱ_k

Als nächstes nehmen wir nun an, daß ϱ_k für alle Proben den Wert 1,455 g/cm³ besitzt. Man kann dann die Gl. [1] und [4] nach α' und ϱ_a auflösen. Da die numerische Rechnung zu umständlich ist, wurden die Gleichungen graphisch gelöst. Hierzu wurde $\varrho_k - \varrho_a$ als Funktion von α' einmal gemäß Gl. [4] und zum anderen gemäß Gl. [1], die auf die Form

$$\varrho_k - \varrho_a = \frac{\varrho_k - \varrho}{1 - \alpha'}$$

gebracht wurde, aufgetragen. Die beiden so erhaltenen Kurven sind als Beispiel für eine Probe in Abb. 6 wiedergegeben. Ihr Schnitt-

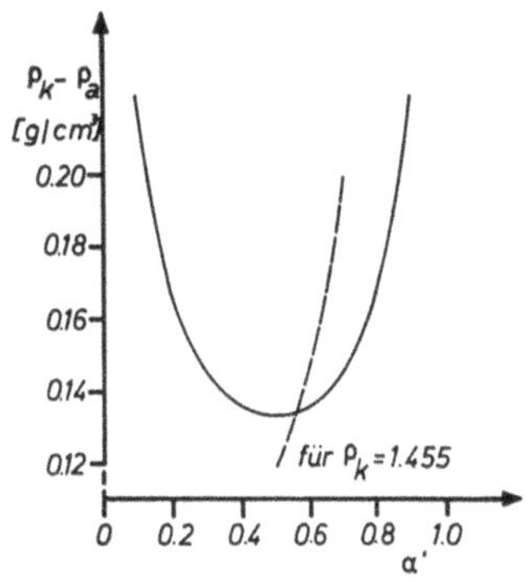

Abb. 6. Zur graphischen Bestimmung von α' bei einem angenommenen Wert für ϱ_k. ——— aus Röntgenkleinwinkelstreuung Gl. [4], ---- aus Dichte Gl. [1]

punkt gibt den Wert von α' an. Den Wert von ϱ_a erhält man dann unmittelbar aus Gl. [1]. Die für α' erhaltenen Resultate sind in den Abb. 7, Kurven 1, wiedergegeben. Man sieht, daß die erhaltenen Werte im allgemeinen größer sind als diejenigen, die man in konventioneller Weise aus der Dichte über Gl. [1] mit $\varrho_k = 1{,}455\ \mathrm{g/cm^3}$ und $\varrho_a = 1{,}333\ \mathrm{g/cm^3}$ ermittelt (gestrichelte Kurve). Die Resultate für ϱ_a sind in den Abb. 8 durch die Kurven 1 angegeben. Die Werte sind kleiner als der gestrichelt eingezeichnete konventionelle Wert.

Als nächstes fragen wir nun, wie sich α' und ϱ_a ändern, wenn ϱ_k kleiner wird. Mit Hilfe der graphischen Methode erkennt man leicht, daß in diesem Fall α' größer und ϱ_a kleiner wird. In den Abbildungen sind zur Veranschaulichung noch die Resultate für $\varrho_k = 1{,}420\ \mathrm{g/cm^3}$ angegeben.

Es erscheint uns nun vernünftig anzunehmen, daß die Dichte der kristallinen Bereiche nicht über den Wert von $1{,}455\ \mathrm{g/cm^3}$ ansteigt, der von *Daubeny* u. *Bunn* (1) an einem bestmöglich kristallisierten Material gefunden wurde. Alle Erfahrungen zeigen nämlich, daß bei einer Kristallisation bei tieferen Temperaturen die Kristallgitterzelle mehr Defekte aufweist und daher eine geringere Dichte besitzt. Wenn wir dies als erwiesen ansehen, so können wir daraus schließen, daß die mit 1 bezeichneten Kurven in den Abb. 7 und 8 eine untere Grenze für α' bzw. eine obere Grenze für ϱ_a angeben.

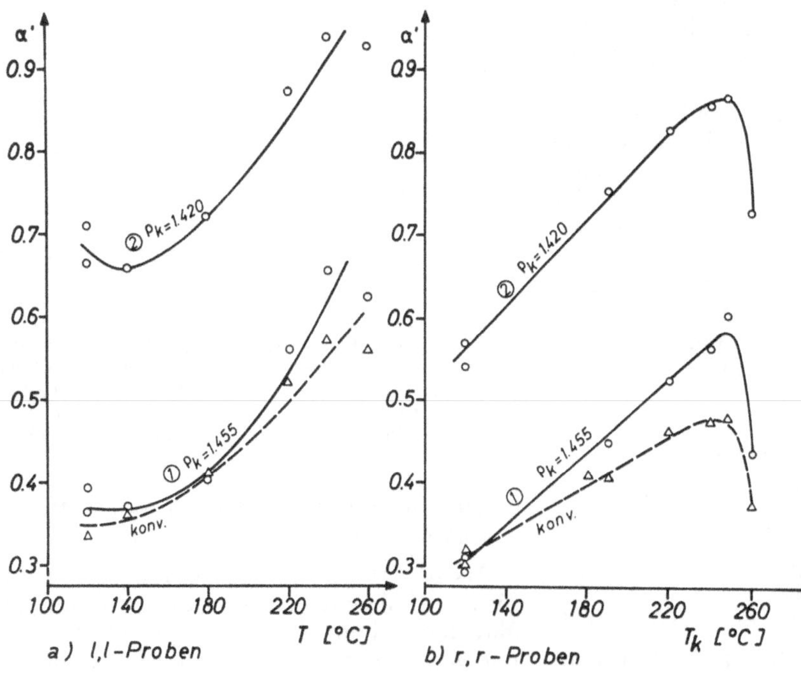

Abb. 7. α' als Funktion der Kristallisationstemperatur, ——— bei Annahme eines konstanten Wertes für ϱ_k, ---- über Gl. [1] mit konventionellen Werten für ϱ_k und ϱ_a bestimmt

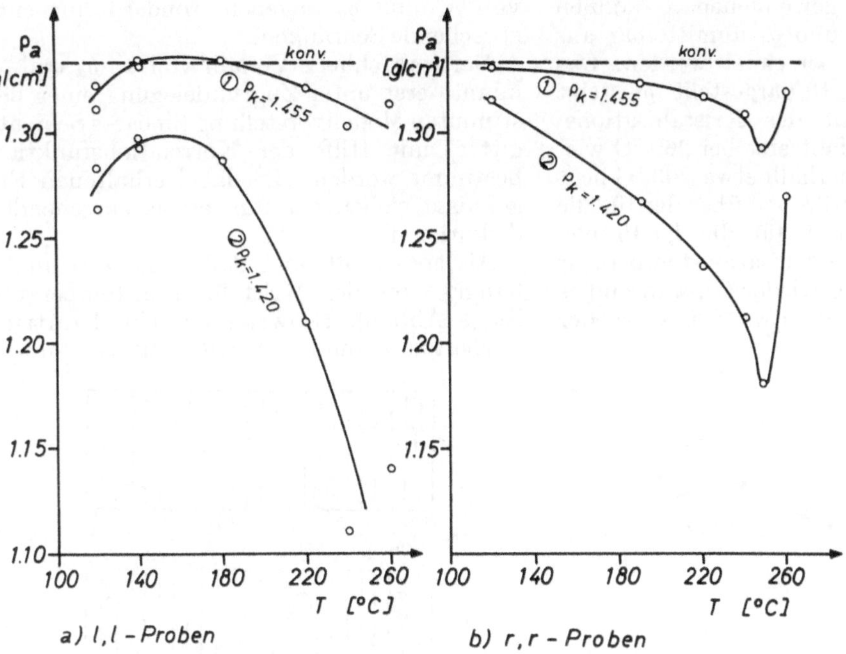

Abb. 8. ϱ_a als Funktion der Kristallisationstemperatur, ——— bei Annahme eines konstanten Wertes für ϱ_k, - - - - konventioneller Wert

c) Bestimmung von ϱ_k und ϱ_a mit Hilfe der aus der linearen Korrelationsfunktion bestimmten Werte von α'

Eine Möglichkeit, die gesuchten Größen eindeutig zu bestimmen, erhält man, wenn man in die Untersuchung die Bestimmung der linearen Korrelationsfunktion einschließt, die durch eine Fouriertransformation aus der Röntgenkleinwinkelstreukurve gewonnen wird. Nach *Kortleve* u. *Vonk* (10) kann aus dem Schnittpunkt der Korrelationsfunktion mit der Abszisse der Volumenanteil α' der kristallinen Bereiche entnommen werden. Mit Hilfe des so gewonnenen α' können jetzt die anderen uns interessierenden Größen bestimmt werden.

Die Bestimmung von α' aus der Korrelationsfunktion ist allerdings nur dann möglich, wenn unsere Proben aus übereinander geschichteten lamellaren Bereichen mit ebenen Grenzflächen bestehen. Um zu prüfen, ob das der Fall ist, bestimmten wir die spezifische innere Oberfläche O/V nach einem von *Porod* (7) angegebenen Verfahren aus dem Verlauf der Streukurve bei großen Winkeln. Die erhaltenen Werte verglichen wir mit denjenigen, die wir aus der Langperiode L unter Zugrundelegung eines Schichtenmodells über die Beziehung

$$\frac{O}{V} = \frac{1}{L} \cdot 2 \qquad [5]$$

erhielten. Das Verhältnis der auf verschiedene Arten bestimmten inneren Oberflächen betrug bei allen Proben etwa 1,2. Aus diesem Ergebnis schließen wir, daß die Anwendung der linearen Korrelationsfunktion auf unsere Proben in genügendem Maße gerechtfertigt ist.

Der aus der Korrelationsfunktion bestimmte Verlauf von α' ist in Abb. 9 aufgezeichnet. Er unterscheidet sich beträchtlich von dem über Gl. [1] in konventioneller Weise bestimmten Verlauf. Die Abweichungen sind bei tiefen Temperaturen am größten.

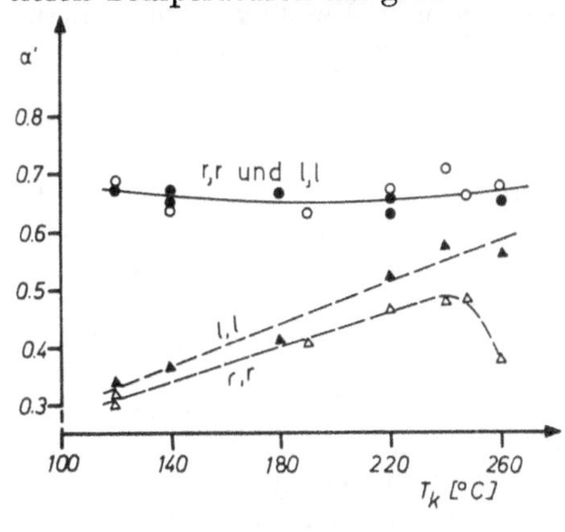

Abb. 9. α' als Funktion der Kristallisationstemperatur, ——— aus der Korrelationsfunktion bestimmt, - - - - aus der Dichte über Gl. [1] mit konventionellen Werten für ϱ_k und ϱ_a bestimmt, ausgefüllte Zeichen: *l, l*-Proben, offene Zeichen: *r, r*-Proben

Mit Hilfe des so gewonnenen α' können jetzt die Größen ϱ_k und ϱ_a unmittelbar aus den Gl. [1] und [4] berechnet werden. Das Ergebnis ist in Abb. 10 dargestellt. ϱ_k steigt für alle Proben mit der Kristallisationstemperatur an und fällt erst bei 260 °C wieder ein wenig ab. Oberhalb etwa 200 °C liegt die Kurve für die *l, l*-Proben über der für die *r, r-P*roben. ϱ_a nimmt für die *l, l*-Proben ebenfalls mit der Kristallisationstemperatur zu und erst bei 260 °C wieder ab, während es für die *r, r*-Proben ab etwa 200 °C wieder abnimmt.

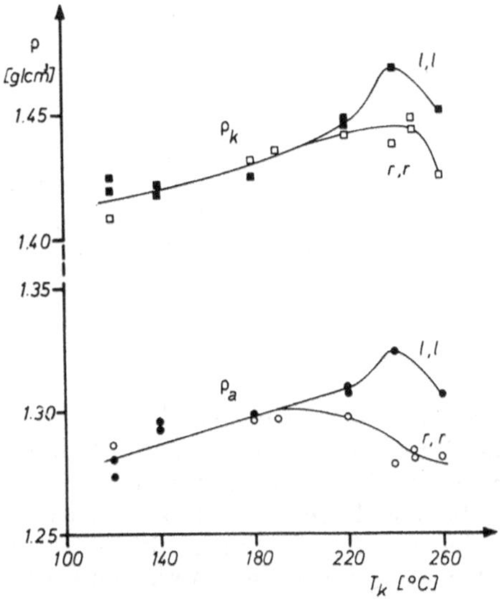

Abb. 10. ϱ_k und ϱ_a als Funktion der Kristallisationstemperatur bestimmt mit Hilfe der aus der Korrelationsfunktion ermittelten Werte von α'

5. Diskussion

Aus unseren Messungen kann man ohne irgendwelche zusätzlichen Voraussetzungen lediglich folgendes entnehmen: Die Dichtedifferenz ϱ_k–ϱ_a muß bei Proben, die bei einer relativ hohen Temperatur kristallisiert worden sind, größer sein als der konventionelle Wert (s. Abb. 5). Das bedeutet, daß bei diesen Proben die konventionellen Werte für ϱ_k und ϱ_a nicht zutreffen können.

Einen etwas weitergehenden Einblick gewinnt man unter der Annahme, daß die Dichte der kristallinen Bereiche ϱ_k höchstens gleich dem unter bestmöglichen Kristallisationsbedingungen gefundenen Wert von 1,455 g/cm³ ist. Man erhält dann eine untere Grenze für α' (Abb. 7, Kurven 1) sowie eine obere Grenze für ϱ_a (Abb. 8, Kurven 1). Es soll hier noch betont werden, daß die genannten Kurven nicht den tatsächlichen Verlauf von α' und ϱ_a angeben, sondern nur entsprechende Schranken.

Der tatsächliche Verlauf von α', ϱ_a und ϱ_k konnte erst unter Zugrundelegung einer bestimmten Modellvorstellung (lineares Schichtgitter) mit Hilfe der Korrelationsfunktion bestimmt werden. Die dabei erhaltenen Ergebnisse wollen wir nun etwas eingehender diskutieren.

Als erstes fällt auf, daß α' nahezu unabhängig von der Kristallisationstemperatur ist (s. Abb. 9). Hinweise auf ein derartiges Verhalten stammen bereits aus Quellungs-

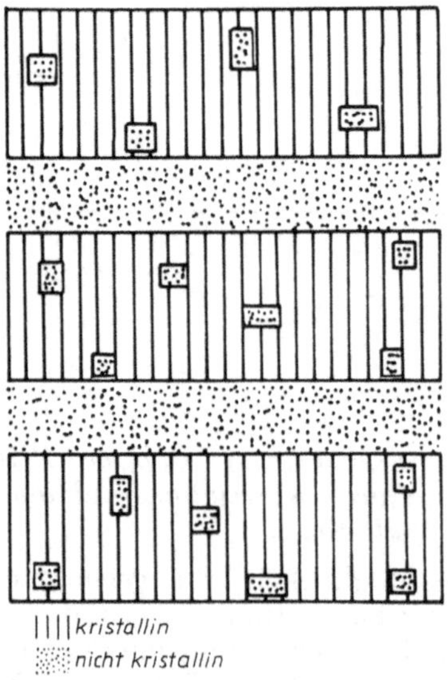

Abb. 11. Modell für die kristallin-amorphe Struktur eines Hochpolymeren

messungen (11). Man darf aber auch nicht übersehen, daß die Methode der Röntgenkleinwinkelstreuung anders zwischen kristallinen und nicht kristallinen Bereichen unterscheidet als etwa die Dichtemessung. Betrachten wir als Beispiel das in Abb. 11 dargestellte Modell, bei dem nicht kristalline Bereiche einmal in Form von Schichten und zum anderen auch in Form von kleinen Einlagerungen in die Kristallite auftreten. Bei der Dichtemethode werden die kleinen Einschlüsse in die Kristallite als nicht kristalline Gebiete angesehen, bei der Röntgenkleinwinkelstreuung dagegen werden alle Einschlüsse, die kleiner als etwa 25 Å sind, zur kristallinen Phase gezählt. Dies ist auch für die Bestimmung von ϱ_k von Bedeutung.

Die Dichte ϱ_k steigt Abb. 10 zufolge mit wachsender Kristallisationstemperatur an. Bei tiefen Temperaturen liegt ϱ_k deutlich unter dem konventionellen Wert. Das deutet darauf hin, daß bei tiefen Temperaturen die kristallinen Bereiche sehr schlecht geordnet sind, also einen relativ hohen Anteil an Fehlstellen besitzen. Mit wachsender Kristallisationstemperatur nimmt dieser Anteil infolge der höheren Segmentbeweglichkeit immer mehr ab.

Aus der Abb. 10 kann man entnehmen, daß bei hohen Temperaturen ϱ_k für die *r*, *r*-Proben kleiner ist als für die *l*, *l*-Proben. Das kann man vielleicht damit erklären, daß die *l*, *l*-Proben durch das langsame Aufheizen langsamer kristallisieren als die *r*, *r*-Proben. Es bildet sich daher ein geringerer Fehlstellenanteil.

Bei der Untersuchung der Temperaturabhängigkeit von ϱ_a fällt zunächst auf, daß alle erhaltenen Werte unterhalb des am rein amorphen Stoff gemessenen Wertes von 1,333 g/cm³ liegen. Dies ist vermutlich darauf zurückzuführen, daß in einem relativ frühen Stadium der Kristallisation durch die Kristallitvernetzung das Probengefüge so starr geworden ist, daß der durch die weitere Kristallisation bedingte Materialverlust in den amorphen Bereichen durch eine Volumenrelaxation der Probe nicht mehr völlig ausgeglichen werden kann. Der Unterschied zwischen den *r*, *r*-Proben und den *l*, *l*-Proben bei hohem T_k kann man damit erklären, daß die *r*, *r*-Proben nicht wie die *l*, *l*-Proben langsam hochgetempert wurden, sondern rasch kristallisieren.

Wir danken Herrn Prof. Dr. *E. W. Fischer* für zahlreiche wertvolle Diskussionen. Unser Dank gilt ferner der Deutschen Forschungsgemeinschaft für die finanzielle Unterstützung dieser Arbeit, sowie der Fa. Kalle A.G., Wiesbaden, für die Überlassung der Folien.

Zusammenfassung

Es wurden Messungen der Dichte sowie der absoluten Intensität der Röntgenkleinwinkelstreuung an teilkristallinem Polyäthylenterephthalat durchgeführt. Aus den erhaltenen Resultaten wurden der Volumenanteil der Kristallite α', die Dichte der Kristallite ϱ_k und die Dichte der nichtkristallinen Bereiche ϱ_a berechnet. Bei Proben, die bei tiefer Temperatur kristallisiert worden waren, lag ϱ_k unterhalb von 1,455 g/cm³, dem Wert, der aus den Abmessungen der Elementarzelle einer möglichst gut kristallisierten Probe bestimmt wurde. ϱ_a war bei allen Proben kleiner als die Dichte des völlig amorphen Stoffes. α' lag jeweils über dem Wert, der allein aus der Dichte in konventioneller Weise bestimmt wurde.

Summary

Measurements of the density and the absolute intensity of small angle X-ray scattering of semicrystalline polyethylenterephthalate were performed. From the results obtained the crystalline volume fraction α', the density of the crystals ϱ_k and the density of the noncrystalline regions ϱ_a were calculated. With samples crystallized at lower temperatures, ϱ_k lies below 1,455 g/cm³, the value obtained from the crystal unit cell dimension on a material crystallized as well as possible. ϱ_a is generally smaller than the density of a completely amorphous sample. For higher temperatures of crystallization, α' is larger than the values obtained simply from the density by conventional methods.

Literatur

1) *Daubeny, R. De P., C. W. Bunn,* and *C. J. Brown,* Proc. Roy. Soc. (London) **A 226**, 531 (1954).
2) *Hellwege, J.-H., J. Hennig* und *W. Knappe,* Kolloid-Z. u. Z. Polymere **186**, 29 (1962).
3) *Davis, G. T., R. K. Eby,* and *G. M. Martin,* J. Appl. Phys. **39**, 4973 (1968).
4) *Kilian, H. G., H. Halboth* und *E. Jenckel,* Kolloid-Z. **172**, 166 (1960).
5) *Kazaryan, L. G.* und *D. Ya. Tsvankin,* Pol. Sci. USSR **9**, 423 (1967).
6) *Fischer, E. W., H. Goddar* und *G. F. Schmidt,* Makromol. Chem. **118**, 144 (1968).
7) *Porod, G.,* Kolloid-Z. **124**, 83 (1951).
8) *Ruland, W.,* J. Appl. Cryst. (im Druck).
9) *Fischer, E. W.* und *F. Kloos,* Kolloid-Z. (in Vorb.).
10) *Vonk, C. G.* und *G. Kortleve,* Kolloid-Z. u. Z. Polymere **220**, 19 (1967); Kolloid-Z. u. Z. Polymere **225**, 124 (1968).
11) *Zachmann, H. G.,* Faserforschg. Textiltech. **18**, 427 (1967).

Anschrift der Verfasser:
Dr. *G. Konrad* und Prof. Dr. *H. G. Zachmann*
Institut für Physikalische Chemie
6500 Mainz, Jakob-Welder-Weg 15

Aus dem Institut für physikalische Chemie der Universität Mainz, II. Ordinariat, Mainz

Schmelz- und Rekristallisationsvorgänge bei Polyäthylen-Einkristallen

Teil IV: Schmelzenthalpie und Grenzflächenenergie von Polyäthylen-Einkristallen*)

Von E. W. Fischer und G. Hinrichsen

Mit 3 Abbildungen und 5 Tabellen

(Eingegangen am 21. April 1971)

I. Einleitung

Die aus verdünnten Lösungen hergestellten Einkristalle des Polyäthylens waren bereits der Gegenstand zahlreicher Untersuchungen (1), da die Struktur dieser Kristalle von grundsätzlicher Bedeutung für die Diskussion aller physikalischen Eigenschaften der teilkristallinen Hochpolymeren ist. Insbesondere wurde auch die Frage nach dem Kristallisationsgrad α der sogenannten Einkristalle schon häufig erörtert. Diese Größe wurde mit Hilfe verschiedener Methoden in mehreren Laboratorien gemessen, und in der überwiegenden Mehrzahl der Fälle wurde festgestellt, daß die Polyäthylen-Einkristalle je nach den Kristallisationsbedingungen einen Anteil von 10–20% an nichtkristallisierten Kettensequenzen enthalten (2).

Ein eng damit zusammenhängendes Problem ist die Struktur der Grenzflächen der Einkristalle. Röntgenkleinwinkelmessungen haben gezeigt (3), daß die Einkristalle durch ein Zweiphasenmodell beschrieben werden können, wobei die amorphen Bereiche die longitudinalen Deckflächen der lamellenförmigen Kristalle bilden (4, 5, 6). Mit Hilfe der Röntgenkleinwinkelstreuung konnte auch die glasige Erstarrung in den fehlgeordneten Deckschichten nachgewiesen und die Einfriertemperatur dieser Schichten bestimmt werden (7, 8).

Zur Bestimmung des Kristallisationsgrades, der für die Auswertung aller Messungen von grundlegender Bedeutung ist, kann u. a. auch die Schmelzwärme herangezogen werden.

In früheren Arbeiten haben wir solche Messungen an Polyäthylen-Einkristallen beschrieben (9, 10). Dabei wurden auch zwei voneinander unabhängige Verfahren angewandt, um den Wert der Schmelzenthalpie des vollständig kristallisierten Polyäthylens sowie den Enthalpiebeitrag der freien Grenzflächenenergie zu ermitteln. In der Zwischenzeit sind mehrere Arbeiten anderer Autoren zum gleichen Thema erschienen (11–16). Dabei ergaben sich z. T. sehr gute Übereinstimmungen, z. T. auch beträchtliche Diskrepanzen, die sich sowohl auf die Meßwerte als auch auf die Methode der Auswertung der Meßdaten erstreckten. In der vorliegenden Arbeit wird daher einerseits über einige neue Messungen, die wir zur Kontrolle unserer früheren Ergebnisse durchführten, berichtet, andererseits werden die Messungen anderer Autoren, vor allem die von *Mandelkern* et al. (13), neu ausgewertet, wobei die Fehler der dort verwendeten Auswertemethoden diskutiert werden. Die Ergebnisse unserer Untersuchungen werden mit denen der anderen Autoren verglichen. Das Ziel der Arbeit ist es, korrekte Grundlagen für die Auswertung der thermodynamischen Messungen an Polyäthylen-Einkristallen zu liefern und einige Eigenschaften der fehlgeordneten Grenzschichten dieser Kristalle zu ermitteln.

2. Experimentelles

2.1. Herstellung der Proben

Polyäthylen der Fa. Philips vom Typ Marlex 50 wurde aus 0,1%igen Lösungen in Xylol oder Tetrachloräthylen bei Temperaturen zwischen 60 und 93 °C isotherm kristallisiert. Zum Vergleich wurden auch einige Fraktionen des Polyäthylens untersucht. Die Kristallsuspensionen wurden bei der jeweiligen Kristallisationstemperatur filtriert.

2.2. Meßverfahren

Zur Bestimmung der Schmelzenthalpie der Proben wurden DTA-Messungen mit einer modifizierten Form einer DTA-Apparatur der Fa. Netzsch durchgeführt (10). Die Schmelzenthalpie wird bis auf einen Fehler von ± 1 cal/g genau bestimmt. Die Dichte der Proben wurde nach dem Schwebeverfahren in einem mit Mischungen von Propanol und Dioxan gefüllten Dichtegradientenrohr bei einer Meßtemperatur von 30 °C ausgeführt. Die röntgenographische Langperiode wurde aus Kleinwinkelstreukurven berechnet, die mit Hilfe einer *Kratky*-Kamera angefertigt wurden.

---

*) Vorgetragen auf der Arbeitssitzung des Fachausschusses Physik der Hochpolymeren in der Frühjahrstagung Berlin 1971 vom 9. bis 13. März des Regionalverbandes Physikalische Gesellschaft zu Berlin.

3. Ergebnisse und Diskussion

3.1. *Der Zusammenhang zwischen Schmelzenthalpie und Kristallitdicke*

Bei der Berechnung der Schmelzwärme eines teilkristallinen Hochpolymeren muß der Beitrag der freien Grenzflächenenergie mit in Rechnung gestellt werden. Geht man von der Additivität der Enthalpien der amorphen und kristallinen Bereiche in den partiell kristallinen Proben aus und vernachlässigt man den Enthalpiebeitrag der lateralen Grenzflächen der Kristalle, so läßt sich die gemessene Schmelzenthalpie ΔH_{gem} durch die Gleichung beschreiben (9–16):

$$\Delta H_{\text{gem}} = \alpha(\Delta H^{\infty} - 2\sigma_e v_c/\zeta) = \alpha \Delta H_{\zeta}. \qquad [1]$$

Darin bedeutet ΔH^{∞} die Schmelzwärme eines 100% kristallinen Polyäthylens aus unendlich großen Realkristallen. Diese Größe braucht nicht genau mit dem Wert $\Delta H^{\infty}_{\text{id}}$ für einen unendlichen großen „Idealkristall“ des Polyäthylens, der etwa durch Extrapolation ermittelt werden kann (17), übereinzustimmen. Entsprechend Gl. [1] ist ferner ΔH_{ζ} als die Schmelzwärme eines 100% kristallinen Polyäthylens aus Kristallen der Dicke ζ definiert. Für die weitere Diskussion verwenden wir noch die Größe:

$$\Delta H_{\text{korr}} = \Delta H_{\text{gem}} + \frac{2\sigma_e v}{L}, \qquad [2]$$

die den um den Einfluß der Grenzflächenenergie korrigierten Meßwert der Schmelzwärme angibt.

Der Massenkristallisationsgrad α in Gl. [1] kann nach der üblichen Methode aus dem gemessenen spezifischen Volumen v berechnet werden. σ_e bedeutet die Grenzflächenenthalpie der longitudinalen Deckflächen der Kristalle der Dicke ζ. Für ζ, das mit der mittleren Länge der kristallisierten Kettensequenzen identisch ist, ergibt sich auf Grund des röntgenographisch (3, 4) gesicherten „Schichtenmodells“:

$$\zeta = L \cdot \alpha \cdot \frac{v_c}{v}, \qquad [3]$$

wobei L die röntgenographisch gemessene Langperiode bedeutet. v_a und v_c sind die spezifischen Volumina der amorphen bzw. der kristallinen Phase.

Die Ergebnisse unserer Messungen sind in Tab. 1 zusammengestellt, zum Vergleich sind in Tab. 2 und 3 die Werte von *Mandelkern* et al. (13) bzw. von *Hamada*, *Wunderlich* et al. (14) aufgeführt. Aus den spezifischen Volumina wurden die Kristallinitäten α berechnet, wobei für v_a und v_c Werte von 1,168 bzw. 1,001 cm³/g bei einer Temperatur von 30 °C zugrunde gelegt wurden. Die Absolutwerte wurden der Arbeit *Chiang* u. *Flory* (18), die Ausdehnungskoeffizienten der Arbeit von *Swan* (19) entnommen.

Mit Hilfe der Werte α können die Schmelzenthalpien $\Delta H_{\zeta} = \Delta H_{\text{gem}}/\alpha$ berechnet werden. Entsprechend Gl. [1] soll zwischen der Schmelzenthalpie ΔH_{ζ} und dem reziproken Wert $1/\zeta$ der Kristalldicken eine lineare Beziehung bestehen. Daher wurde nach der Methode der kleinsten Fehlerquadrate aus den Meßdaten der Tab. 1 und 2 die Schmelzenthalpie ΔH^{∞} des unendlich ausgedehnten Kristalls und die Grenzflächenenergie σ_e

Tab. 1. Gemessene Werte für die Langperiode L, die Schmelzwärme ΔH_{gem} und das spezifische Volumen v von Polyäthylen-Einkristallen, sowie die nach Gl. [1] bis [3] berechneten Größen

Polyäthylen	Lösungsmittel	Krist. Temp. [°C]	L [Å]	ΔH_{gem} [cal/g]	v [cm³/g]	ΔH_{ζ} [cal/g]	ΔH_{korr} [cal/g]	ζ [Å]	α_{Dichte} [%]	α_{DTA} [%]	$\alpha_{\text{Dichte}}/\alpha_{\text{DTA}}$
unfraktionierte Probe mit $M_\eta = 57000$	Xylol	60	98	51,5	10373	65,4	54,9	75	0,79	0,78	1,01
		80	116	54,5	10331	67,1	57,2	91	0,81	0,82	0,99
		80	118	54,8	10320	66,9	57,5	94	0,82	0,82	1,00
		80	118	54,0	10339	66,8	56,8	92	0,81	0,81	1,00
		85	129	57,6	10256	67,1	59,0	108	0,86	0,84	1,02
		90	142	59,6	10214	67,5	61,9	123	0,88	0,88	1,00
		90	128	56,5	10293	67,6	58,9	104	0,84	0,84	1,00
		90	155	59,5	10241	68,6	61,6	132	0,87	0,88	0,99
		92	167	58,7	10242	67,8	60,7	142	0,86	0,87	0,99
		93	165	58,9	10209	66,5	60,9	144	0,88	0,87	1,01
	C_2Cl_4	70	132	58,0	10277	68,6	60,7	93	0,85	0,87	0,98
		80	142	58,0	10277	68,6	60,4	109	0,85	0,86	0,99
		82	140	60,6	10212	68,5	62,8	122	0,88	0,90	0,98
Fraktion mit $M_\eta = 45000$	Xylol	80	118	54,2	10328	66,5	56,9	93	0,81	0,81	1,00
		85	128	54,2	10310	65,7	56,6	103	0,83	0,81	1,02
		88	138	59,2	10198	66,3	61,5	121	0,89	0,88	1,01
		90	143	60,7	10174	66,9	63,0	128	0,91	0,90	1,01

Tab. 2. Gemessene Werte für die Langperiode L, die Schmelzwärme ΔH_{gem} und das spezifische Volumen v von Polyäthylen-Einkristallen nach *Mandelkern, Allou und Gopalan* (13), sowie die daraus nach Gl. [1] bis [3] berechneten Größen

Mol. Gewicht	Lösungs-mittel	Krist. [°C]	L [Å]	ΔH_{gem} [cal/g]	v [cm³/g]	ΔH_ζ [cal/g]	ΔH_{korr} [cal/g]	ζ [Å]	α_{Dichte} [%]	α_{DTA} [%]	$\alpha_{Dichte}/\alpha_{DTA}$
19000	Xylol	60	99	48,3	10345	60,1	51,6	77	0,80	0,74	1,08
		70	104	47,6	10271	56,1	50,8	86	0,85	0,73	1,16
		85	130	53,3	10188	59,3	55,7	115	0,90	0,80	1,13
		90	148	53,7	10167	58,9	55,9	133	0,91	0,80	1,14
45000		60	101	47,2	10356	59,2	50,5	78	0,80	0,72	1,11
		70	106	49,2	10271	58,0	52,3	88	0,85	0,75	1,13
		85	129	52,2	10218	59,3	54,6	111	0,88	0,78	1,13
		90	149	54,9	10180	60,8	57,0	133	0,90	0,81	1,11
300000		70	112	51,1	10326	62,6	54,0	89	0,82	0,77	1,06
		70	112	52,2	10294	62,5	55,0	91	0,83	0,79	1,05
		85	129	53,0	10292	63,4	55,5	105	0,84	0,79	1,06
		90	146	54,5	10246	63,1	56,8	123	0,86	0,81	1,06
		90	148	54,6	10227	62,4	56,8	127	0,88	0,81	1,09
1200000		70	112	51,8	10292	62,0	54,7	91	0,84	0,78	1,08
		90	147	54,7	10245	63,3	56,9	124	0,86	0,81	1,06

Tab. 3. Gemessene Werte für die Langperiode L, die Schmelzwärme ΔH_{gem} und das spezifische Volumen v von Polyäthylen-Einkristallen nach *Hamada, Wunderlich, Sumida, Hayashi* und *Nakajima* (14), sowie die daraus nach Gl. [1] bis [3] berechneten Größen

Mol.-Gewicht	Lösungs-mittel	Krist. Temp. [°C]	L [Å]	ΔH_{gem} [cal/g]	v [cm³/g]	ΔH_ζ [cal/g]	ΔH_{korr}*) [cal/g]	ζ [Å]	α_{Dichte} [%]	α_{DTA} [%]	$\alpha_{Dichte}/\alpha_{DTA}$
42000	Xylol	60	—	49,5	10267	57,6	(53,0)	—	0,84	—	—
		70	—	56,9	10246	64,9	(60,1)	—	0,88	—	—
		84,5	—	59,9	10163	66,4	(62,5)	—	0,90	—	—
		89,1	152	63,9	10070	66,8	66,1	144	0,96	0,94	1,02
60000		84,5	—	53,0	10256	—	(55,6)	—	0,86	—	—
280000		84,5	—	54,4	10277	—	(57,0)	—	0,85	—	—
1000000		84,5	—	58,1	10142	—	(60,7)	—	0,93	—	—
140000		84,5	—	58,9	10225	—	(61,5)	—	0,88	—	—
8400		84,5	—	62,9	10172	—	(65,5)	—	0,95	—	—

*) Berechnet unter Verwendung der L-Werte dieser Arbeit.

Tab. 4. Werte der spezifischen Schmelzenthalpie und der freien Grenzflächenenergie erhalten aus verschiedenen Extrapolationen

Material	Lösungs-mittel	Autor	Zahl der Messungen	$\Delta H_{korr} \sim 1/l$: ΔH^∞ [cal/g]	$\Delta H_{korr} \sim 1/l$: σ_e [erg/cm²]	$\Delta H_{korr} \sim 1/L$: ΔH^∞ [cal/g]	$\Delta H_{korr} \sim 1/L$: σ_e [erg/cm²]	$\Delta H_{gem} \sim 1/L$: ΔH^∞ [cal/g]	$\Delta H_{gem} \sim 1/L$: σ_e [erg/cm²]
unfrakt. PÄ	Xylol	diese	10	69,8 ± 2,9	58 ± 64	70,4 ± 3,7	90 ± 100	71,5 ± 5,6	407 ± 149
	C_2Cl_4	Arbeit	3	68,3 ± 0,3	0 ± 6	68,2 ± 0,4	0 ± 10	68,1 ± 9,6	247 ± 254
Fr.M = 45000	Xylol		4	67,7 ± 3,3	31 ± 75	68,1 ± 5,8	47 ± 155	92,8 ± 16,1	980 ± 440
Fr.M = 19000		*Mandel*	4	59,3 ± 7,1	16 ± 143	60,4 ± 9,3	44 ± 226	67,4 ± 5,0	409 ± 122
Fr.M = 45000		*kern* (13)	4	62,7 ± 3,5	71 ± 71	64,4 ± 4,1	127 ± 100	70,0 ± 2,4	474 ± 60
Fr.M = 300000			5	63,2 ± 2,5	8 ± 55	63,4 ± 3,1	16 ± 81	63,7 ± 30	286 ± 80
Fr.M = 1200000			2	66,9 ± 0	95 ± 0	67,5 ± 0	130 ± 0	64,0 ± 0	282 ± 55

berechnet. Die Ergebnisse sind in Tab. 4 wiedergegeben.

Im Hinblick auf die durch Extrapolation erhaltenen Werte der Schmelzenthalpien ist folgendes zu bemerken: Für Einkristalle aus fraktioniertem und unfraktioniertem Polyäthylen erhalten wir für die spezifische Schmelzenthalpie in Übereinstimmung mit früheren Messungen (9, 10) Werte zwischen 68 und 70 cal/g, wobei der letztere Wert wegen der großen Zahl der Meßpunkte der zuverlässigste ist. Die Messungen von *Mandelkern* et al.

(13) liefern dagegen extrapolierte Schmelzenthalpien zwischen 59 und 67 cal/g, dabei ist die letztgenannte Zahl ohne großes Gewicht, da der Extrapolation nur zwei Meßpunkte zugrunde liegen. Diese niedrigen Werte für ΔH^{∞} sind nicht überraschend, denn ein Vergleich der gemessenen Schmelzenthalpie ΔH_{gem} der Tab. 1, 2 und 3 zeigt, daß die von *Mandelkern* et al. (13) angegebenen Werte bei entsprechenden Kristallisationsbedingungen niedriger liegen als die unseren.

Ferner ist aus der Tab. 4 ersichtlich, daß die berechneten Werte für die freie Grenzflächenenergie sehr stark differieren, und zwar sowohl für die eigenen Messungen wie auch für die von *Mandelkern*. Der statistische Fehler dieser Größe ist oft beträchtlich größer als der absolute Wert. Es zeigt sich also, daß aus der Auftragung der Enthalpie gegenüber dem Reziprokwert der Kristalldicke der Wert der Grenzflächenenergie nur mit großem Fehler zu entnehmen ist. Die Schwierigkeit bei der Berechnung der Grenzflächenenergie hat zwei Gründe: Zunächst einmal ist die Zahl der Meßpunkte, die für die verschiedenen hier berichteten Extrapolationen vorlagen, gering, sie lag zwischen 2 und 10. Zum anderen aber ist der Beitrag der Grenzflächenenergie zur Schmelzenthalpie meist vernachlässigbar klein; diese Tatsache hat zur Konsequenz, daß bei einem geringfügigen Meßfehler der Schmelzenthalpie und der Dichte der relative Fehler für die Grenzflächenenergie ganz beträchtlich wird. Eine bedeutend bessere Methode zur Bestimmung der Grenzflächenenergie liefert der Zusammenhang zwischen Schmelzenthalpie und spezifischem Volumen, der im nächsten Abschnitt behandelt wird.

Wie aus anderen Untersuchungen bekannt ist (15, 20–22), beträgt die freie Grenzflächenenergie für Polyäthylen etwa $\sigma_e \sim 70$–80 erg/cm^2. Dieser Wert steht zumindest nicht im Widerspruch zu den in der Tab. 4 mitgeteilten Ergebnissen, wenn man zusätzlich die Schwankungsbreite der berechneten σ_e-Werte berücksichtigt.

Statt der Dicke ζ der kristallinen Bereiche verwenden *Mandelkern* et al. (13) bei der oben beschriebenen Extrapolation die röntgenographische Langperiode L. Da diese Autoren die Behauptung aufstellten, daß aus ihren Messungen für ΔH^{∞} ein Wert von 70 cal/g, dagegen für die Ergebnisse von *Fischer* u. *Hinrichsen* (10) ein solcher von 77 cal/g bei Extrapolation resultieren würde, haben wir auch für einen linearen Zusammenhang zwischen ΔH_{ζ} und $1/L$ die Fehlerausgleichsrechnungen durchgeführt. Die Ergebnisse dieser Rechnungen sind ebenfalls in der Tab. 4 enthalten.

Wie zu erkennen ist, bewirkt ein linearer Zusammenhang dieser beiden Größen nur eine geringfügige Änderung der Größen ΔH^{∞} und σ_e im Vergleich zu den im vorigen Absatz mitgeteilten Werten. *Mandelkerns* Werte für ΔH^{∞} liegen im Intervall von 60–67,5 cal/g, unsere zwischen 68 und 70,5 cal/g. Der Wert der freien Grenzflächenenergie wird bei dieser Auftragung geringfügig vergrößert, die große Schwankungsbreite bleibt erhalten.

Einen mit den sonstigen Erfahrungen übereinstimmenden Wert für die Schmelzenthalpie $\Delta H^{\infty} = 70$ cal/g erhält man unter Benutzung der von *Mandelkern* et al. (13) gemessenen Werte nur dann, wenn man die gemessene Schmelzenthalpie ΔH_{gem} gegen den Reziprokwert der Langperiode aufträgt. Entsprechend Gl. [1] würde dies bedeuten, daß der Kristallisationsgrad $\alpha = 1$ angenommen wird. Wir haben auch für diesen Fall die oben beschriebenen Fehlerausgleichrechnungen durchgeführt und erhalten Werte, die ebenfalls in der Tab. 4 aufgeführt sind. Während für unsere Messungen etwas zu hohe Werte für ΔH^{∞} erhalten werden, liegen die Ergebnisse der Extrapolation für die Messungen von *Mandelkern* et al. (13) zwischen 64 und 70 cal/g. Für die freie Grenzflächenenergie erhält man jedoch mit dieser Methode, wie der Tab. 4 zu entnehmen ist, Werte zwischen 250 und 500 erg/cm^2. Grenzflächenenergien in dieser Größenordnung sind bislang mit Hilfe anderer Methoden am Polyäthylen nicht beobachtet worden. Eine der Konsequenzen derartig hoher Grenzflächenenergien wäre für Einkristalle mit einer Dicke von rund 100 Å eine Schmelzpunktdepression aufgrund der *Thomson*schen Gleichung von 60–120 °C. Wir können daher eine Auftragung der gemessenen Schmelzwärme als Funktion der reziproken Langperiode als unsinnig betrachten. Die hohen Werte für σ_e sind eine Folge der ungerechtfertigten Annahme $\alpha = 1$ oder, mit anderen Worten, diese σ_e-Werte enthalten einen zusätzlichen Energiebeitrag, der von der höheren Enthalpie der fehlgeordneten Deckschichten herrührt.

Es sei hier noch vermerkt, daß die Ergebnisse der Messungen von *Hamada* et al. (14) in befriedigender Weise mit unseren Daten übereinstimmen. Die von *Hamada* et al. (14) gemessenen Schmelzenthalpien liegen mit einer Ausnahme je nach dem Molekulargewicht und der Kristallisationstemperatur der Proben zwischen 53 und 64 cal/g, also in demselben Intervall wie die von uns berichteten Werte. Eine Extrapolation der Werte von *Hamada* et al. (14) ist jedoch nicht möglich, da die röntgenographischen Langperioden nur weniger Proben angegeben sind.

3.2. Der Zusammenhang zwischen Schmelzenthalpie und spezifischem Volumen

Die im vorhergehenden Abschnitt diskutierten Größen ΔH^∞ und σ_e lassen sich auch aus dem Zusammenhang zwischen Schmelzenthalpie ΔH_{gem} und dem gemessenen spezifischem Volumen ermitteln. Aus Gl. [1] folgt sofort

$$\alpha = \frac{\Delta H_{\mathrm{gem}} + \dfrac{2\alpha\,\sigma_e\,v_c}{\zeta}}{\Delta H^\infty} \qquad [4]$$

und daraus unter Verwendung der Beziehung in Gl. [3]

$$\alpha = \frac{\Delta H_{\mathrm{gem}} + \dfrac{2\sigma_e\,v}{L}}{\Delta H^\infty} = \frac{\Delta H_{\mathrm{korr}}}{\Delta H^\infty}. \qquad [5]$$

Da der Kristallisationsgrad andererseits auch linear vom spezifischen Volumen abhängt, muß eine Auftragung der korrigierten Schmelzwärme ΔH_{korr} gegen das spezifische Volumen v eine Gerade ergeben:

$$\Delta H_{\mathrm{korr}} = \Delta H^\infty \frac{v_a - v}{v_a - v_c}. \qquad [6]$$

Die nach Gl. [2] berechneten Werte für ΔH_{korr} sind ebenfalls in die Tab. 1–3 eingetragen worden. Dazu mußte ein Wert für die Grenzflächenenergie σ angenommen werden. Die Messungen über den Einfluß der Kristallitgröße auf den Schmelzpunkt (10, 15, 20, 23) sowie Untersuchungen zur Kristallisationskinetik (24) lassen einen Wert von σ_e zwischen 60 und 80 erg/cm² als wahrscheinlich erscheinen. Wie aber bereits ausgeführt wurde, ist die Grenzflächenkorrektur in keinem Fall beträchtlich und ändert nur wenig am grundsätzlichen Zusammenhang zwischen Schmelzenthalpie und spezifischem Volumen. Für die Rechnungen in Tab. 1–3 wurde $\sigma_e = 70$ erg/cm² angenommen. In der Abb. 1 ist eine graphische Auftragung aller in dieser Arbeit berichteten Meßwerte angefertigt. Extrapoliert man die Geraden der Abb. 1 auf den Wert des spezifischen Volumens der kristallinen Phase ($v_c = 1{,}001$ cm³/g bei 30 °C), so erhält man als Achsenabschnitt die spezifische Schmelzenthalpie des Polyäthylens ΔH^∞; extrapoliert man dagegen die Gerade bis zum Wert $\Delta H_{\mathrm{korr}} = 0$, so kann die Größe des spezifischen Volumens der amorphen Phase – freilich mit einem großen Fehler wegen des langen Extrapolationsweges – berechnet werden. In einer früheren Arbeit (9) haben wir bereits darauf hingewiesen, daß die Extrapolation auf ΔH^∞ nur wenig durch die Wahl des σ_e-Wertes beeinflußt wird, dagegen hängt v_a sehr stark

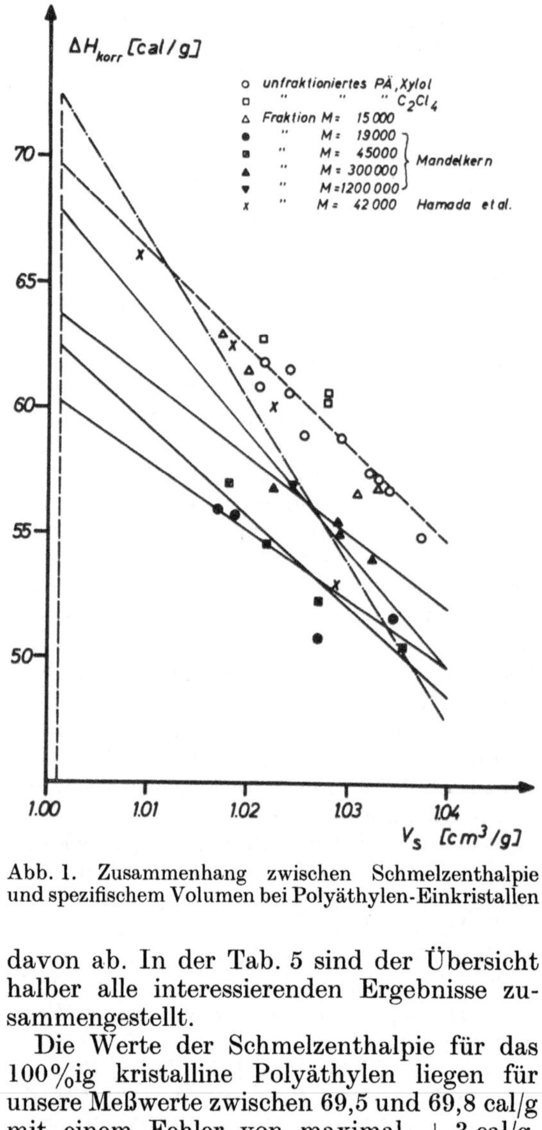

Abb. 1. Zusammenhang zwischen Schmelzenthalpie und spezifischem Volumen bei Polyäthylen-Einkristallen

davon ab. In der Tab. 5 sind der Übersicht halber alle interessierenden Ergebnisse zusammengestellt.

Die Werte der Schmelzenthalpie für das 100%ig kristalline Polyäthylen liegen für unsere Meßwerte zwischen 69,5 und 69,8 cal/g mit einem Fehler von maximal ± 3 cal/g. Diese extrapolierten Schmelzenthalpien stimmen somit genau mit den Werten überein, die wir aus dem im vorigen Abschnitt beschriebenen Zusammenhang erhalten haben. Für die Messungen von *Mandelkern* et al. (13) ergeben sich für die Fraktionen je nach Molekulargewicht unterschiedliche Werte, sie liegen zwischen 60 und 68 cal/g, also in dem-

Tab. 5. Die durch Extrapolation der Meßdaten verschiedener Autoren ermittelten Werte der Schmelzenthalpie ΔH^{∞} und des spezifischen Volumens v_a der amorphen Phase

Material	Lösungsmittel	Autor	ΔH^{∞} [cal/g]	v_a [cm³/g]
unfrakt. PÄ	Xylol	diese Arbeit	69,6 ± 3,0	1,168 ± 0,038
	C_2Cl_4		69,8 ± 1,0	1,200 ± 0,020
Fr.M = 15000	Xylol		69,5 ± 1,5	1,167 ± 0,021
Fr.M = 19000		*Mandelkern* (13)	60,2 ± 3,9	1,167 ± 0,079
Fr.M = 45000			62,5 ± 2,3	1,166 ± 0,035
Fr.M = 300000			63,8 ± 2,0	1,204 ± 0,045
Fr.M = 1200000			67,9 ± 0	1,146 ± 0
Fr.M = 42000		*Hamada* (14)	72,4 ± 3,8	1,106 ± 0,026

selben Bereich, in dem auch die Ergebnisse lagen, die bei der Extrapolation auf unendlich ausgedehnte Kristalle erhalten wurden. Für die Meßpunkte von *Hamada* et al. (14) erhalten wir für ΔH^{∞} einen Wert von 72 cal/g mit einem Fehler von ± 4 cal/g, so daß dieses Ergebnis unsere Messungen bestätigt. Im Hinblick auf die extrapolierten Werte für das spezifische Volumen der amorphen Phase der Einkristalle darf festgestellt werden, daß aus unseren Messungen ein Mittelwert von 1,17 cm³/g resultiert, ein Ergebnis, das in bester Übereinstimmung steht mit den in dieser Arbeit bereits zitierten, dilatometrisch ermittelten Daten (18, 19).

Von *Hamada*, *Wunderlich* et al. (14) wurde die Dichte der Einkristalle mit zwei verschiedenen Methoden gemessen. Die bisher (Tab. 3) verwendeten Werte beziehen sich auf die Resultate, die mit Hilfe eines Dichtegradientenrohres an getrockneten Einkristall-Aggregaten erhalten wurden. Andererseits wurden von *Hamada* et al. (14) auch Messungen mit der Schwebemethode an den Kristall-Suspensionen durchgeführt, wobei sich beträchtlich höhere Dichtewerte ergaben. Für diese Meßwerte führt die Extrapolation nach Gl. [6] zu einem unsinnigen Wert für das spezifische Volumen v_a = 1,045 cm³/g. Dieses Ergebnis bedeutet, daß die Kristallisationsgrade α_{vol} berechnet aus den spezifischen Volumina der Kristalle in Suspension nicht mehr mit den aus den Schmelzenthalpien berechneten Werten α_H übereinstimmen. Verwendet man dagegen die an den getrockneten Aggregaten gemessenen Dichtewerte, so ergibt sich gute Übereinstimmung.

3.3. *Vergleich und Diskussion der vorliegenden Ergebnisse*

In der Arbeit von *Mandelkern* et al. (13) wurde die Behauptung aufgestellt, daß die Extrapolation sowohl der gemessenen wie auch der korrigierten Schmelzenthalpie auf den unendlich ausgedehnten Kristall hin ($1/L = 0$) für die eigenen Messungen zu einem Wert der spezifischen Schmelzenthalpie von 70 cal/g, für die von *Fischer* u. *Hinrichsen* (10) publizierten Daten dagegen zu einem Wert von 77 cal/g führen sollen. Die Ergebnisse der Rechnungen in den beiden vorhergehenden Abschnitten ergeben jedoch ein völlig anders Bild: Unabhängig vom Extrapolationsverfahren erhält man aus den Meßdaten von *Mandelkern* et al. (13) Werte für ΔH^{∞}, die zwischen 60 und 67 cal/g schwanken. Unsere eigenen Untersuchungen an unfraktioniertem und fraktioniertem Polyäthylen ergeben dagegen höhere Werte für diese Größe, nämlich Enthalpien zwischen 68 und 71 cal/g.

Die Hauptursache für die erhaltenen Differenzen bei der Berechnung der extrapolierten Schmelzenthalpien liegt in den Unterschieden der Meßwerte der Schmelzenthalpien begründet. Während Dichte- und Langperiodenwerte der *Mandelkern*schen Messungen mit unseren eigenen gut übereinstimmen, besteht zwischen den Meßwerten der Schmelzenthalpie der Kristalle, die bei gleicher Temperatur kristallisiert wurden, im allgemeinen eine Differenz von 5 cal/g.

Für die Richtigkeit unserer Enthalpiemessungen spricht, daß unsere Werte in sehr guter Übereinstimmung liegen mit den Ergebnissen von *Hendus* u. *Illers* (12), *Hamada* et al. (14) und *Bair*, *Huseby* u. *Salovey* (21), die von *Mandelkern* et al. (13) mitgeteilten Werte jedoch beträchtlich unter den Daten dieser Autoren liegen. Weiterhin haben die detaillierten Messungen von *Hamada* et al. (14) an Einkristallen aus Polyäthylen unterschiedlichen Molekulargewichts ergeben, daß die Schmelzenthalpie der Kristalle stark vom Molekulargewicht abhängt. Nach den Messungen von *Mandelkern* et al. (13) soll ΔH_{gem} jedoch nahezu unabhängig vom Molekulargewicht sein. Es bleibt der Eindruck, daß entweder die Eichung des von *Mandelkern* et al. (13) verwendeten Differentialkalorimeters nicht richtig durchgeführt wurde oder aber daß bei der Integration des Schmelzpeaks Fehler entstanden sind, z. B. dadurch, daß die Basislinie nicht genau genug ermittelt wurde.

Bei der Auftragung der gemessenen Schmelzenthalpie als Funktion des Reziprokwertes der röntgenographischen Langperiode werden Werte für die freie Grenzflächenenergie erhalten, die zwischen 250 und 500 erg/cm² schwanken (s. Tab. 4). Diese Werte werden von *Mandelkern* et al. (13) ausführlich diskutiert und zur Grundlage weiterer Überlegungen gemacht. Es ist notwendig, darauf hinzuweisen, daß die Extrapolation aus den bereits angeführten Gründen in dieser Weise nicht richtig sein kann. Außerdem konnten auch die erhaltenen Werte der Grenzflächenenergie durch die Ergebnisse anderer Meßverfahren niemals bestätigt werden. Diejenigen Werte der Grenzflächenenergie, die wir nach dem in den Abschnitten 3.1. bzw. 3.2. beschriebenen Verfahren erhalten oder verwendet haben, liegen in befriedigender Übereinstimmung mit den Ergebnissen anderer Autoren.

Aus den gemessenen Dichte- und Schmelzenthalpiewerten läßt sich der Massenkristallisationsgrad der Proben bestimmen. Der Quotient der aus den beiden Meßverfahren berechneten Werte der Kristallinität sollte Eins sein. In den Tab. 1, 2 und 3 ist dieser Quotient aufgeführt worden. Während für die in dieser Arbeit untersuchten Proben dieser Größe nahezu Eins ist, liegt sie bei den *Mandelkern*schen Proben bei 1.1. Berechnet man die Kristallinität dieser Proben mit einem Wert von 65 cal/g für die Schmelzenthalpie des vollständig kristallinen Polyäthylens, wie wir ihn in dieser Arbeit für die Arbeit für die Meßergebnisse von *Mandelkern* et al. (13) ermittelt haben, so sinkt der Quotient auf den erwarteten Wert von Eins ab.

3.4. Die Dicke der fehlgeordneten Bereiche

Eine wichtige Kenngröße für die Struktur der Polyäthylen-Einkristalle ist die Dicke d der fehlgeordneten Bereiche. In einer früheren Arbeit (6) hatten wir bereits auf Grund röntgenographischer Messungen festgestellt, daß diese Größe von der Kristallisationstemperatur unabhängig ist. Mit Hilfe der in der vorliegenden Arbeit mitgeteilten Daten läßt sich d ebenfalls berechnen, indem man aufgrund des röntgenographischen gesicherten Lamellenmodells die Kristallitdicke ζ nach

$$\zeta = \alpha' L \qquad [7]$$

berechnet. Hierbei bedeutet α' die von den Kristallisationsbedingungen abhängige Volumenkristallinität, die sowohl aus den Dichtemessungen als auch aus den Enthalpiemessungen gewonnen werden kann:

$$\zeta = \frac{\varrho - \varrho_a}{\varrho_c - \varrho_a} L \qquad [8a]$$

oder

$$\zeta = \frac{\varrho}{\varrho_c} \frac{\Delta H_{\text{korr}}}{\Delta H^{\infty}} L. \qquad [8b]$$

Falls die Dicke d der fehlgeordneten Bereiche unabhängig von den Kristallisationsbedingungen und vom Molekulargewicht ist, sollten sich bei einer Auftragung der

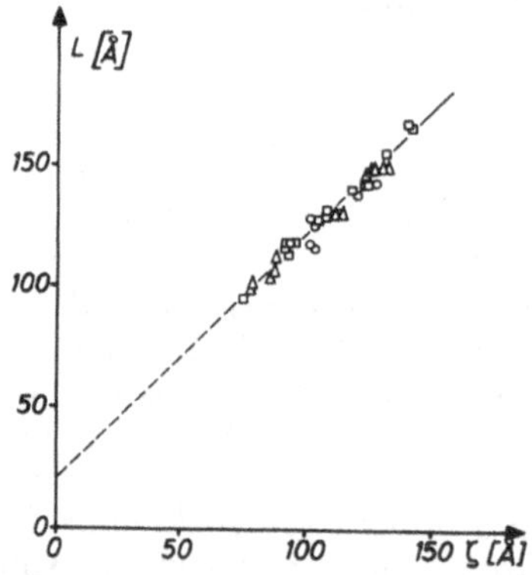

Abb. 2. Zusammenhang zwischen der Langperiode und der aus der gemessenen Dichte berechneten Kristallitdicke. □ Unfrak. PE, ○ Fraktionen, △ Fraktionen (Wert von *Mandelkern*)

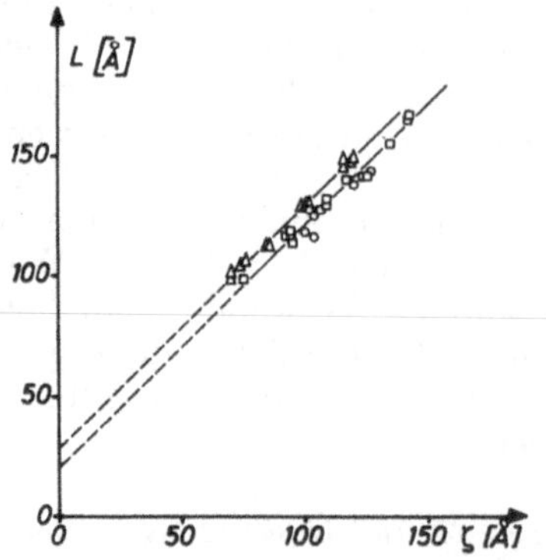

Abb. 3. Zusammenhang zwischen der Langperiode und der aus der Schmelzenthalpie berechneten Kristallitdicke bei Polyäthylen-Einkristallen. □ Unfrak. PE, ○ Fraktionen, △ Fraktionen (Wert von *Mandelkern*)

Langperiode L gegen die Kristallitdicke ζ 45°-Geraden ergeben, wobei der Ordinatenabschnitt den Wert für die Dicke d liefert.

In den Abb. 2 und 3 haben wir die durch die Gl. [8a] und [8b] definierten Relationen zwischen Langperiode und Kristallitlänge graphisch wiedergegeben. In diesen Zeichnungen sind sowohl Punkte für Einkristalle, die von uns aus unfraktioniertem Polyäthylen und seinen Fraktionen hergestellt wurden, sowie für Werte, die von *Mandelkern* et al. (13) mitgeteilt wurden, eingetragen. Die Differenz zwischen Langperiode und Kristalldicke ist über den gesamten gemessenen Bereich im Rahmen der Meßgenauigkeit konstant und beträgt, aus den Dichtewerten kalkuliert, 21 Å. Benutzt man die Enthalpiemessungen, so erhält man für die in dieser Arbeit berichteten Daten eine Dicke der amorphen Bereiche von ebenfalls 21 Å, während für die Werte von *Mandelkern* et al. (13) eine Grenzflächendicke von 29 Å resultiert. Diese Differenz wird verursacht durch die Unterschiede in den gemessenen Schmelzwärmen, die bereits diskutiert wurden.

Die Arbeiten wurden zum Teil im Rahmen des Sonderforschungsbereiches 41 durchgeführt. Wir danken der Deutschen Forschungsgemeinschaft für die finanzielle Unterstützung.

Zusammenfassung

Schmelzenthalpie, Dichte und röntgenographische Langperiode von Einkristallen aus unfraktioniertem und fraktioniertem Polyäthylen wurden bestimmt. Die Schmelzwärme des vollständig kristallinen Polyäthylens läßt sich aus der Abhängigkeit der gemessenen Schmelzenthalpie von der Dicke der Kristalle berechnen. Aus dem Zusammenhang von Schmelzenthalpie und Kristalldicke kann die freie Grenzflächenenergie der lamellaren Kristalle abgeschätzt werden. Darüber hinaus wird gezeigt, daß zwischen der Schmelzwärme und dem spezifischen Volumen der Einkristalle ebenfalls ein linearer Zusammenhang besteht, der auch zur Berechnung der Schmelzenthalpie des 100% kristallinen Polyäthylens benutzt werden kann. Die in dieser Arbeit nach den zwei Verfahren ermittelten Werte dieser Größe stimmen sehr gut mit demjenigen überein, der für extended-chain-Kristalle des Polyäthylens gefunden wurde.

Aus den Dichte-, Enthalpie- und Langperiodenmessungen kann die Dicke der amorphen Grenzflächenschichten der Lamellen berechnet werden. Es ergibt sich, daß bei der Kristallisation aus der Lösung die Dicke der Grenzschichten unabhängig von den Kristallisationsbedingungen ist.

Summary

Heat of fusion, densities and long spacings of single crystals of fractionated and unfractionated polyethylene have been measured. The relation between measured heat of fusion and thickness of the crystals can be used for calculation of the heat of fusion ΔH^{∞} of a completely crystalline polyethylene and for an estimation of the free surface energy σ_e of the crystals. In addition, ΔH^{∞} can be calculated from the linear correlation between measured heat of fusion and specific volume of the samples. Both methods yield values of ΔH^{∞} in agreement with the value observed with extended chain crystals of polyethylene.

Using the density, enthalpy and long spacing measurements, the thickness of the disordered surface layers of the polyethylene crystals grown from dilute solutions can be calculated. This thickness does not depend on the crystallization conditions within the range applied during this work.

Literatur

1) Vgl. dazu z. B. die zusammenfassenden Darstellungen von *D. A. Blackadder*, J. Macromol. Sci. – Revs. Macromol. Chem. C**1**, 297 (1967) und *A. Keller*, Reports Progr. Phys. **31**, 623 (1968).

2) Vgl. dazu z. B. die Literaturübersicht in *R. K. Sharma* and *L. Mandelkern*, Macromolecules **2**, 266 (1969).

3) *Fischer, E. W., H. Goddar* und *G. F. Schmidt*, J. Polym. Sci. **B 5**, 519 (1967); *Fischer, E. W., H. Goddar*, and *R. Salovey*, J. Polym. Sci. **B 7**, 307 (1969).

4) *Flory, P. J.*, J. Amer. Chem. Soc. **84**, 2857 (1962).

5) *Fischer, E. W.* und *G. F. Schmidt*, Angew. Chem. **74** 551 (1962).

6) *Fischer, E. W.* und *R. Lorenz*, Kolloid-Z. u. Z. Polymere **189**, 97 (1963).

7) *Fischer, E. W., F. Kloos*, and *G. Lieser*, J. Polym. Sci. **B 7**, 845 (1969).

8) *Fischer, E. W.* and *F. Kloos*, J. Polym. Sci. **B 8**, 685 (1970).

9) *Fischer, E. W.* und *G. Hinrichsen*, Polymer **7**, 193 (1966).

10) *Fischer, E. W.* und *G. Hinrichsen*, Kolloid-Z. u. Z. Polymere **213**, 93 (1966).

11) *Peterlin, A.* und *G. Meinel*, Applied Polymer Symposia **2**, 85 (1966).

12) *Hendus, H.* und *K. H. Illers*, Kunststoffe **57**, 193 (1967).

13) *Mandelkern, L., L. Allou, A. L.*, and *M. Gopalan*. J. Phys. Chem. **72**, 309 (1968).

14) *Hamada, F., B. Wunderlich, T. Sumida, S. Hayashi*, and *A. Nakajima*, J. Phys. Chem. **72**, 178 (1968).

15) *Illers, K. H.* und *H. Hendus*, Makromol. Chem. **113**, 1 (1968).

16) *Atkinson, C. M. L.* and *M. J. Richardson*, Trans. Faraday Soc. **65**, 1774 (1969).

17) *Atkinson, C. M. L.* and *M. J. Richardson*, Trans. Faraday Soc. **65**, 1764 (1969).

18) *Chiang, R.* and *P. J. Flory*, J. Amer. Chem. Soc. **83**, 2857 (1961).

19) *Swan, R. K.*, J. Polym Sci. **42**, 525 (1960).

20) *Nakajima, A. S., S. Hayashi, T. Korenaga*, and *T. Sumida*, Kolloid-Z. u. Z. Polymere **222**, 124 (1968).

21) *Bair, H. E., R. Salovey*, and *T. W. Huseby*, Polymer **8**, 9 (1967).

22) *Wunderlich, B.* and *C. M. Cormier*, J. Polymer Sci. **B 5**, 987 (1967).
23) *Fischer, E. W.* und *G. Lieser*, in Vorb.
24) *Hoffman, J. D., J. I. Lauritzen, E. Passaglia, G. S. Ross, L. J. Frolen,* and *J. J. Weeks*, Kolloid-Z. u. Z. Polymere **231**, 564 (1969).

Anschriften der Verfasser:

Prof. Dr. *E. W. Fischer*
Institut für Physikal. Chemie, II. Ordinariat, 6500 Mainz, Jakob-Welder-Weg 15

Dr. *G. Hinrichsen*
Farbenfabriken Bayer AG, Werk Dormagen, 4047 Dormagen, Wissenschaftl. Labor

Ein modernes Nachschlagewerk
für jedes chemische Laboratorium und jede Bibliothek
in aller Welt:

Dr. Werner Brügel (Ludwigshafen)

Kernresonanz-Spektrum und chemische Konstitution

Band 1: Die spektralen Kernresonanzparameter von Verbindungen mit analysiertem Spektrum

Nuclear Magnetic Resonance Spectra and Chemical Structure

Volume 1: The spectral NMR parameters of compounds with analyzed spectra

XVIII, 235 Seiten (Tabellarium = Seite 1–212 einseitig bedruckt) im Loseblattsystem. 1967. Komplett in Kunststoffordner DM 140,—. Format DIN A 4 quer. Vorwort und Einführung in deutscher und englischer Sprache, Tabellentexte und -legenden sowie Register in englisch.

Dieses einmalige **Tabellenwerk** stellt die Kernresonanzpartner – chemische Verschiebungen und Kopplungskonstanten – für solche Verbindungen zusammen, für deren Spektrum eine Analyse vorliegt. Diese Zahlenwerte werden immer dann benötigt, wenn das Kernresonanzspektrum mehr als nur einem okularen Vergleich dienen soll.

Bei dem erfaßten Material handelt es sich um mehr als 2500 Verbindungen. Die Werte sind aus über 500 Veröffentlichungen in allen in Betracht kommenden Zeitschriften zusammengestellt worden (mit jeweils genauer Quellenangabe). Der Verfasser hat sich bemüht, die häufig in sehr unterschiedlicher Form bezüglich Skalen, Einheiten und experimentellen Bedingungen gebotenen Befunde zu vereinheitlichen. Miteinander verwandte Verbindungen sind jeweils in Tabellen zusammengefaßt, die sich an dem chemischen Grundkörper orientieren und nach steigender Substition geordnet sind. Damit geben die Tabellen auf einen Blick eine umfassende Übersicht über das hinsichtlich einer bestimmten Verbindungsklasse schon vorliegende Zahlenmaterial. Sie ersparen so langwierige und zeitraubende Literatur-Recherchen. Von Zeit zu Zeit vorgesehene Nachträge sollen das in Loseblattform konzipierte Werk auf dem laufenden halten. Daher stellen diese Tabellen überall dort ein unentbehrliches Hilfsmittel dar, wo Kernresonanzspektroskopie ernsthaft betrieben wird – und in welchem chemischen Laboratorium ist das heutzutage nicht der Fall?

Interessenten: Spektroskopiker, Chemiker (insbesondere analytischer Arbeitsrichtung), alle chemischen Forschungs- und Industrie-Laboratorien, Chemische Untersuchungsanstalten, Bibliotheken.

Werbemittel: 6seitiger ausführlicher Prospekt.

DR. DIETRICH STEINKOPFF VERLAG · DARMSTADT

ACADEMIC PRESS · NEW YORK · LONDON

GPSR Compliance

The European Union's (EU) General Product Safety Regulation (GPSR) is a set of rules that requires consumer products to be safe and our obligations to ensure this.

If you have any concerns about our products, you can contact us on ProductSafety@springernature.com

In case Publisher is established outside the EU, the EU authorized representative is:

Springer Nature Customer Service Center GmbH
Europaplatz 3
69115 Heidelberg, Germany

Batch number: 10578403

Printed by Printforce, the Netherlands